落实“中央城市工作会议”系列

装配式建筑丛书

丛书 主　编　顾勇新
　　 副主编　胡映东
　　 　　　　张静晓

# 装配式建筑
# 内装·工业化

## Prefabricated Building　Interior & Industrialization

赵中宇　顾勇新　顾骁　编著

中国建筑工业出版社

顾勇新

中国建筑学会原副秘书长，现任中国建筑学会监事、中国建筑学会建筑产业现代化发展委员会副主任、中国建筑学会智能建造学术委员会副主任、中国建筑学会工业化建筑学术委员会常务理事、教授级高级工程师、西南交通大学兼职教授、西安交通大学人居环境与建筑工程学院兼职教授、北京工业大学土木水利专业学位硕士研究生产业导师。

具有三十多年工程建设行业管理、精品工程策划与实施的实践及科研经历，主创项目曾荣获北京市科技进步奖、中国建筑科学研究院科技进步二等奖、华夏建设科学技术三等奖以及中国建筑工程总公司科技推广重大贡献奖。担任全国建筑业新技术应用示范工程、海外鲁班奖工程、国家级工法及行业重大课题的评审工作。

近十年主要从事绿色低碳建筑、智能建造与建筑工业化的理论研究和实践探索，著有《匠意创作——当代中国建筑师访谈录》《思辩轨迹——当代中国建筑师访谈录》《建筑业可持续发展思考》《清水混凝土工程施工技术与工艺》《住宅精品工程实施指南》《建筑精品工程策划与实施》《建筑设备安装工程创优策划与实施》及“装配式建筑丛书”共十册（目前已出版七册）等。

赵中宇

在二十余年的建筑实践中，主持完成大量的设计作品，对建筑的形式与功能、继承与发展、经济和文化等方面，形成了较为深刻的理解和认识。同时，致力于BIM技术及建筑工业化领域的科技研发工作，主持国家“十三五”重点研发计划课题“主体结构与围护结构、建筑设备、装饰装修一体化、标准化集成设计方法及关键技术研究”、国家“十二五”科技支撑计划课题“预制装配式建筑设计、设备及全装修集成技术研究与示范”，主编国家标准图集《装配式混凝土结构住宅建筑设计示例（剪力墙）》，参编国家规范《装配式混凝土结构建筑技术规范》、行业标准《装配式建筑评价标准》《工业化住宅尺寸协调标准》《建筑工程设计信息模型应用标准》《装配式混凝土结构住宅建筑技术措施》。

# 总序

顾勇新

党的十九大提出了以创新、协调、绿色、开放和共享为核心的新时代发展理念，这也为建筑业指明了未来全新的发展方向。2016年9月，国务院办公厅在《关于大力发展装配式建筑的指导意见》（国办发［2016］71号）中要求："坚持标准化设计、工业化生产、装配化施工、一体化装修、信息化管理、智能化应用，提高技术水平和工程质量，促进建筑产业转型升级"。秉承绿色化、工业化、信息化、标准化的先进理念，促进建筑行业产业转型，实现高质量发展。

今天的建筑业已经站上了全新的起点。启程在即，我们必须认真思考两个重要的问题：第一，如何保证建筑业高质量的发展；第二，应用什么作为抓手来促进传统建筑业的转型与升级。

通过坚定不移走建筑工业化道路，相信能使我们找到想要的答案。

装配式建筑在中国出现已60余年，先后经历了兴起、停滞、重新认识和再次提升四个发展阶段，虽然提法几经转变，发展曲折起伏，但也证明了它将是历史发展的必然。早在1962年，梁思成先生就在人民日报撰文呼吁："在将来大规模建设中尽可能早日实现建筑工业化……我们的建筑工作不要再'拖泥带水'了。"时至今日，随着国家对装配式建筑在政策、市场和标准化等方面的大力扶持，装配式技术迈向了高速发展的春天，同时也迎来了新的挑战。

装配式建筑对国家发展的战略价值不亚于高铁，在"一带一路"规划的实施中也具有积极的引领作用。认真研究装配式建筑的战略机遇、分析现存的问题、思考加快工业化发展的对策，对装配式技术的良性发展具有重要的现实意义和长远的战略意义。

装配式建筑是实现建筑工业化的重要途径，然而，目前全方位展示我国装配式建筑成果、系统总结技术和管理经验的专著仍不够系统。为弥补缺憾，本丛书从建筑设计、实际案例、EPC总包、构件制造、建筑施工、装配式内装等全方位、全过程、全产业链，系统论述了中国装配建筑产业的现状与未来。

建筑工业化发展不仅强调高效，更要追求创新，目的在于提高品质。“集成”是这一轮建筑工业化的核心。工业化建筑的起点是工业化设计理念和集成一体化设计思维，以信息化、标准化、工业化、部品化（四化）生产和减少现场作业、减少现场湿作业、减少人工工作量、减少建筑垃圾（四减）为主，“让工厂的归工厂，工地的归工地”。可喜的是，在我们调研、考察的过程中，已经看到业内人士的相关探索与实践。要推进装配式建筑全产业链建设，需要全方位审视建筑设计、生产制作、运输配送、施工安装、验收运营等每个环节。走装配式建筑道路是为了提高效率、降低成本、减少污染、节约能源，促进建筑业产业转型与技术提升，所以，装配式建筑应大力推广和倡导EPC总包设计一体化。随着信息技术、互联网，尤其是5G技术的发展，新的数字工业化方式必将带来新的设计与建造理念、新的设计美学和建筑价值观。

本丛书主要以“访谈”为基本形式，同时运用经典案例、专家点评、大讲堂等方式，努力丰富内容表达。“访谈录”古已有之，上可溯至孔子的《论语》。通过当事人的讲述生动还原他们的时代背景、从业经历、技术理念和学术思想。访谈过程开放、兼容，为每位访谈者定制提问，带给读者精彩的阅读体验。

本丛书共计访谈100余位来自设计、施工、制造等不同领域的装配式行业翘楚，他们从各自的专业视角出发，坦言其在行业发展过程中的工作坎坷、成长经历及学术感悟，对装配式建筑的生态环境阐述自己的见解，赤诚之心溢于言表。

我们身处巨变的年代，每一天都是历史，每一个维度、每一刻都值得被客观专业的方式记录。本套丛书注重学术性与现实性，编者辗转中国、美国和日本，历时3年，共计采集150多小时的录音与视频、整理出500多万字的资料，最后精简为近300万字的书稿。书中收录了近1800张图片和照片，均由受访者亲自授权，为国内同类出版物所罕见，对于当代装配式建筑的研究与创作具有非常珍贵的史料价值。通过阅读本套丛书，希望读者领略装配式建筑的无限可能，在与行业精英思想的碰撞激荡中得到有益启迪。

丛书虽多方搜集资料和研究成果，但由于时间和精力所限，难免存在疏漏与不足，希望装配式建筑领域的同仁提出宝贵意见和建议，以便将来修订和进一步完善。最后，衷心感谢访谈者在百忙之中的积极合作，衷心感谢编辑为本丛书的出版所付出的巨大努力，希望装配式建筑领域的同仁通力合作，携手并进，共创装配式建筑的美好明天！

# 序

王中奇

建筑业是我国国民经济支柱产业之一，对经济社会发展、城乡建设和民生改善作出了重要贡献。过去四十多年，建筑业作为经济体制改革的先行者，取得了丰硕的发展成果，然而长期以来，我国建筑业始终保持粗放型的发展模式，劳动力依赖性较强，生产效率较低，资源消耗较大。当前，我国正在推动建筑产业转型升级，发展装配式建筑是建造方式的重大变革，是推进供给侧结构性改革和新型城镇化发展的重要举措，随着国家大力推广装配式建筑和绿色建筑，标准化、集成化的装配式装修得到快速发展。

装配式装修是指把装修部品、部件在工厂进行大规模批量化生产，施工现场采用干式工法，将工厂生产的内装部品、设备管线等进行组合安装的装修方式。装配式装修主要包括干式工法楼（地）面、集成厨房、集成卫生间、管线与结构分离等。

与传统装修相比，装配式装修有四大技术特点：一是标准化设计，建筑设计与装修设计采用一体化模数，BIM模型协同设计，实现建筑、装修与设备管线的系统性协调；二是工业化生产，装配式装修所有部品部件均在工厂生产，统一设计标准，统一型号规格，品质和稳定性更有保障；三是装配化施工，装配式装修为干法施工，由产业工人采用规范化的装配工艺和程序，在现场组合安装；四是信息化协同，部品标准化、模块化、模数化，测量数据与工厂智造协同，现场进度与工程配送协同。

建筑装饰行业目前呈现“大行业、小企业”的局面，现有建筑装饰企业竞争较为激烈，市场目前虽然已有多家上市公司，但集中度仍然非常低。装配式装修强调规模化、工业化、标准化，它的技术壁垒高于传统装修企业，目前尚未形成大规模的推广。但装配式装修市场需求旺盛，不仅在家装市场大放异彩，而且在办公、酒店、医疗等大型公共建筑中应用比例持续攀升。装配式装修作为装修行业的新赛道，其产业链涉及设计、施工、家居和建材等多个行业，行业参与者众多，在未来装配式装修一定会成为装修行业的技术主流。

中国建筑装饰协会作为行业的指导和组织机构，一直重视我国建筑装饰企业的健康发展，尤其关注行业的技术创新与进步。随着装配式装修的大规模落地，建筑装饰的建造方式也将逐步向绿色化、数字化、工业化和装配化转型，现有的装配式装修项目将对未来的行业发展起到较好的引领、示范和借鉴作用。为此，落实“中央城市工作会议”系列装配式建筑丛书的第七部《装配式建筑　内装·工业化》应运而生，本书介绍了业内知名的装配式装修专家，涵盖了居住、办公、医疗、模块化集成建筑以及大型公共建筑等建筑类型，精选了多个装配式内装修的典型案例，系统地介绍了装配式装修实施过程中的技术难点与创新。

借本书出版发行之际，向为推动我国建筑装饰行业装配式技术发展而辛勤劳动、勇于创新、大胆实践的同志们表示诚挚的谢意，也衷心希望本书的出版能够为推进装配式内装修技术变革，实现建筑工业化全面发展，加快建筑业转型升级做出有力贡献。

中国建筑装饰协会　会长

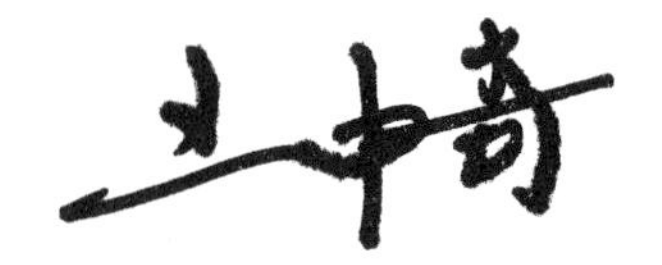

# 前言

赵中宇

当前，中国建筑业正在走向以工业化建造改变生产方式，以数字化技术推动全面转型，以绿色化实现可持续发展的新时代。发展装配式建筑是建造方式的重大变革，是贯彻新发展理念，促进建筑业转型升级，实现高质量发展的重要途径。

《装配式建筑　内装·工业化》是落实"中央城市工作会议"系列装配式建筑丛书的第七部，由中国建筑学会监事、中国建筑学会建筑产业现代化发展委员会副主任、中国建筑学会工业化建筑学术委员会常务理事、中国建筑学会数字建造学术委员会副主任顾勇新教授主编，通过对国内最具代表性的装配式建筑案例的深度解析，系统地解读了装配式建筑的新思维、新技术、新方法。

本书精心选取了六个工业化内装典型案例，分别涵盖了居住建筑、办公建筑、医疗建筑、模块化集成建筑和大型公共建筑等建筑类型，对于每一种建筑类型均从四个方面进行深度剖析：

第一部分："综述"——结合每一种建筑类型的装修特点，挖掘目前此类建筑装修设计与施工的难点，并提出采用工业化装修技术的目标与思路。

第二部分："创新"——针对不同的建筑类型，通过技术团队多年的技术积淀与研发，形成系统性的典型功能空间工业化装修解决方案。

第三部分："案例"——选择代表性的案例，全方位地诠释工业化装修的技术应用与创新。

第四部分："展望"——装配式建筑任重道远，结合不同的建筑类型，提出工业化装修的技术发展方向与思考。

本书介绍的六位专家学者长期以来深耕于工业化内装领域，通过对不同类型建筑工业化内装的潜心思考、系统研究、持续创新和深入实践，针对工业化内装形成了系统的技术思维和完整的解决方案，值得有志于工业化内装的广大从业人员认真了解、学习和借鉴。

和静院长近年来主要从事装配式建筑设计、一体化集成、策划咨询方向的研究、技术推广和项目实施，主持"十三五"国家重点研发计划课题，探索研究装配式建筑技术与绿色建筑、近零能耗建筑、装配式装修、BIM等技术集成应用，主持设计的多个项目被评为国家装配式建筑科技示范工程。曹阳总监通过对建筑空间一体化与工业化装修的设计方法研究，提出产品化思维下的医疗建筑室内装修设计理念，在常规标准化、集成化的基础上，力求建筑部品与医疗功能的有机结合，采用统一接口的通用型医疗功能单元模块，实现医疗建筑的系统解决方案。陈亮院长对医疗建筑的室内设计理念是要把它建成一个具有人文艺术特色的公共医疗空间，目的是赋予医疗空间疗愈病人心理的环境功能。工业化内装虽然强调标准化、集成化，但标准化也能通过设计产生其独有的工业化美感，通过不同的部件材料的搭配可以产生不同的环境艺术氛围。蒋缪奕院长从事装饰设计行业以来，主持参与设计1000多项室内工程设计，获得设计奖项150余项，他认为装配式技术为建筑装饰行业走向工业化提供了新的发展理念，装配式的模数化、单元化、集成化的系统性思维，有利于降低工程总成本、提高项目管理水平、保证产品质量，通过装配式技术将让创意回归设计。连珍总工程师长期从事大型公共建筑装饰工程工业化、数字化、绿色化建造关键技术研究，科研成果推动了我国建筑装饰行业数字化转型、智能低碳建造的创新发展，通过对超大尺寸、特殊饰面复合材料、配套装饰部品产品工厂模块化制作和现场装配化施工的研究，实现真正意义上的工业化加工、装配化安装和绿色化施工。张宗军董事长深耕港澳及内地装配式建筑业务二十余年，深入研究模块化集成建筑，在模块化集成建筑的设计、生产、建造及拆除后循环利用的全生命周期中，通过高效率、高质量、绿色低碳、节材省工的技术优势，使模块化集成建筑成为助推建筑工业化、数字化、绿色融合发展的有效方法。

近年来，我国对建筑行业发展质量高度重视，从国家到地方通过政策大力推进装配式建筑快速发展，使我国装配式装修行业迎来快速发展的新阶段，但是工业化内装未来发展之路仍然任重道远，其变革的方向不仅仅是材料的创新、工法的进步，更重要的是思维模式的转换、设计观念的提升、组织方式的变革和信息技术的应用，面对工业化内装的发展，我们更应关注以下五个方面：

一是以组织变革为依托，推动工程总承包模式。通过工程总承包模式对装配式内装的成本、进度、质量等进行系统管控，建立行之有效的交叉作业施工流程，全面释放装配化装修的核心价值和优势。

二是以标准设计为基础，引领全产业技术协同。装配式内装要贯彻设计标准化、系统化、精细化、信息化、可逆化的理念，引领装配化内装各个环节，全面提升装配式内装品质。

三是以科技革新为核心，提高装配化施工效率。要结合市场需求，加强研发创新力度，通过新工艺、新体系、新部品，从根本上解决行业装配式内装问题。

四是以数字技术为抓手，提升信息化管理水平。BIM在装配式内装项目全过程中得到应用，工程价值全面得到释放，构建有真实数据支撑的供应链体系。

五是以产业工人为保障，完善专业化服务能力。通过专业技能的培训、认证，打造具有职业技术能力的产业工人队伍，以适应建筑行业高品质、高效率的发展目标。

装配式建筑丛书《装配式建筑　内装·工业化》的出版，希望为业内同仁提供一个开放交流的平台，让大家更加全面地了解我国工业化内装的发展现状，汲取先行者的成功经验，掌握工业化内装的工作方法和发展趋势，奋力谱写新时代工业化内装高质量发展的新篇章。

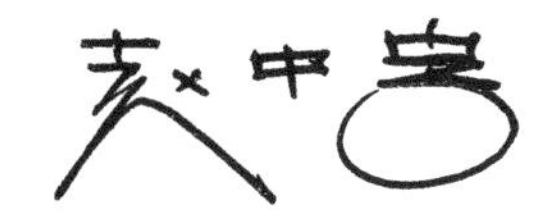

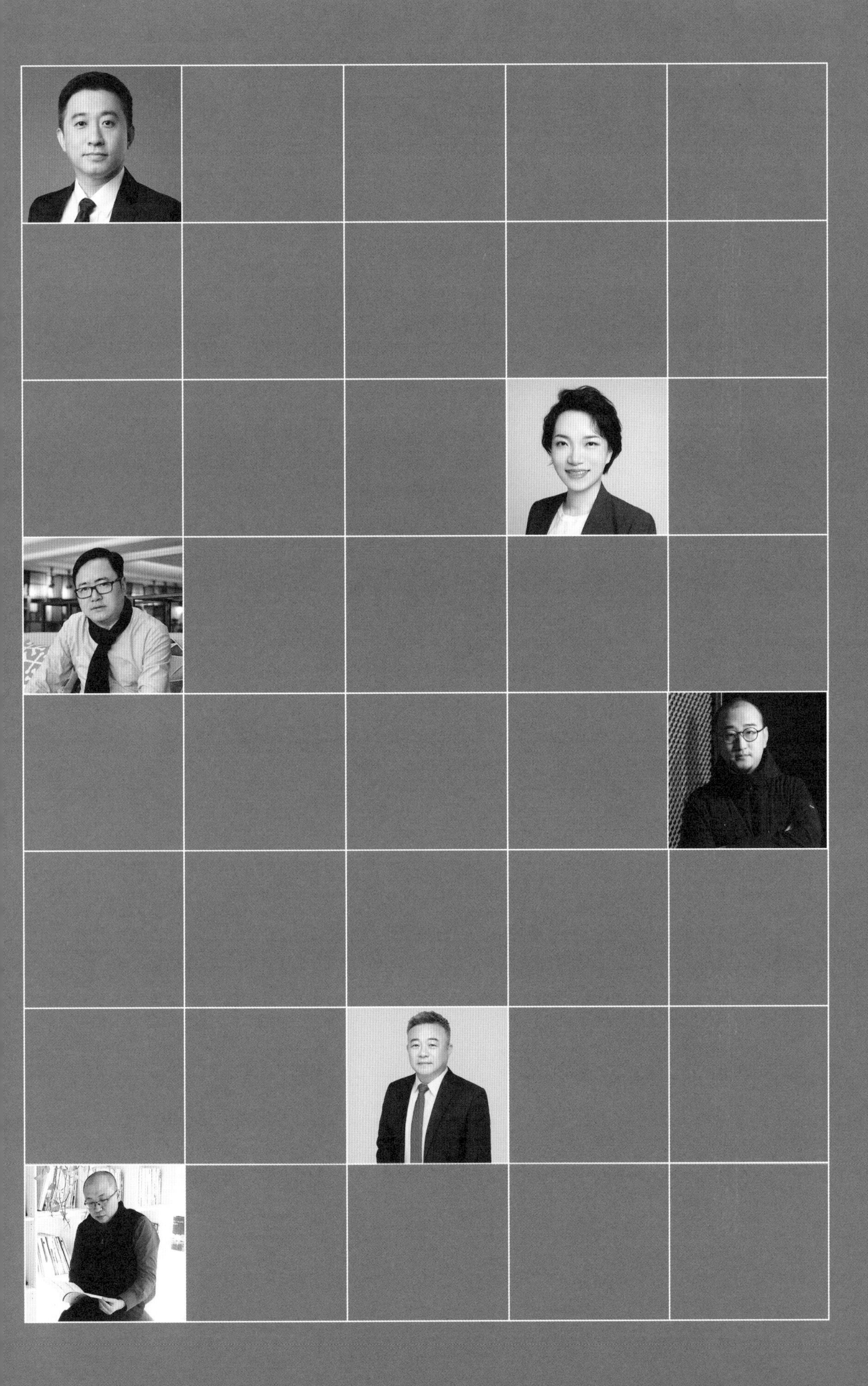

# 目录

自助挂号 收费
Self Service
Registration and Cashier

# 陈亮

（医疗建筑）

现任中国中元国际工程有限公司建筑环境艺术设计研究院院长、总工程师，教授级高级工程师、IET（英国工程技术学会）特许工程师。

中国建筑学会副秘书长、中国建筑学会室内设计分会秘书长、北京市工程勘察设计行业专家、国家科技奖励专家库专家、国内外多所高校客座教授、硕士研究生导师。

在央企设计院工作22年，主持参与700多项室内工程设计，具有丰富的设计与管理经验。获中国建筑设计奖青年工程师奖、全国十佳室内设计师。中国科协第十次全国代表大会代表，带领团队获得中央企业团工委青年文明号称号；获全国最具影响力室内设计机构。设计作品多次获国内外奖项。获得30余项国家专利，发表多篇学术论文及学术研究成果，主编、参编多项设计规范及标准。主持参与《室内设计手册》行业“天书”编纂，参与主编住房和城乡建设部“十四五”规划教材。

## 设计理念

当代工程师的使命：促进实现可持续发展，推动数字化和绿色化双重转型。

艺术与功能：将使用功能同美学诸如色彩、灯光、材料等要素结合，营造舒适的环境，用理性设计的方式达到感性视觉上的美感。

节能与环保：整合资源、串联材料、控制成本，促进室内设计向节能、绿色、环保的高质量发展方向前进。

统筹与创新：提升跨界知识的综合策划能力，勇于发现新技术、新材料、新工艺，因地制宜，借助新的材料或工艺手段解决难点，营造美感。

图1　北京某医院项目实景图（摄影：金伟琦）

# 1　综述

当代社会面临的最大问题是实现人类和地球的可持续发展，建筑室内行业在为人们创造美好生活的同时也伴随着高能耗和污染，对人类赖以生存的环境产生破坏，因此当代建筑室内工程行业面临的使命是促进实现可持续发展，通过数字化与绿色低碳化的双重转型加速实现全球可持续发展的目标。而装配式建造是建筑行业工业化的重要升级，是实现双碳控制目标的重要策略，是向智能化、数字化发展的必经过程。

装配式是国家大力推广的新型建筑工业化建设制造发展的新方向。它是产业化、工业化的设计、加工、制造理念，同时很好地解决了未来劳动力成本增加、工程质量、工期可控等传统问题，为建筑工程的未来发展奠定基础。

室内设计作为整个建筑设计过程中非常重要的专业组成部分，是建筑设计的内在灵魂。我们应该认识到，室内设计应该在建筑设计的方案阶段就结合使用功能，对“心理及艺术层面的舒适性与美观性”和“技术层面的结构、消防、机电等专业方面”进行协调与统筹。

随着建筑工业化的发展，装配式建筑设计也以一种不可阻挡之势发展起来。标准化生产和可利于现场安装是装配式的核心。装配式可以最大限度地节约设计和施工成本，缩短工期，是我们改变

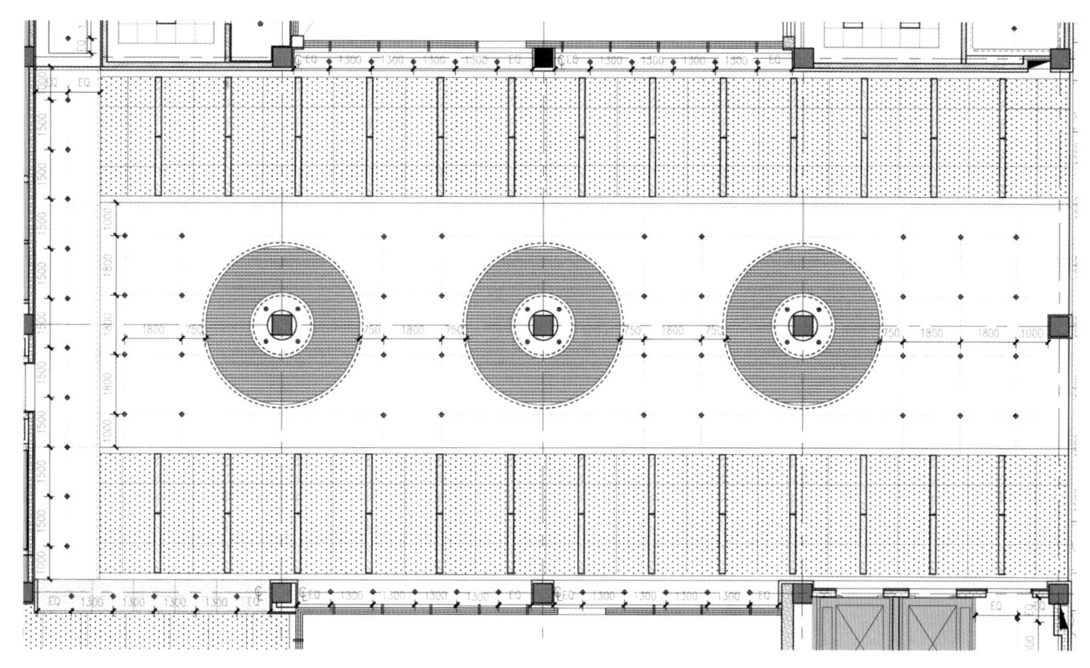

图2　北京某医院-综合天花图

未来设计施工方式而广泛推广的内容。装配式室内设计作为未来室内设计行业的发展趋势，也逐步在行业中推广和应用。

我们做的一个北京某医院项目的室内吊顶设计，经过室内设计的专业优化以后，所有吊顶上的风口设备都是标准化、集成化设计，美观且便于检修。可见在设计过程中，室内空间设计尤其细节部分是提升建筑室内空间品质的重要环节。

装配式装修技术是对室内装修产业发展的转型升级，具有标准化、精细化、高品质的技术特点，可有效保障工期和装修质量。室内设计作为人民生活水平日益增长提高的重要需求专业，由于个性化、定制化的特点和市场需求等原因，室内设计装修的装配式发展却比较滞后。在室内装修过程中，多种材料的选择和使用也增加了装配式装修的复杂程度和多样性。

由于现阶段装配式装修的推广成本、人工成本高，大众接受度不高，导致装配式装修的成本比传统装修施工的成本高，市场接受度较低，出现叫好不叫座的情况。同时，室内装修工程处在建设工程的后期，装修工程本身要承担对土建工程不完善的区域进行优化和包容的任务，因此装修工程最后收口的难度相对较大。而且装配式室内装修内部的空间系统上也存在无法兼容的环节，现在很多装配式装修企业，尤其是材料企业都在大力推广装配式装修，但大家都各自为战，一旦与其他空间或非自身生产的材料进行衔接时，其部品构件和安装方式都会产生成本的增加和变化，造成企业和材料之间相互不兼容。

此外，室内空间类型因种类不同而样式较多，有酒店室内装修、医疗室内装修、办公室内装修、实验室内装修、公共空间室内装修等多种类型，比如在酒店室内空间的设计施工过程中，现有装配式的部品部件材料在现场安装，无法达到用传统装修工艺完成的艺术化的奢华效果，所以在酒店，尤其是高端酒店的室内设计中，仍然无法真正采用装配式装修。也就是说，由于适应性问题，

图3 全专业及医疗专项设计示意图

装配式装修通常采用标准化的设计和构件，可能无法完全满足个性化需求。

现在的装配式装修没有统一的国家规范、标准、模数，各企业自行制定标准，因此需要有相应的行业组织或者企业来引领研发。不管是以施工企业还是以设计企业或材料企业为主体引领研发，都是有可能的。只有建立一套共用的装配式装修标准和机制，统一好市场，大家才能在这个市场中生存发展。

装修涉及的环节比较多，包括设计、造价、施工、安装、家具设计、软装设计、标识设计、灯光设计，还有各种设备的末端选型等，它是一个综合性的人居环境工程，因此更需要各专业跨领域合作。

# 2 创新策略

由于上述种种原因，我们需要认识到，产业链协同是装配式装修的核心。然而，我们现在做装配式装修设计和施工时，仍然按照传统的工程方式进行设计、采购、施工、安装，包括造价的审核、竣工验收等，并未真正以产品化的概念和方式来进行装配式装修的应用和商业化。因此，其产业链协同是不顺畅、不完整的，也导致装配式装修叫好不叫座，甚至成为施工单位提升造价和成本的原因，同时在大众眼中反而变成了低端和廉价材料的拼接拼装。

因此，产业链协同是解决装配式装修市场定位发展以及商业化问题的最核心、重要的环节。只有真正采用产品化概念和适应装配式装修协同化的方式，才能把装配式建筑产业化、市场化。提供个性化定制服务，在对室内进行装饰造型思考时便对尺寸的设定融入“模数”思维，对墙面、吊顶、地铺等进行“集成化”的统筹设计。

## 装配式医疗建筑

室内设计产品化、工业化

1、部品工厂化
2、综合效益高
3、节能、环保
4、维护简便
5、有效集成
6、可拆卸、重复利用
7、可回收

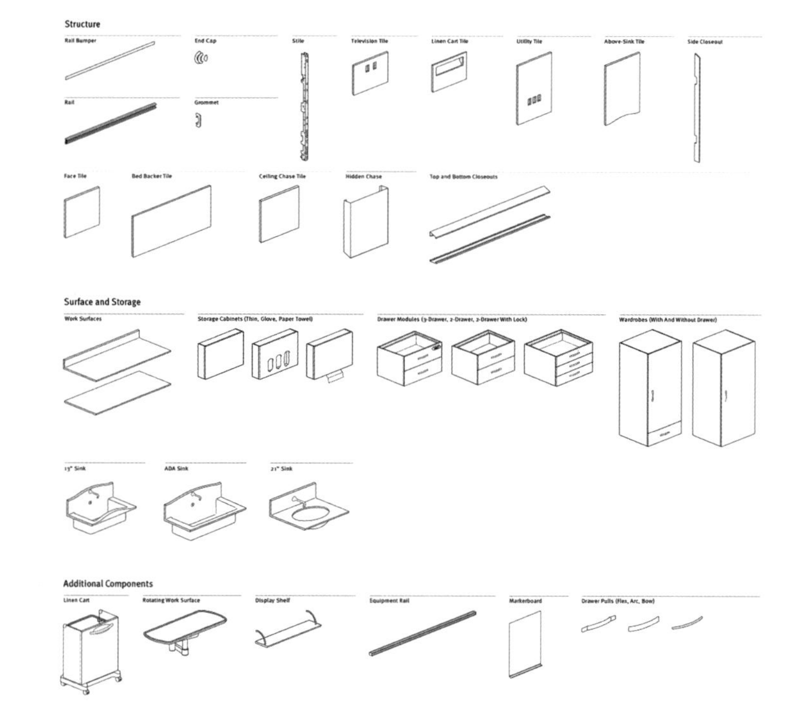


图4　室内设计产品化示意图

装配式装修应该包含产品的开发、部品设计、建造、安装、造价、采购、回收再利用等环节，其产业链协同涵盖了开发、设计、生产、建造等环节，并以相互协同为目标，统筹一体，将优势资源和产业技术融合，而不是像现有装配式各阶段独立发展，各板块之间没有联系和沟通。

现有装配式一部分是以施工单位为主体的装配式，还有一部分是以材料企业为主体的装配式，并且以各施工单位和各材料企业为主体的装配式相互之间不兼容，导致装配式体系复杂繁多、千变万化。在室内设计的装修环节中，材料的品类比较多，通常有几百甚至上千种，如此不统一的标准和协同方式必将导致装配式装修的成本激增，达不到理想的效果，而设计师的优秀理念和创作也无法真正实现。因此，以谁作为协同主体是一个非常重要的问题。

想要实现装配式政策、标准、开发、设计、生产、材料建造、物管、市场高度一体化协同，需要各大系统和小系统之间相互协调，相互沟通，相互兼容，使它们的价值统一起来，生产模式和方式达成一致，形成统一的标准化。在此基础之上，各个材料企业才能够构建自己的体系，树立真正的装配式理念。

为此，市场中的装配式装修参与者应统一利益关系，形成一致的技术标准，拥有共同开发的市场愿望，才能推进装配式的整体发展，建立共同的装配式“世界观”。因此，只有产业链的协同才能发挥装配式装修的最大功效。

例如在珠海横琴通关口岸项目的室内设计中，通关大厅的横向跨度接近80m，为了保证大量人流通过，减少通关的阻挡，所以室内空间的柱子非常少，导致主梁做得特别厚，整个主梁约有1.8m高；并且为了保证结构强度，机井管线不能穿梁处理，因此梁底对于整个室内空间标高有巨大的影响，导致空间的高度不均匀。

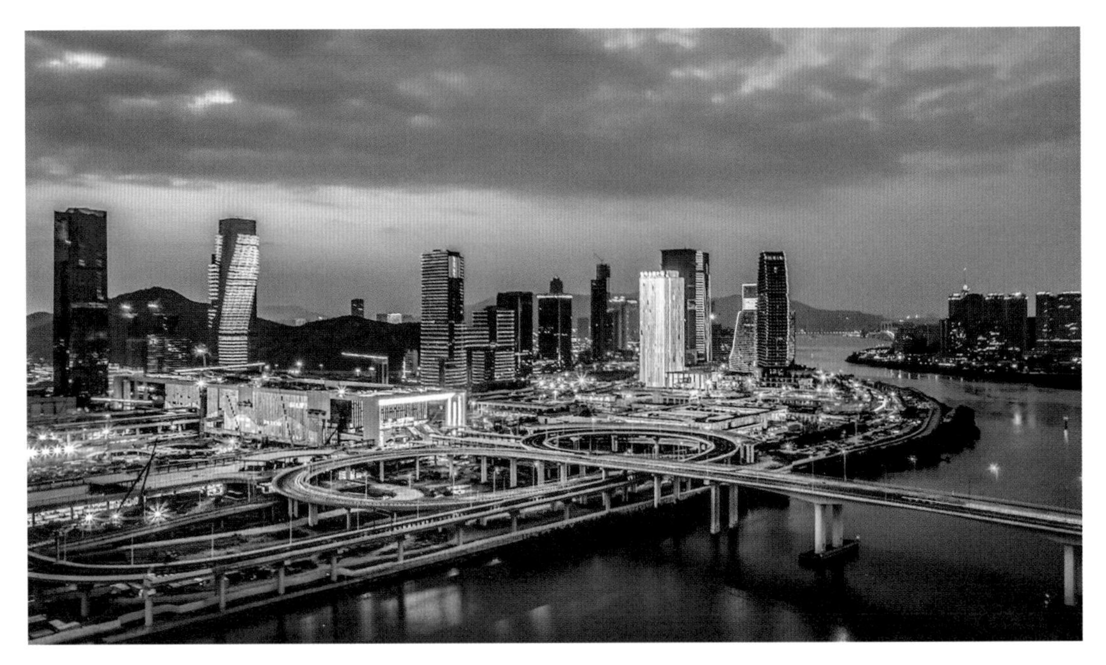

图5　珠海横琴通关口岸项目实景图（摄影：金伟琦）

图6　项目实景图—通关大厅吊顶造型（摄影：金伟琦）

当建筑结构无法解决这一问题时，就需要通过室内空间的顶面优化设计来解决。我们采用部分管线在局部紧贴梁底，做翻梁处理，然后通过设计把整个铝板吊顶造型做成一个波浪形的曲线，既解决了梁底吊顶不均匀的问题，又与海洋主题相吻合，保证了顶部高低变化的自然曲面。

通过参数化建模设计，采用装配式设计优化，经工厂加工生产，然后现场安装。吊顶的灯具和

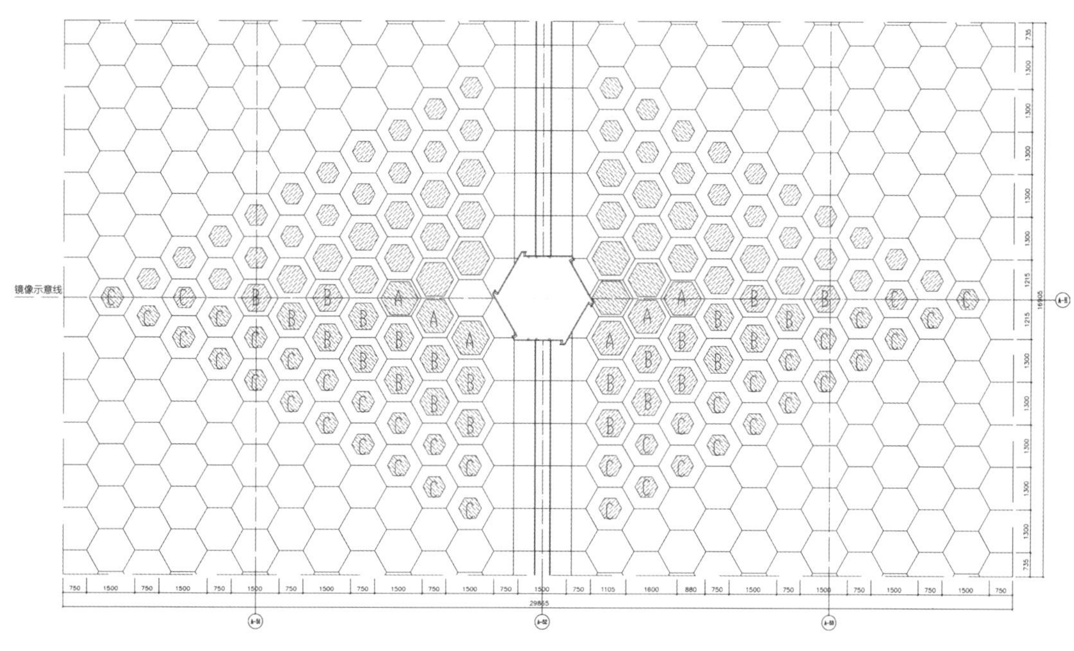


图7　天花定制灯具放样图

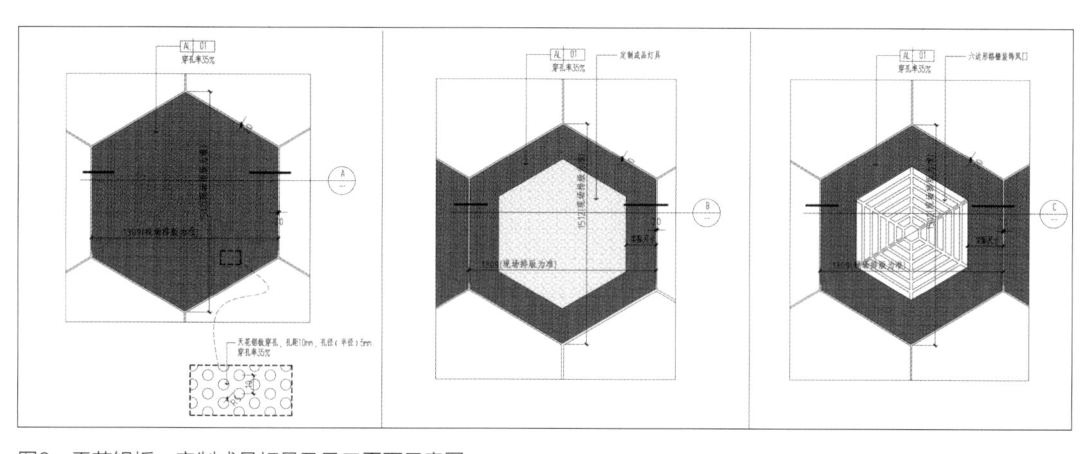


图8　天花铝板、定制成品灯具及风口平面示意图

铝板是由两个不同专业的企业配合完成安装的。在装配式设计、加工、安装过程中，需要设计师根据其材料特性进行整合。

装配式装修的设计和工程在现阶段仍然是以传统的项目运行过程为主，而传统的工程设计施工程序和以产品为主导的装配式装修在程序上是相矛盾的。装配式装修是以产品为结果导向的工程设计、生产、建造运维的过程，所以新型的装配式装修应该包含产品开发、部品设计、造价、建造、采购、安装、回收再利用等环节的过程。

未来，装配式建筑是我国工程建设领域很重要的发展趋势，建筑、结构装配式已初具标准化、规模化，而室内装配式的设计、加工、安装过程较繁杂细碎，材料的应用及其组合千变万化，因此难度高、标准化率低。我们应在万千变化中找寻并确定规律，借鉴参考成熟的产品样式和材料组合，尽量做到标准、一致，通过多样化组合达到千变万化的效果。

图9　现场照片

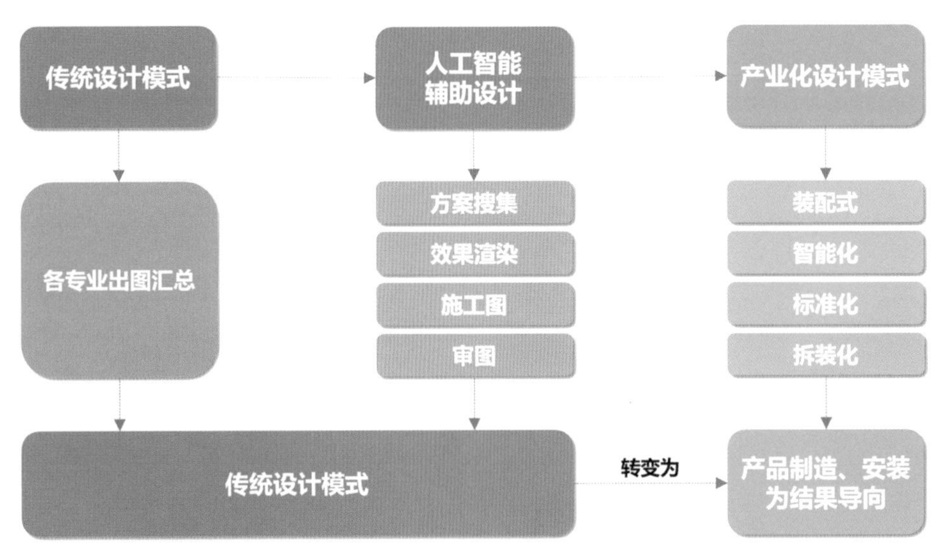


图10　设计模式转变趋势

# 3　实践案例：北京积水潭医院新龙泽院区

## 3.1　工程概况

本案建设用地位于北京市昌平区，主要包括医疗综合楼、高压氧舱、液氧站、污水处理站，用地东侧为西二旗西路，西侧为规划回龙观村西北环路，北侧为公交用地。

北京积水潭医院新龙泽院区医疗综合楼等14项工程功能包含门诊、急诊、医技、住院、教学科研、体检、行政办公、后勤保障等。总建筑面积143053m$^2$，其中地下45313m$^2$，地上97740m$^2$。2栋住院楼地上14层，建筑高度62.35m，北侧住院楼地下3层，南侧住院楼地下2层。5层裙房（科研楼4层）分为门（急）诊楼、医技楼、科研楼、门诊大厅四部分，建筑高度23.40m，门（急）诊楼地下3层，医技楼、门诊大厅地下2层。

## 3.2 工程特点与难点

其一，标高±0.00m以上分为门诊楼、科研楼、住院楼等，且多处均有钢结构构件或连廊相连，弧形梁、箱型梁、大跨度梁等各类钢结构构件的深化设计、加工和吊装是施工的难点和重点。

其二，本工程为医院工程，医院用房的专业性要求很高，如手术室对洁净度的要求，重症监护室（ICU）对装饰材料环保性能的要求，心电、脑电室对防外界电磁干扰的要求等，在装饰材料和专业安装上均有不同于普通工程的特殊要求。

其三，机电末端点位与装修排布相对位置要求较高，全部需要先排布、后定位、再施工来解决这些难题。

图11 建筑总体布局图

## 3.3　实践概况

北京积水潭医院新龙泽院区是按照大型三甲综合医院的标准来建设的大型公共医疗项目，更适合装配式的应用拓展。该医院的整体外立面铝板采用装配式设计、制造、安装。如前所述，该医院门诊楼、科研楼、住院楼等均有钢结构构件或连廊相连，弧形梁、箱型梁、大跨度梁等各类钢结构构件的包封深化设计、加工和吊装是施工的难点和重点。

图12　项目实景图

图13　北京积水潭医院新龙泽院区项目实景图（摄影：金伟琦）

### 3.3.1　门诊大厅吊顶

以门诊大厅为例，17m高的钢结构顶面、直径大约20m的玻璃透光顶，如果运用传统工艺的吊顶装修，必须经历多道装修工序，不仅工期冗长，粉尘漫天飞扬，而且费时费力，最终未必能达到预期的效果。我们运用装备式铝板的吊顶做法，结合多个维度的铝锤片的定制化工艺，将吊顶定制化和集成化，生产工厂化、施工标准化；独特的蜂巢金属结构能够保证板材不易弯折，不易变形，不易损坏；科学配比采用上下夹心设计，达到吸声、隔热、防潮防火、表面平整、不易变形等特点；一次性完成各个模块的安装，既高效便利，操作也更灵活；不同造型有不同模块搭配，现场可交叉施工，大大缩短了工期，提高了装修效率。

室内空间由于造价的控制，对材料进行“区别”对待，重点功能区进行材料优化，如大厅顶面采用微孔的吸音铝板，做声学的吸声处理，保证大厅使用环境的舒适和声音的安静；非重点功能区选用具有良好的吸声降噪、阻燃防火、防潮抗菌性能的玻璃纤维板或矿棉板，其优点在于饰面美观、材质轻便、施工简单。

图14　门诊大厅结构施工现场

图15　门诊大厅施工现场

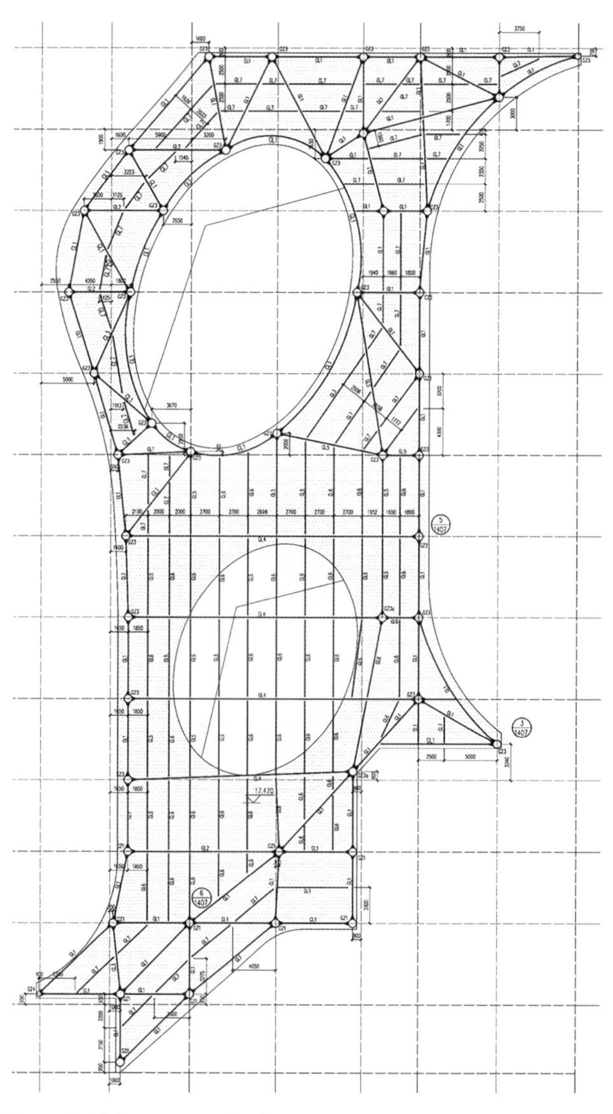

图16　门诊大厅吊顶图（一）

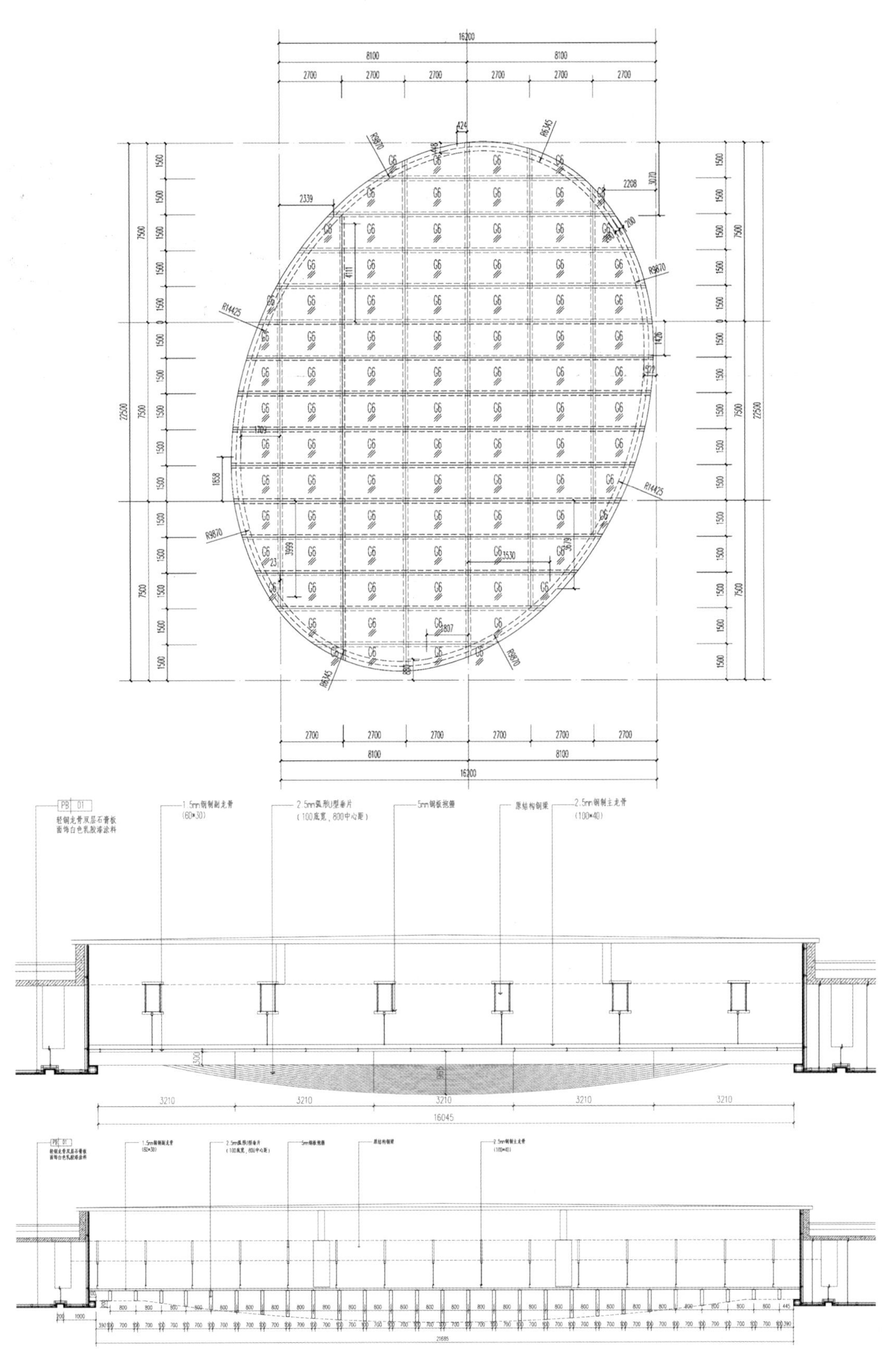

图17　门诊大厅吊顶图（二）

图18　门诊大厅吊顶施工现场图

图19　门诊大厅实景图（摄影：金伟琦）

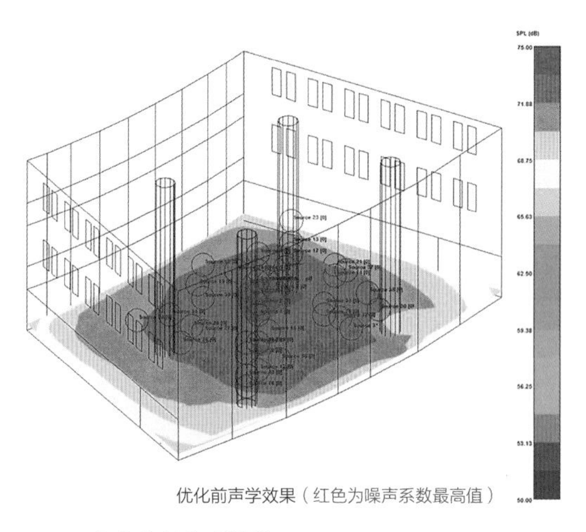

优化前声学效果（红色为噪声系数最高值）

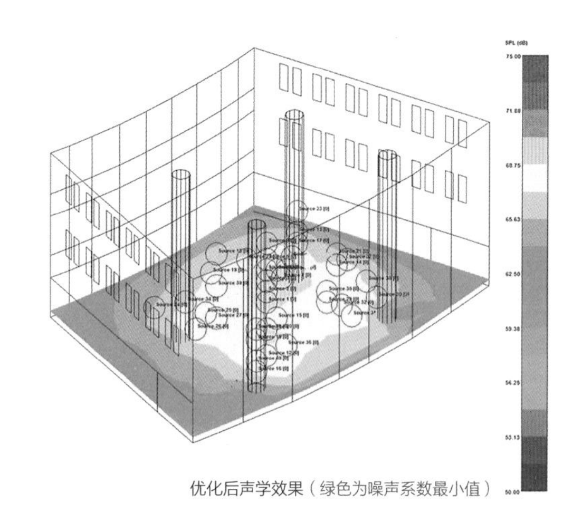

优化后声学效果（绿色为噪声系数最小值）

图20　室内声学实验模拟图

### 3.3.2　吊顶系统

相较于其他类型空间，医疗空间在室内设计方面有很多需要特别注意的问题，例如医疗空间的管道、线路、设备点位等排布较为密集且复杂；功能设备数量较多，使用频率更高，后续使用过程中也会涉及诸多检修、维护等问题；医疗空间最需要特别注意的就是空间的洁净问题。所以，医院的吊顶系统不仅要考虑美观装饰性，更要从洁净节能、安装施工等角度考虑方案设计。

因此，我们将内装与结构分离，选择集成吊顶系统，预埋吊顶龙骨。将吊顶面板与照明模块、送回风模块等设备模块进行组合，通过各专业协同配合把电力设备管道、消防设备管道及其他各种管道集成到吊顶中，吊顶模块与墙体无缝对接。

这样的做法具有易施工、免打孔、无噪声的优势，装配化程度高，并且充分保证了医疗空间对洁净的需求。吊顶面板材质采用0.6～0.8mm厚镀锌钢板，表面处理根据不同空间及装饰效果采用静电粉末喷涂或木纹覆膜等，规格则根据具体空间尺寸定制或使用常规规格。根据面板模数选用条形风口模块，长度可与面板横向对齐，与照明模块同方向排布；也可与照明模块垂直布置，即长度同走廊。

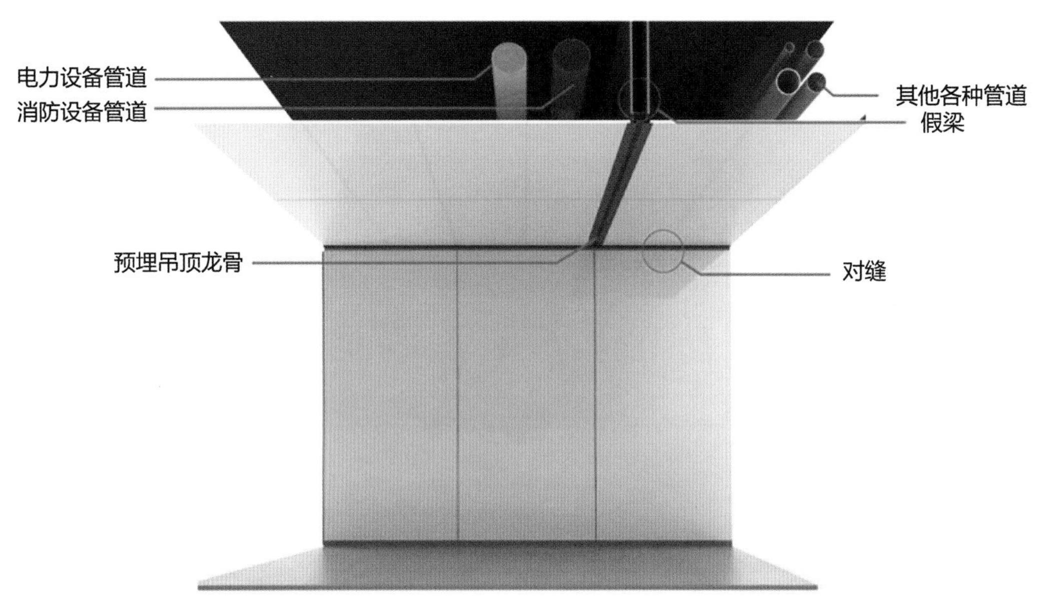


图21　吊顶系统示意图（图片来源：汉尔姆建筑科技有限公司）

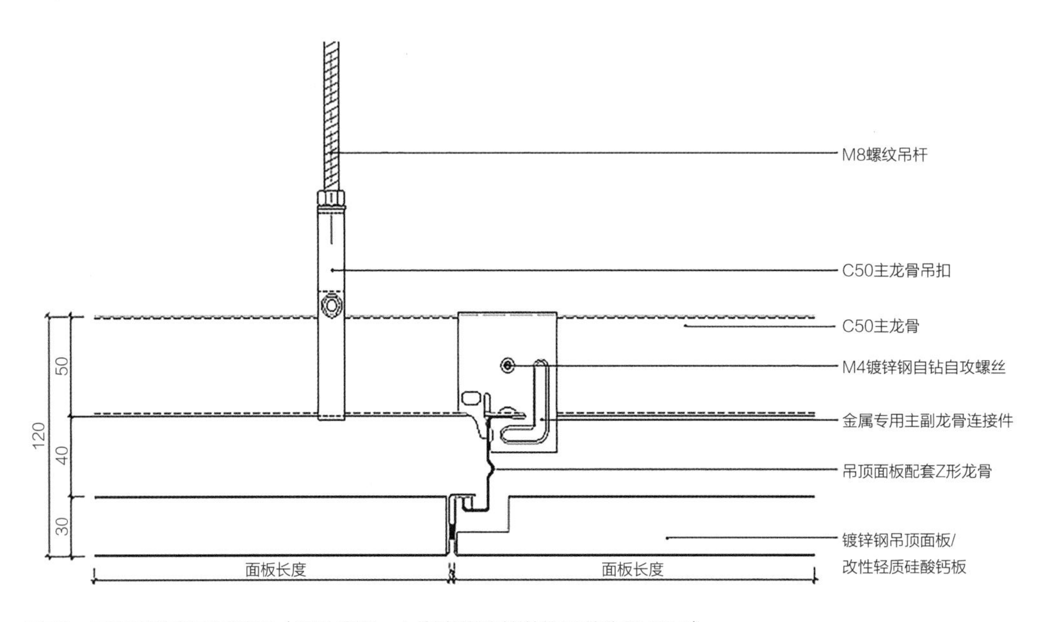


图22　吊顶系统剖面示意图（图片来源：上海森临建筑装饰系统有限公司）

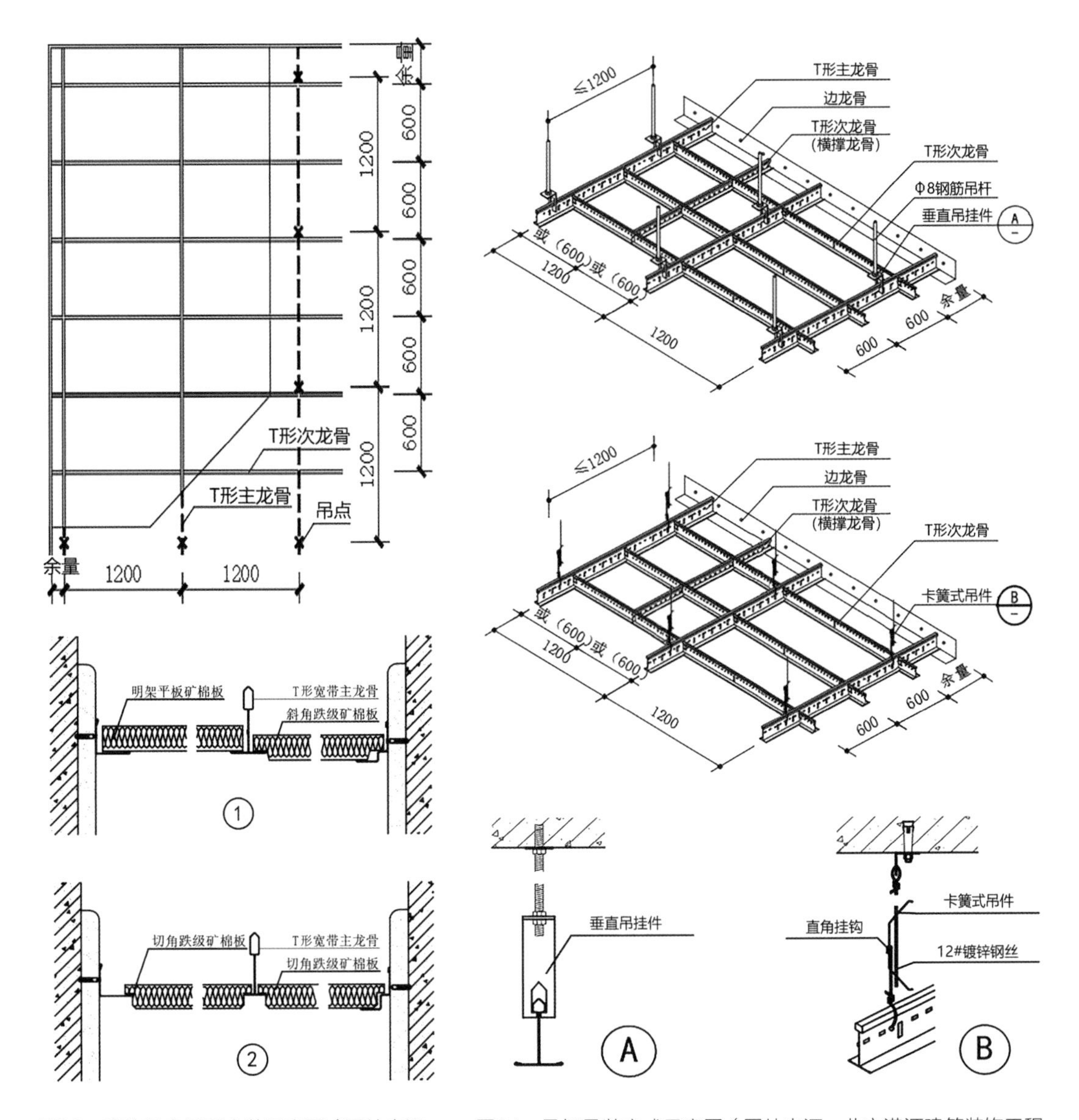


图23　矿棉吸音吊顶安装示意图（图片来源：北京港源建筑装饰工程有限公司）

图24　吊杆吊装方式示意图（图片来源：北京港源建筑装饰工程有限公司）

### 3.3.3　地面系统

医疗空间人员流动性较强，并且人口密集，需要充分考虑地面的材质与做法。医院的功能属性容易给使用者带来严肃、紧张的空间感受，室内设计师应特别关注使用者的精神感受。因此，医疗空间地面宜选用可降低噪声、脚感舒适的材质，有助于缓解使用者的焦躁情绪，提升舒适体验；选用无尘、抑菌、可无缝焊接的装饰材料来满足医疗空间的洁净需求。

我们采用集成地面系统，取消传统地面的垫层环节，无需抹灰，采用架空构造，基层饰面铺贴PVC塑胶，架空地面高度100mm，与常规地面高度相同，地面空腔可铺设管线，易维护检修。以支撑脚为支撑点形成点式龙骨，通过对每个支撑点进行高度调整，形成标高一致的支撑面；在支撑面上安装基层承压板或条型龙骨，形成装饰基层面；在装饰基层上可铺装多种饰面材料，例如医疗建筑常

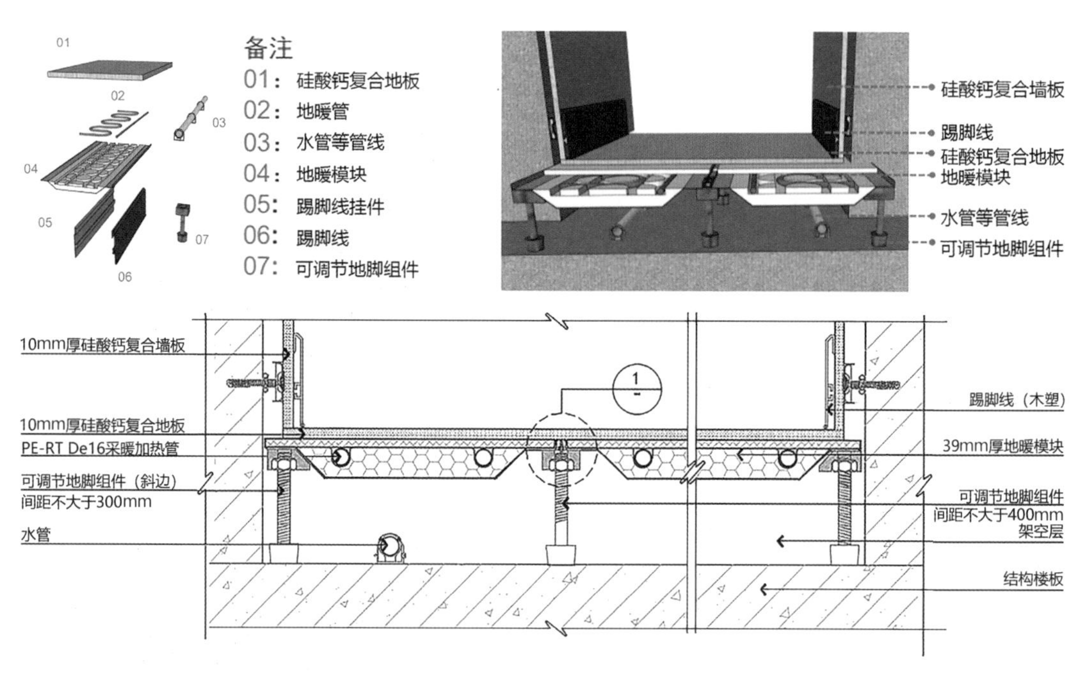


图25 地面做法示意图（图片来源：北京港源建筑装饰工程有限公司）

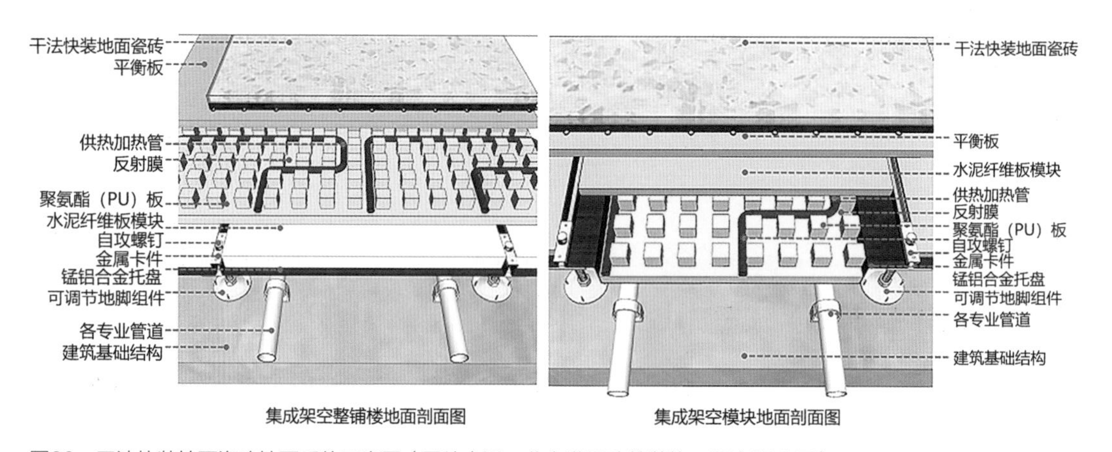


图26 干法快装地面瓷砖地面系统示意图（图片来源：北京港源建筑装饰工程有限公司）

用的瓷砖、PVC地面、石材等。通过干式施工安装快捷、抗菌减震、防滑吸音、脚感舒适，同时可以保证施工及使用过程中的洁净度。

### 3.3.4 墙体系统

墙体系统的装配度与建筑紧密相关，需要建筑在规划与施工过程中为室内装配式做空间预留。本项目根据各相邻空间的功能属性使用了玻璃隔断、单面墙（单墙系统）、双面墙（实体隔墙系统）三类墙体系统。

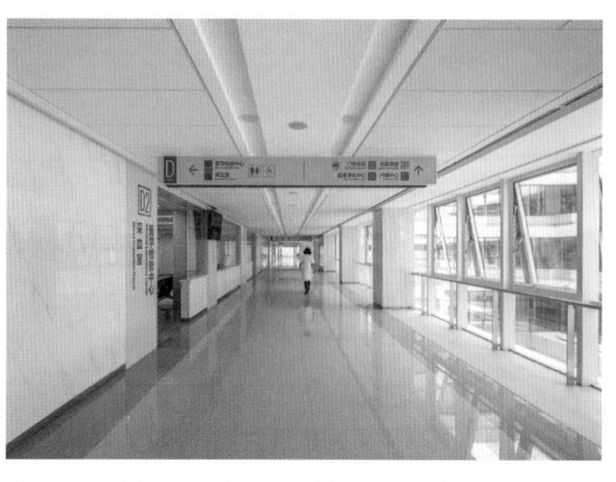

图27 项目实景图（摄影：金伟琦 楼洪忆）

1. 玻璃隔断

主街与临街候诊空间的分隔采用装配式玻璃隔断系统，主要由龙骨及钢框玻璃面板构成，具有防火、隔音功能，与传统铝合金玻璃隔断相比，在分隔功能、施工效率、隔音效果以及美观性等方面均有较大优势。

玻璃隔断采用宽1200mm、高2700mm模块尺寸的明框玻璃系统，玻璃门模块（含门框）的尺寸为1000mm × 2400mm，隔墙系统整体厚度为104mm，模块间缝隙5mm，底部采用内凹式踢脚。

图28　玻璃隔断实景图（摄影：楼洪忆）

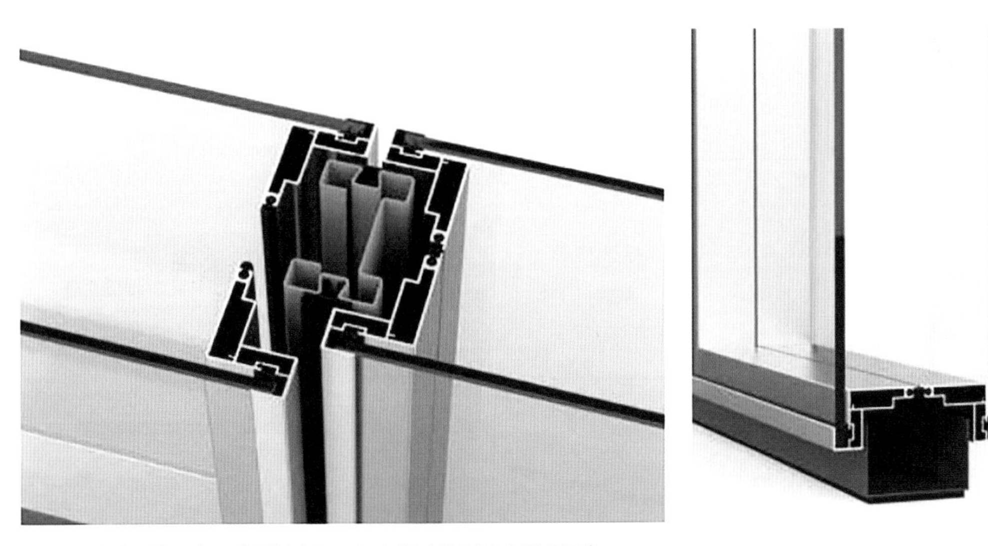

图29　玻璃隔墙示意图（图片来源：汉尔姆建筑科技有限公司）

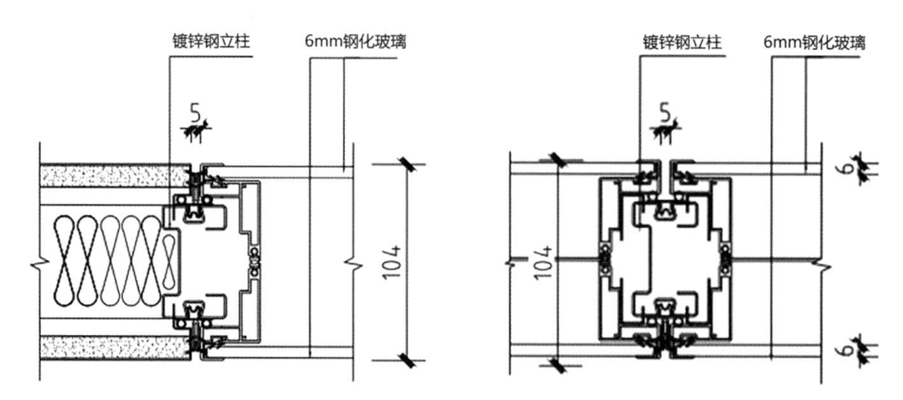


图30　玻璃隔墙与实体墙连接及玻璃隔墙中立柱详图（图片来源：北京港源建筑装饰工程有限公司）

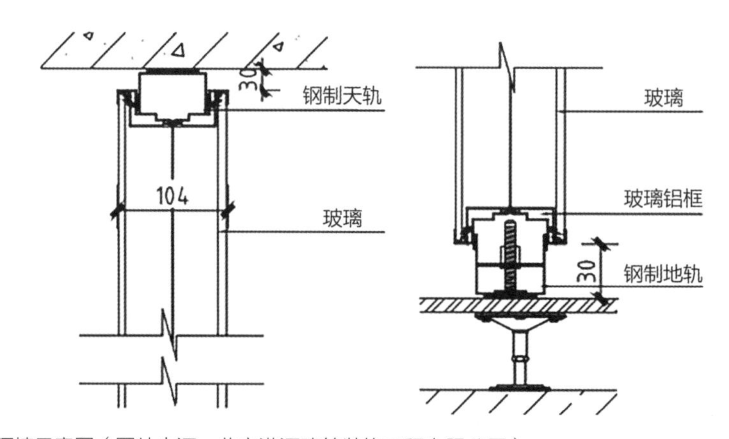


图31　明框玻璃隔墙示意图（图片来源：北京港源建筑装饰工程有限公司）

2. 单墙系统

在核心筒、合用间、结构柱等已有墙体的位置采用单墙系统，利用装配式单墙装饰建筑原始墙体。单墙系统厚度根据需求控制在60～70mm，单元面板根据现场层高最高可达3000mm，宽幅在1200mm以内，单元面板间离缝可根据装饰效果需求控制在0～10mm，顶部离缝收口高度不低于20mm。

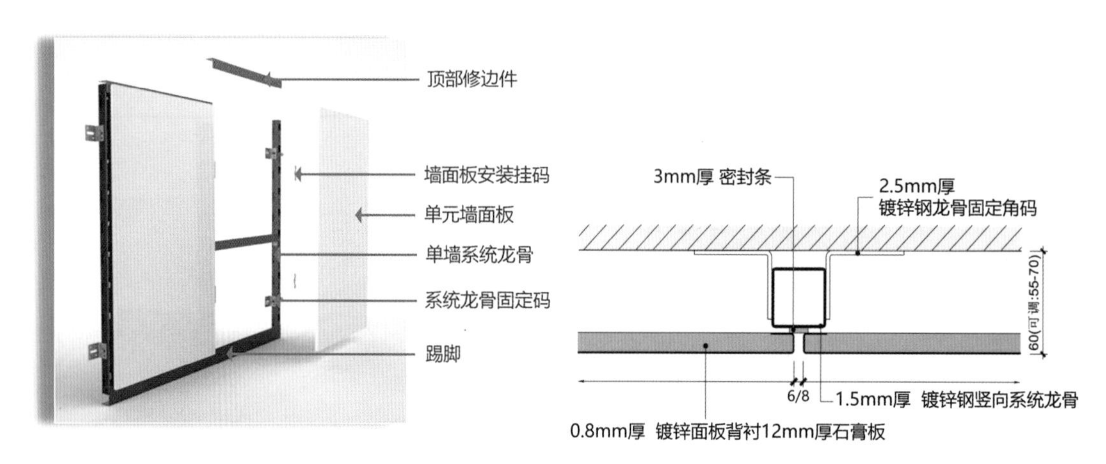


图32　单墙系统示意图（图片来源：上海森临建筑装饰系统有限公司）

图33　单墙系统实景图（摄影：楼洪忆）

3. 实体隔墙系统

实体隔墙系统可代替传统石膏板隔墙与砌墙，可用于诊室、普通检查室、护理区、医护办公区等区域。以轻钢龙骨隔墙体系为基础，饰面材料为涂装板，既满足了空间分割的灵活性，也替代了传统的墙面湿作业，通过开槽固定或干挂固定集成饰面板，干法施工安装快捷，墙面免抹灰及胶粘，对病人无二次伤害。

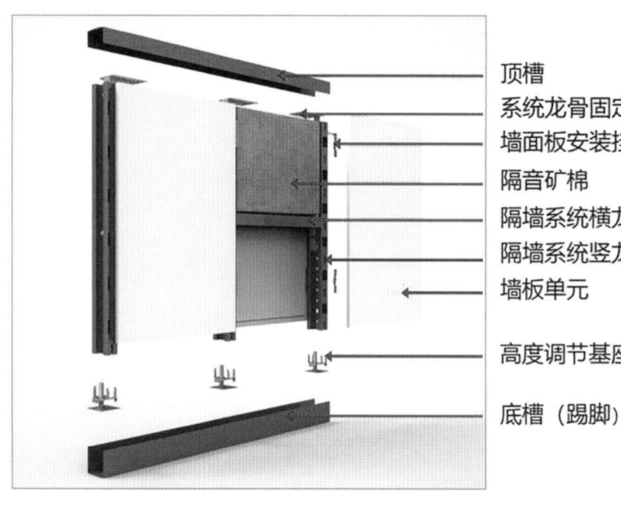


图34 实体隔墙示意图（图片来源：上海森临建筑装饰系统有限公司）

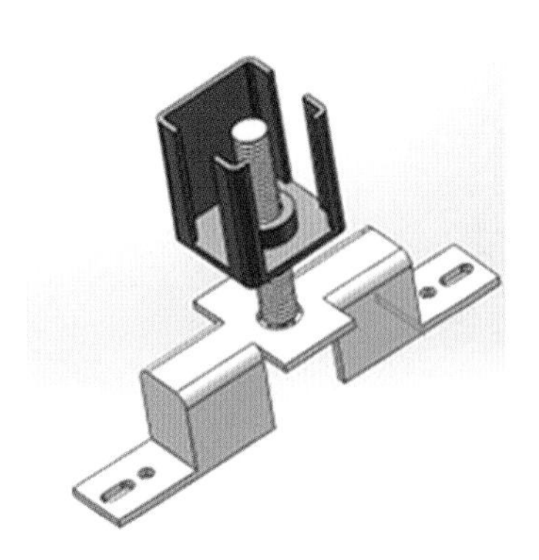


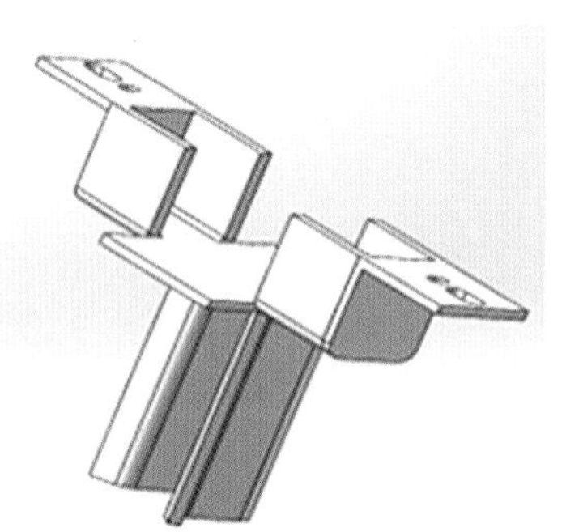


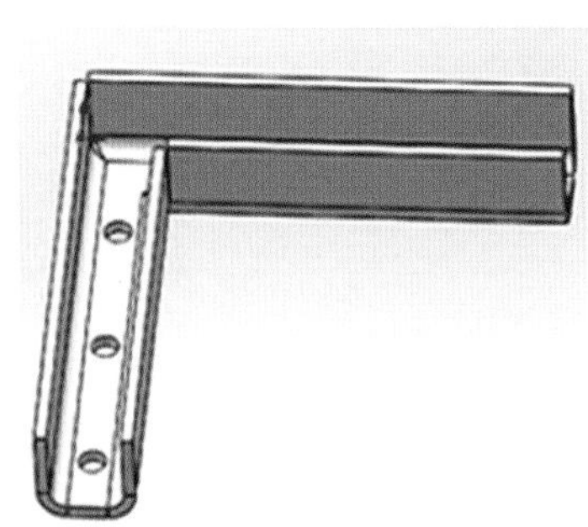


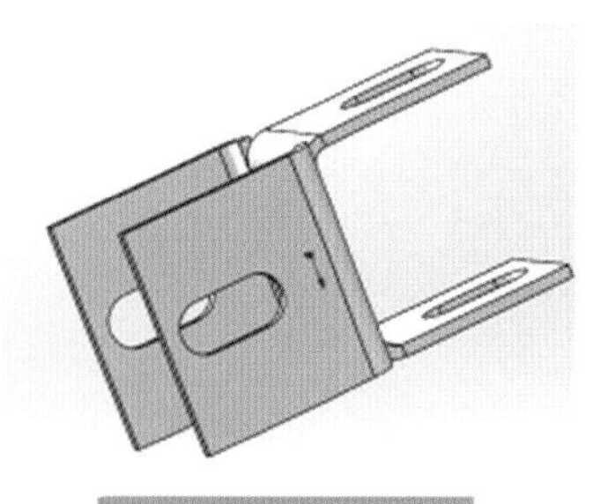


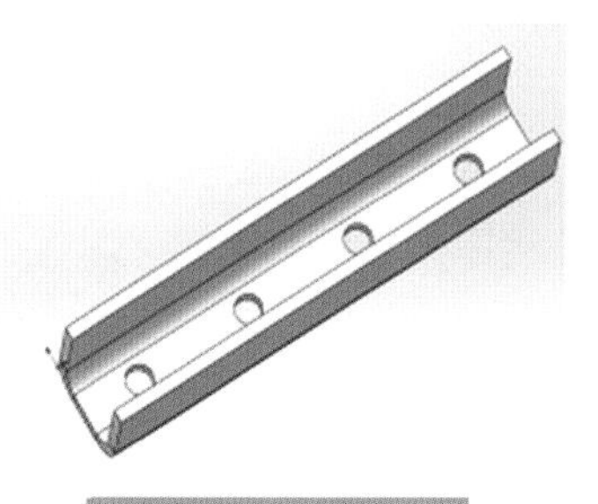


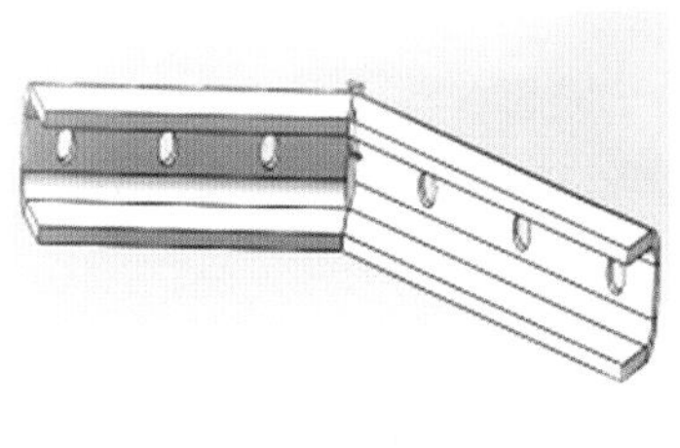


图35 实体隔墙部品部件示意图（图片来源：上海森临建筑装饰系统有限公司）

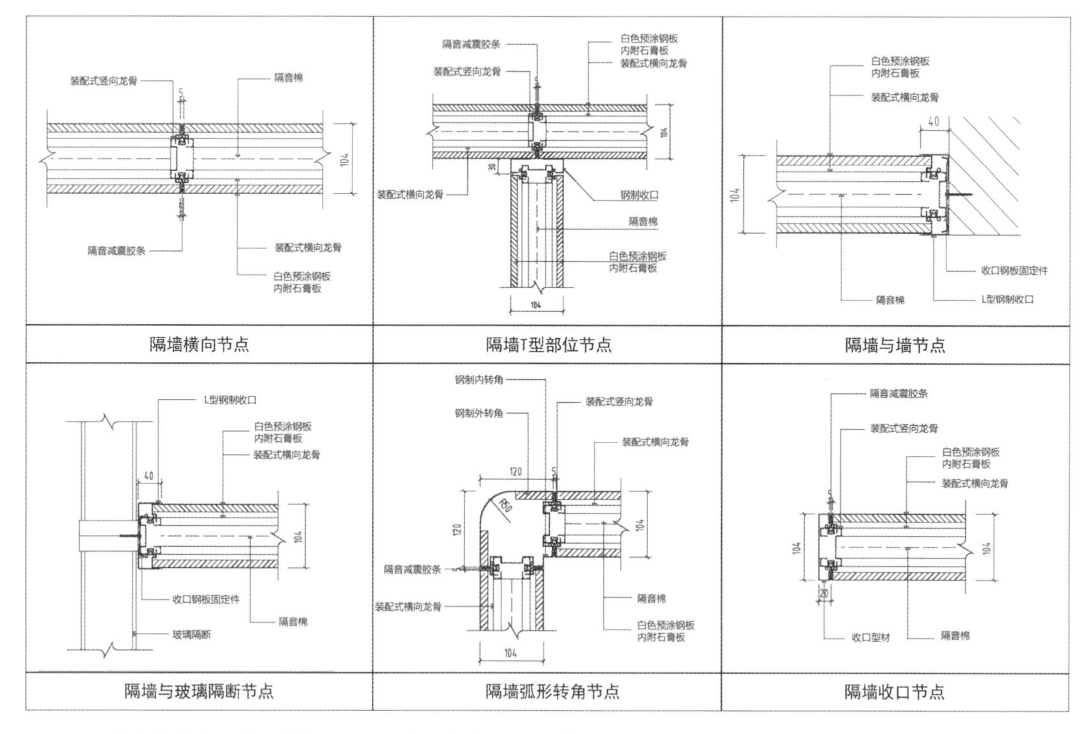


图36 隔墙连接节点图（图片来源：浙江傲邦科技有限公司）

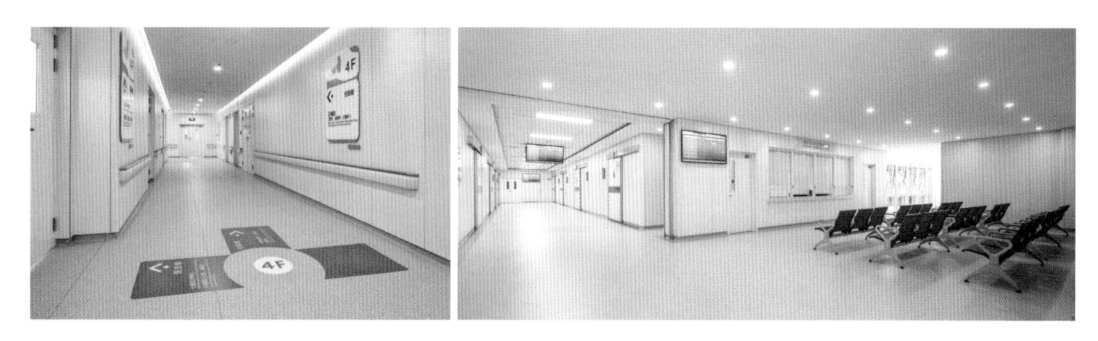


图37 实体隔墙系统实景图（摄影：金伟琦 楼洪忆）

实体隔墙系统的墙体厚度具有可变性，可根据需求改变填充物，厚度可实现100~300mm；龙骨水平可通过底部调高基座进行调解；管线和开关插座底盒可安装在隔墙空腔里，实现管线分离。

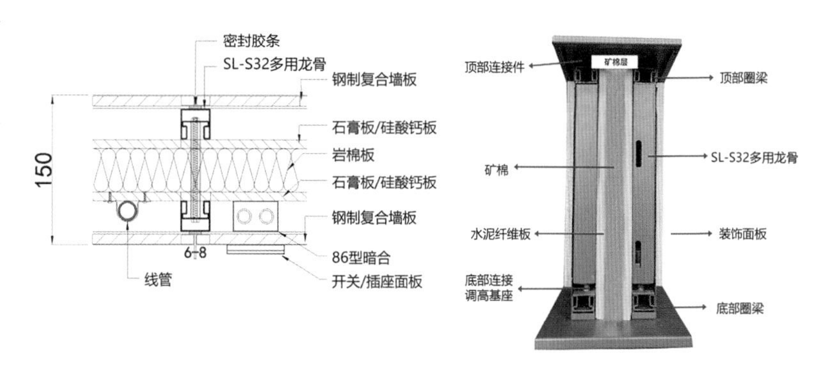


图38 实体隔墙详图（图片来源：上海森临建筑装饰系统有限公司）

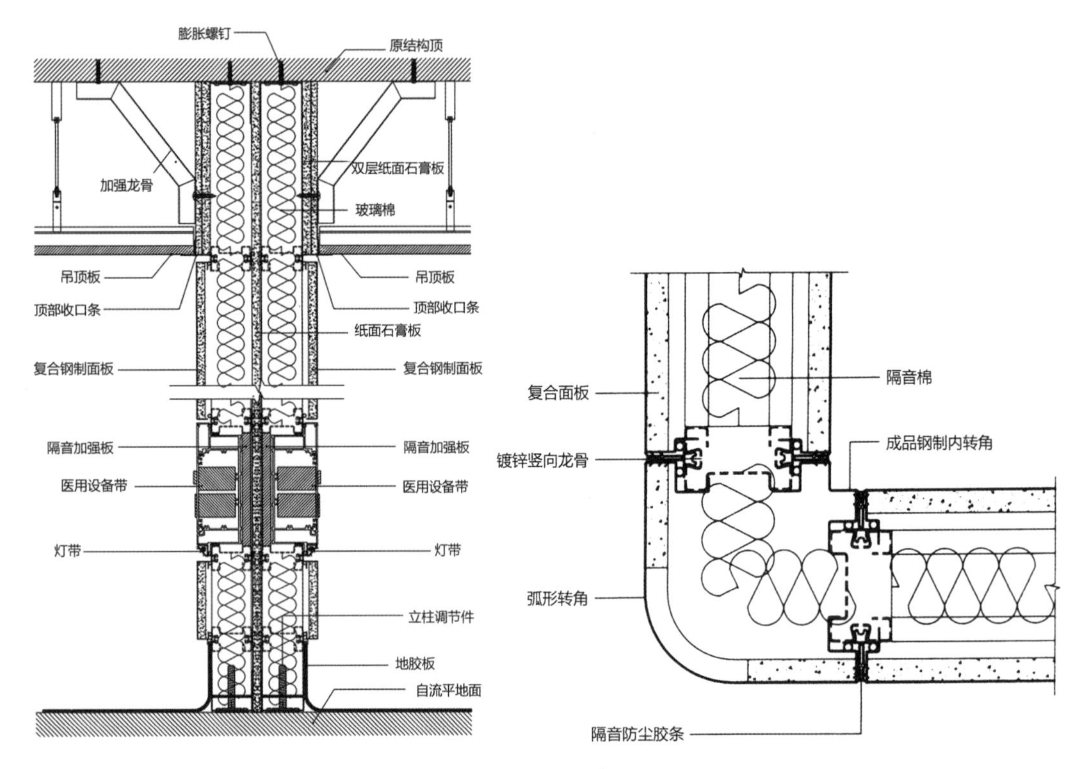


图39 护理站墙体示意图（图片来源：汉尔姆建筑科技有限公司）

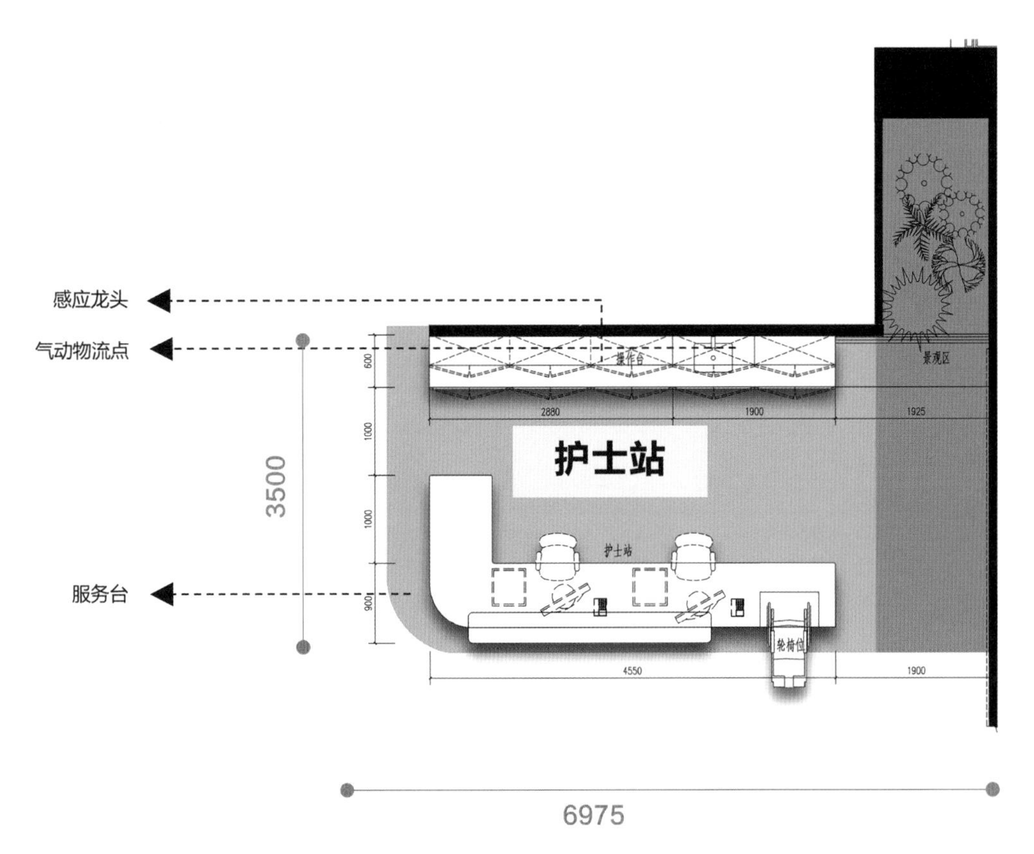


图40 护理单元平面图

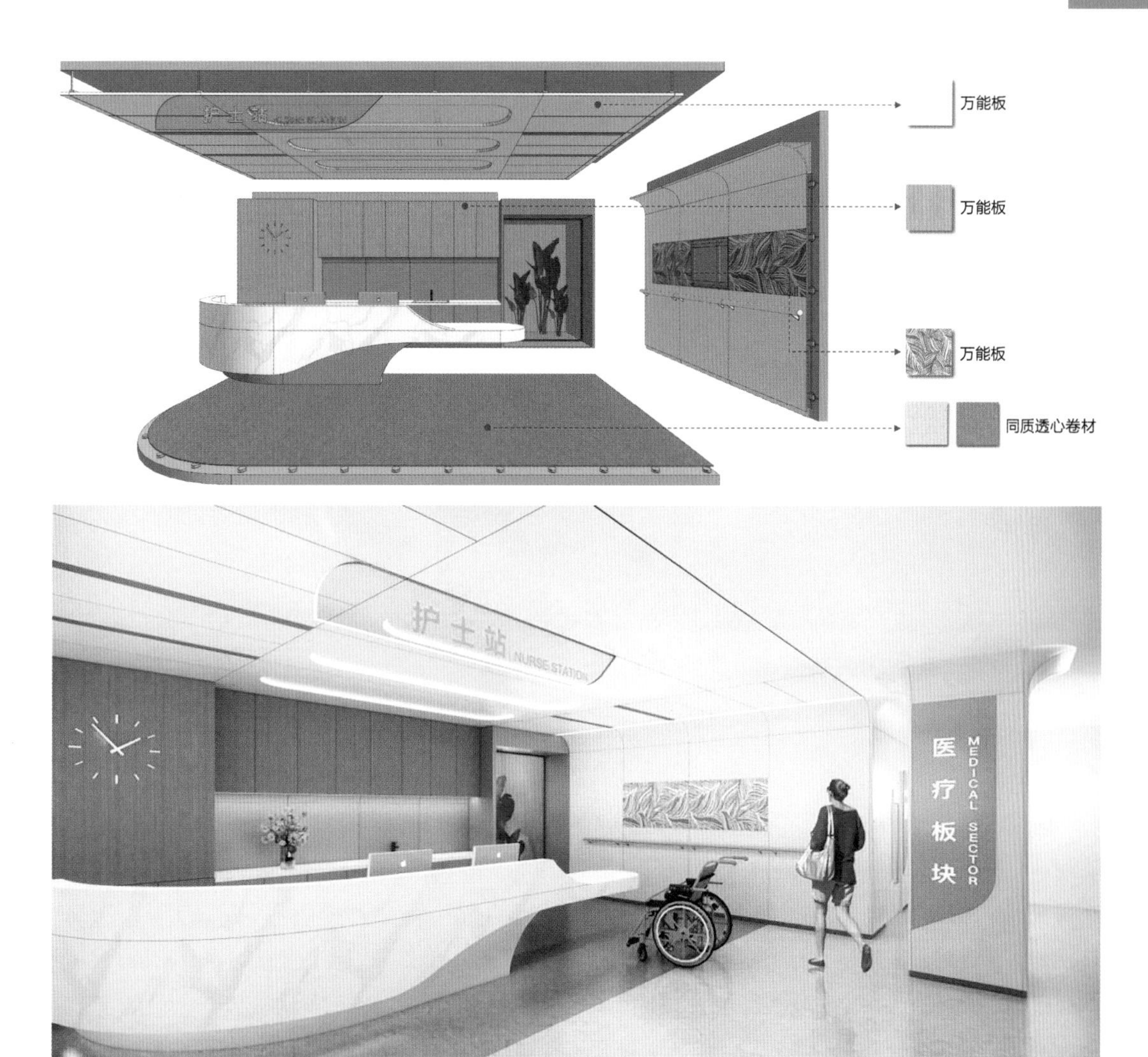


图41　护理单元装配式设计

4. 框架系统

装配式墙体系统整体为框架式结构，根据不同的空间钢隔断分为单龙骨单面板、单龙骨双面板、双龙骨双面板。墙体装配式主龙骨为镀锌钢板经过38道工序一体滚压成型，不焊接复合，保证强度。

①先将地槽、天槽固定于地面和顶面楼板，再固定主龙骨，主龙骨正面预制有双排等间距的挂孔，便于安装面板。

②主龙骨的正中位置设有成型燕尾槽用于装配成品隔音胶条，使得面板与框架系统紧密结合，达到良好的隔音效果。

③主龙骨侧面预制有双排T型，使得横档直接卡扣于龙骨上，无需螺丝，安装快捷，整体牢固。

④主龙骨底部设有水平调节脚，通过调节螺杆使得龙骨上的孔位在一个水平线上，抵消由于原始地面施工造成的误差。

⑤在特定的顶面和地面条件下，利用龙骨系统的弹簧顶件结构，可实现全柔性连接顶面与地面，无需任何螺丝。不破坏原地面、顶面材料，便于墙体进行非破坏性移除，拆除后即可恢复原状，满足多次拆装的要求，做到整个空间循环使用，既节省时间和成本，也更利于环保。

在固定完成竖向主龙骨后便可拼装工厂预制好的面板，形成单层装配式隔墙；两片单层隔墙模块通过天地槽叠合在一起，便形成隔音效果更佳的双层装配式隔墙。中空的墙体内可集成各种设备带、预留的水电气管线等功能，每个模块可以单独拆卸，便于强、弱电检修。

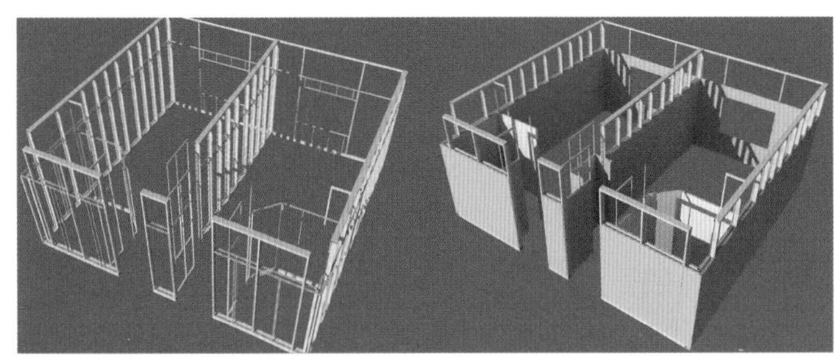
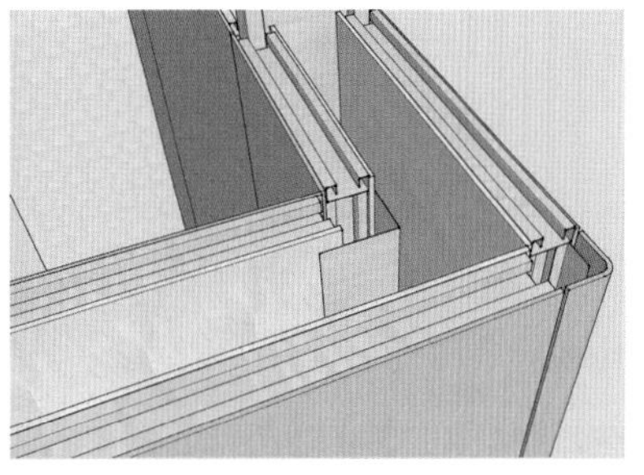

图42　病房框架示意图（图片来源：江苏海恒新型装饰材料有限公司）

5. 面板系统

医院是人员密集的公共场所，且要满足担架车、轮椅等的通行要求，因此墙面饰面需具备防火防潮、耐磨抗冲击、抗污易清洁、环保抗菌的性能。树脂预制板有与主龙骨挂孔对应的挂钩，现场只需要简单挂装，不需要螺丝卡件等辅助装置，安装迅速、精准，没有废弃物产生。饰面颜色材质可根据需求定制，例如静电粉末喷涂、覆膜材质等做抗菌抗污染处理的饰面更适合医疗空间，不同饰面具有通用互换性，可轻松实现玻璃、钢板饰面效果，同时具有防火、隔声等功能。

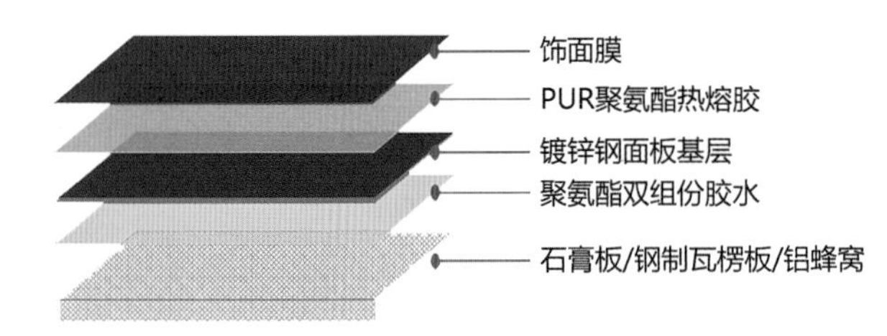


■ 面板表面处理可选择：PVC布纹、真麻布、真丝布、皮革、石材、彩绘及其他定制颜色
■ 可冲折成型、打孔、切割等机加工
■ 聚氨酯胶水不产生环境污染

图43　面板系统示意图（图片来源：上海森临建筑装饰系统有限公司）

病房床头墙体面板与医用设备相配合，例如可供患者使用的照明设备、紧急呼叫设备、插座开关等，护理设备如医疗气体终端、医疗电力终端、医用显示屏等。床头墙体面板可分为矩阵式设备面板与传统条形设备带两种，矩阵式设备面板与传统条形设备带的区别在于，矩阵式设备面板是将医用护理设备以及患者使用面板以矩形形态集成在床头背板左侧或右侧，高度在面板的1720mm位置以下。

（1）矩阵式设备面板

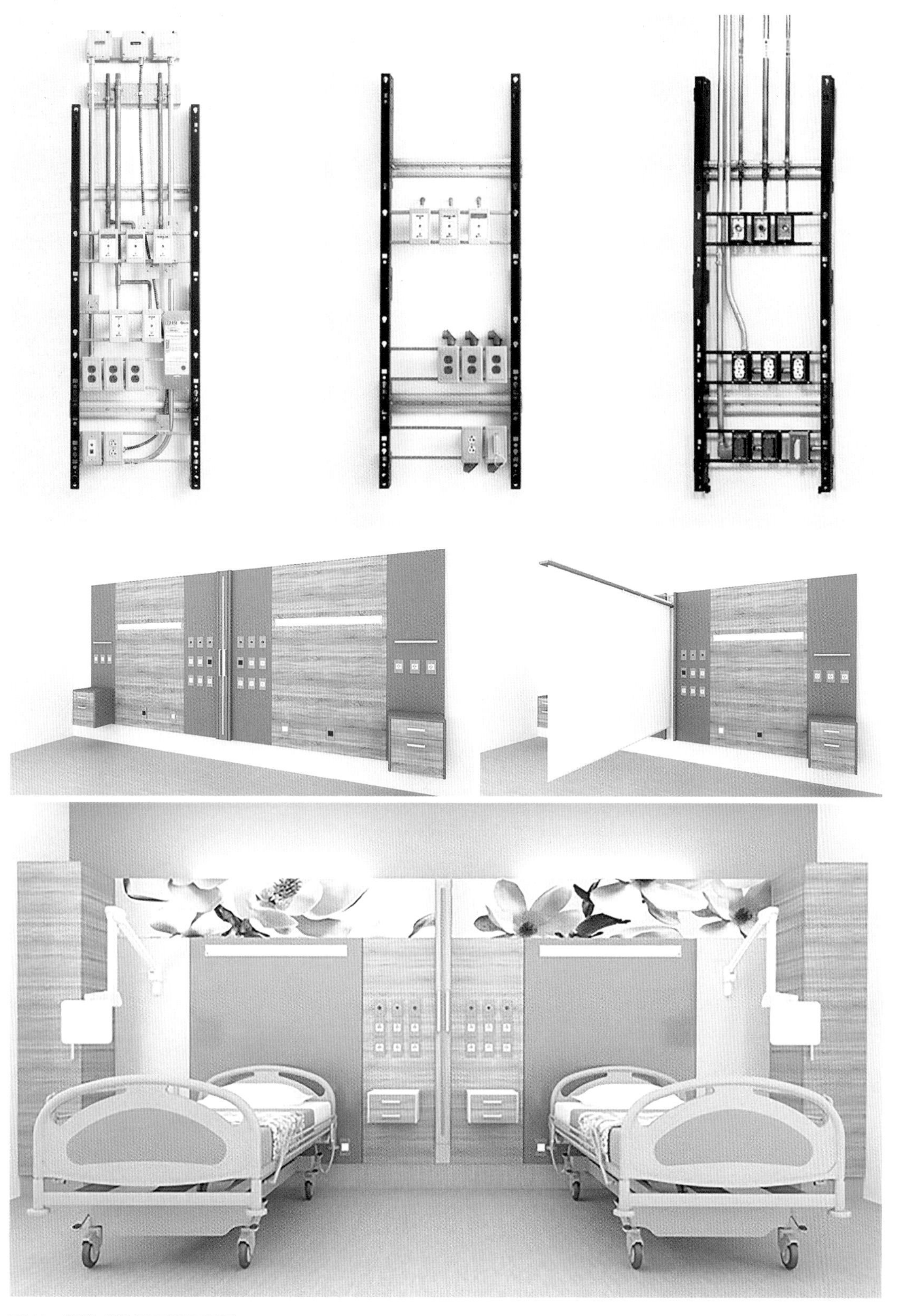

图44　矩阵式设备面板示意图

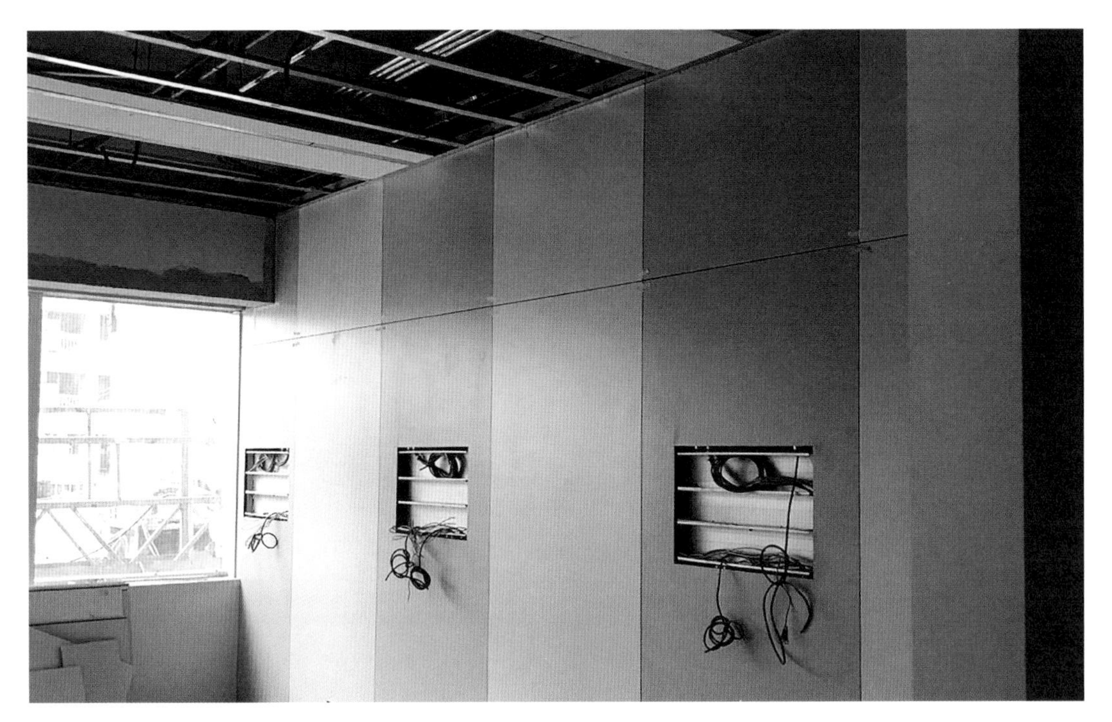

图45　普通病房矩阵式设备面板施工现场图

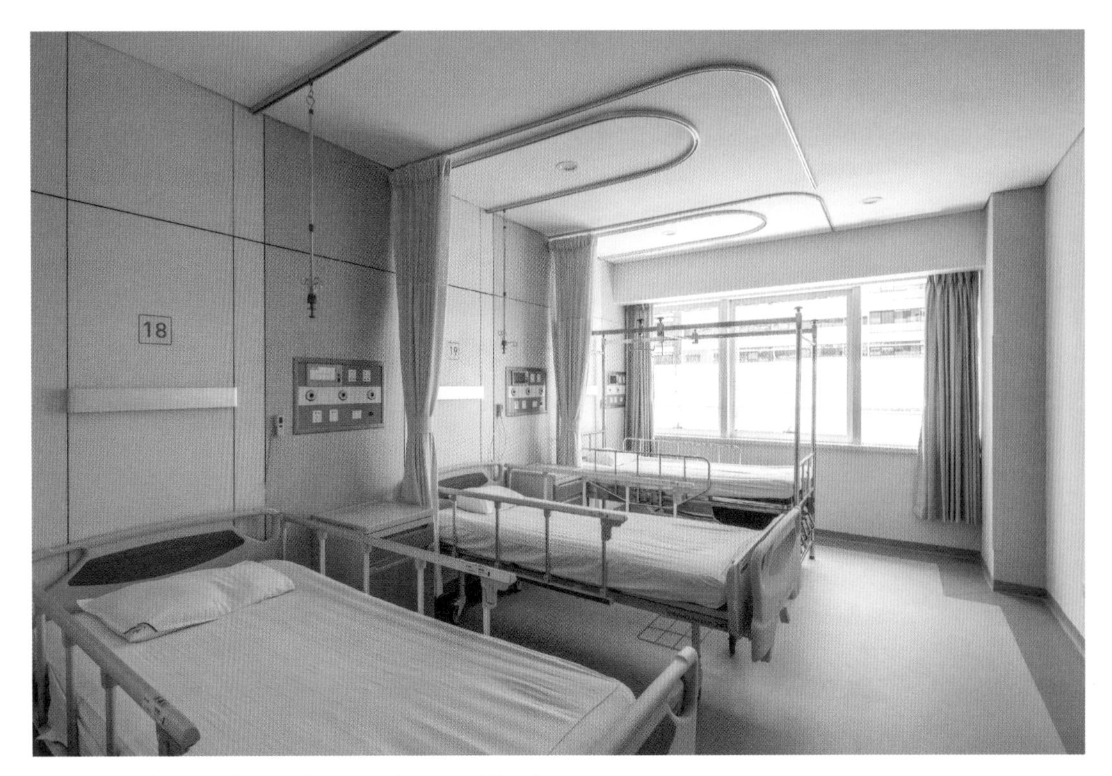


图46　普通病房矩阵式设备面板实景图（摄影：金伟琦）

（2）条形设备带

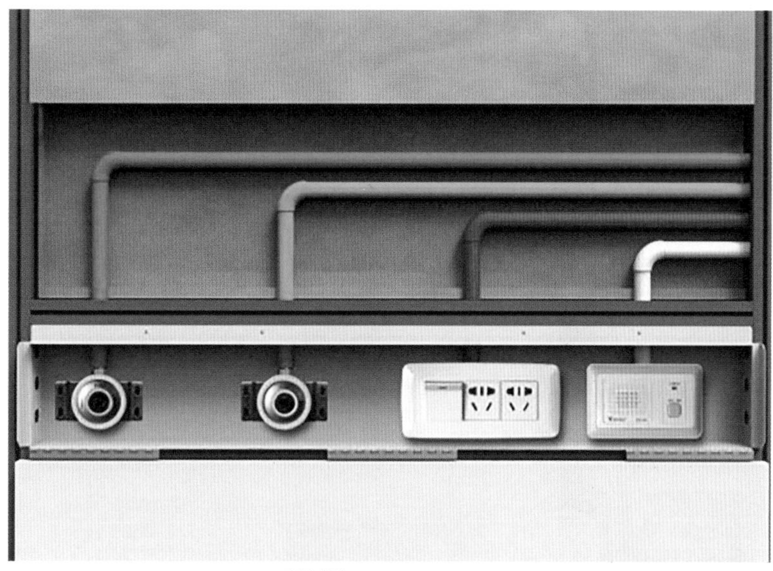

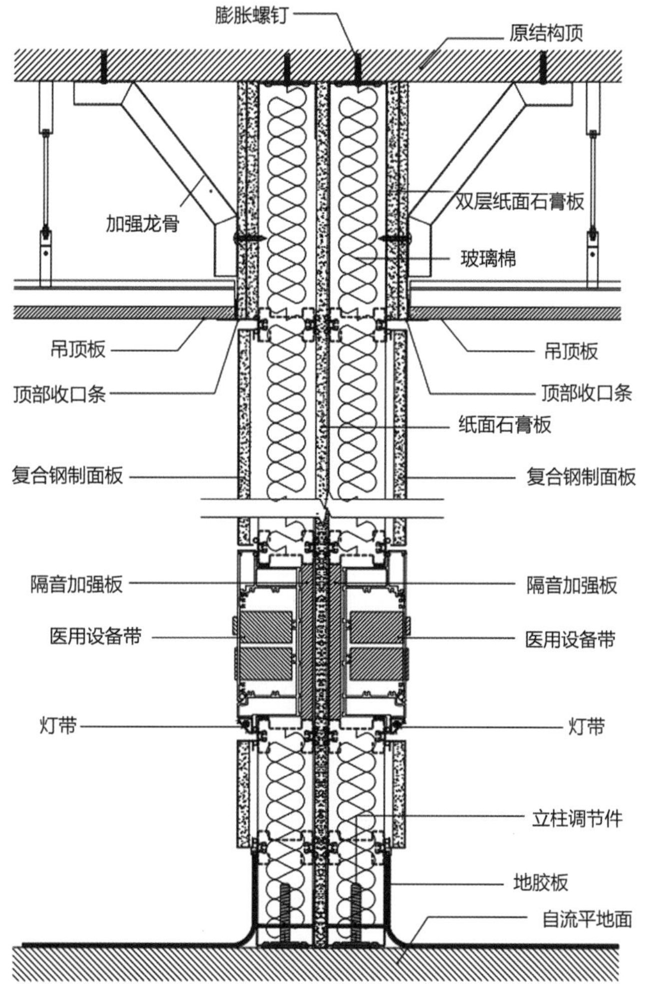


图47　条形设备带详图（图片来源：汉尔姆建筑科技有限公司）

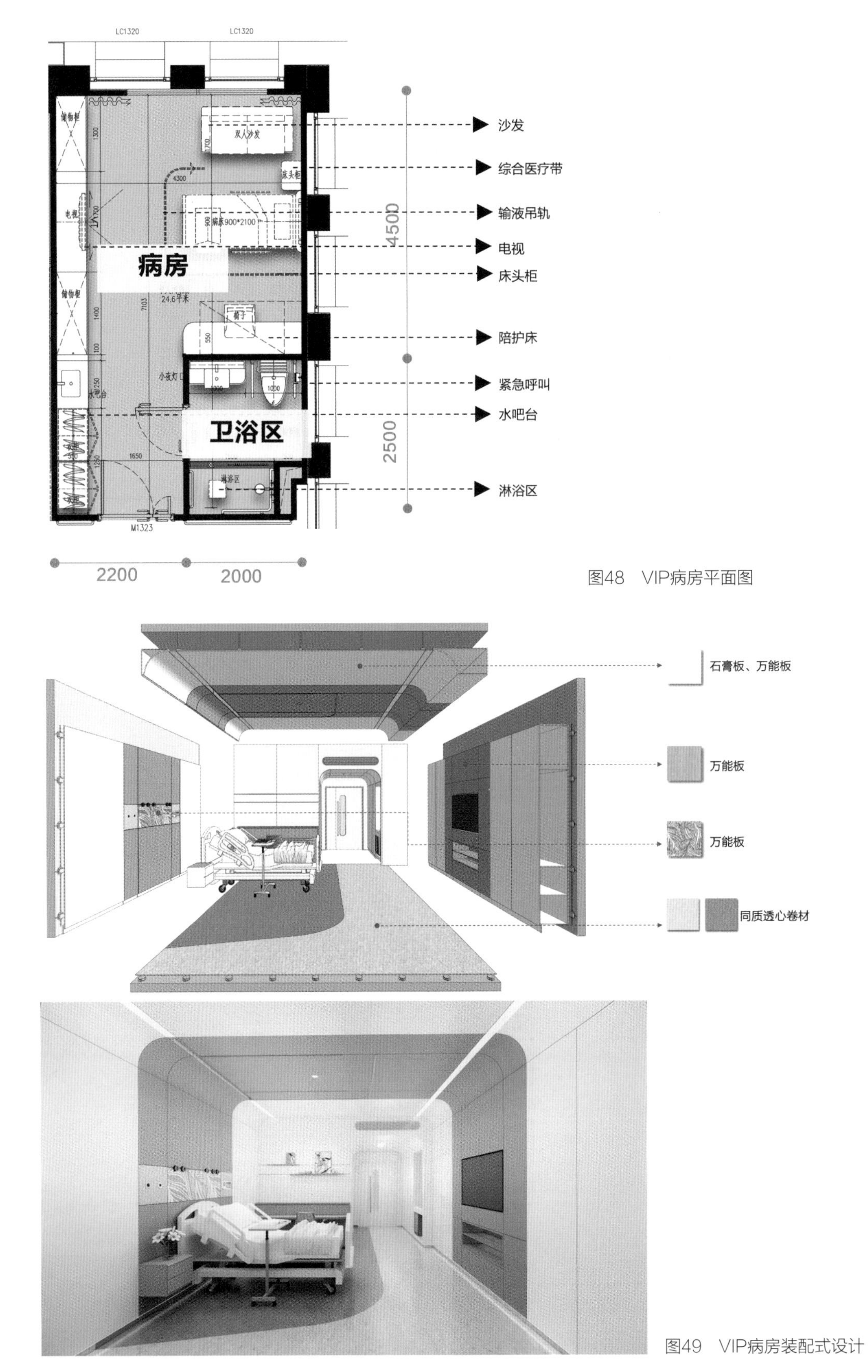


图48　VIP病房平面图

图49　VIP病房装配式设计

# 4 展望

## 4.1 科技推动行业发展

随着建筑技术手段不断发展融合，医疗领域装配式室内设计的前沿技术应包括人工智能、互联网+、物联网、基因生物工程等多学科交叉融合，并且形成整体产业链，向数字化装配式、智能化建造方向发展。

现阶段，随着装修施工工人逐渐老龄化，年轻劳动力逐年减少，装修施工装配式已是大势所趋，是为了节约人工成本而不得不采取的措施。

室内装饰装修是推动装配式建筑产品工业化的重要领域。装配式除了强调部品部件工厂化、综合效益高，还要强调节能环保、维护简单、有效集成、可拆卸重复使用、可回收，这才是对资源的最佳利用。

## 4.2 装配式建造美学

在装配式建筑工业化大力发展的背景下，未来设计是否会失去个性特色？这也是设计师需要注意并思考的内容。装配式是标准化、集成化，但标准化也能通过设计产生其独有的工业化美感，通过不同的部件材料的搭配形成不同的环境艺术意境。未来装配式的设计效果会更加丰富多彩，这也是需要相关各个行业共同探索的内容。例如已竣工的某高端康复医院室内空间，其设计理念是要建成一个具有人文艺术特色的公共医疗空间，目的是赋予医疗空间疗愈病人心理的环境功能，同时美好的艺术氛围让医生、护士感到身心放松与舒适。

未来装配式室内设计必将是一个多专业、多领域、多工种共同发展的市场化的全行业产业链，因此，行业间的交流学习、跨行业的融合发展和思维模式尤为重要。这是一个综合性的思考过程，要对于未来的时代发展，对于数据、造价、工程技术都要有敏感的认识，并不断融合创新，只有这样才能让这一传统行业不断发展。

图50　某高端康复医院室内空间实景图（摄影：姚朕嘉）

## 项目小档案

建　设　单　位：北京城建集团有限责任公司

设　计　单　位：中国中元国际工程有限公司建筑环境艺术设计研究院

设　计　团　队

设计总负责人：陈　亮

设计核心团队：陈　亮　张　凯　王艳洁　张　晋　吴　漫　刘　一　刘　丹　贾彤玉　代亚明　陈梦圆等

整　　　　理：赵荫轩

# 连珍

（大型公共建筑）

教授级高级工程师，国家注册一级建造师，国家文物保护工程责任工程师，上海市建筑装饰工程集团有限公司总工程师、工程研究院院长，第十届中国科学技术协会全国代表大会代表，中国建筑装饰协会专家，上海市优秀历史建筑保护修缮评审专家，上海市建设工程评标专家，中国建筑装饰行业科技人才，上海市五一劳动奖章获得者，上海市东方英才。

专注于复杂特大装饰工程技术研究和管理创新，擅长装饰工业化建造、装饰数字化建造领域，长期从事装饰工程装配化施工与绿色建造技术研究及大型公共建筑复杂饰面数字化关键技术领域工艺研究和技术开发。主持完成了上海迪士尼梦幻世界、北京大兴机场、上海北外滩世界会客厅、上海天文馆等众多重大工程。获得鲁班奖、詹天佑奖、全国装饰奖、建筑装饰行业科学技术奖、上海市科学技术奖等国家级、省部级奖项二十余项，参与国家级课题1项，省部级课题8项，主持、参与制订标准20余项，出版著作7部，在丰富的工程实践中具备了较高的科研攻关和技术创新能力。

## 设计理念

协同数字建造与工业智造双轮驱动，探索装饰行业科技赋能趋势。

未来，建筑行业必然以绿色要素投入代替自然资源投入，以装配式等工业化技术代替大量现场人工作业，以绿色施工技术代替传统粗放施工模式，以BIM、人工智能、机器人等智能建造技术代替传统建造技术。对于建筑装饰企业而言，一定要认清行业变革的趋势，整合产业资源，主动以创新和创造来激发和推动行业的变革，关注智能建造关键核心技术发展，加强行业基础性、关键性技术研发，整体推动建筑装饰数字建造与工业智造多元融合，引领行业高质量可持续发展。

图1　北京大兴机场（公共交通枢纽类）

# 大型公共建筑装配式内装

## 1　综述

大型公共建筑包含大型场馆类、公共交通枢纽类、商业综合体类、文化艺术类、科教类以及其他类。大型公共建筑的特点在于其容纳人数多、功能丰富、耐久安全、配备先进设施和设备，并且注重可持续性。近年来，大型公共建筑室内装饰工程呈现出大跨度空间、多曲面饰面、异型层次变体等特点，装饰工程具有空间形式多变、装饰材料复杂多样等特殊性，多样化的效果需求对建造工艺提出了较高要求。

大型公共建筑装配式内装将制造业的工厂化生产方式引入大型公共建筑的装修建造。从制造端的角度来讲，装配式产品最终要达到标准化、工业化、信息化、一体化。从建造端的角度来讲，标准化提升了品质，缩短了工期；工业化提高了社会的生产效率和效能，减少了浪费；信息化能够把设计、制造、建造紧密地联系在一起；一体化保证了产品的完整性。以工业化的方式重新组织建造是提高劳动效率、提升装饰质量的重要方式，也是大型公共建筑装饰建造的发展方向。

图2　上海陆家嘴中心（商业综合体类）

## 1.1　大型公共建筑装配式内装发展现状

随着城市化进程的推进，我国建筑装饰装修业蓬勃发展，但装饰行业至今仍处于产业链条冗长、管理能级偏低、效率有待提升的发展阶段。尤其在大型公共建筑施工中，传统装修施工现场工况复杂、人工比例高、工期长、工程质量控制不稳定等问题普遍存在，严重制约了行业的快速健康发展。大型公共建筑内装工程的痛点主要有以下几点：

图3　曲阜尼山讲堂（文化艺术类）

#### 1.1.1　传统施工工艺难以匹配超大板块复杂饰面的效果需求

传统饰面板结构设计、加工和安装方式受尺寸规格和造型限制，不适合大型建筑内装工程的大板块施工。另外，传统基层连接方式结构体系单一，适用性不强，且多为焊接、粘贴等现场加工作业方式，存在材料浪费、现场污染、质量控制难度大、安全风险高等问题。

#### 1.1.2　常规材料工艺难以匹配重点空间柔性定制的设计需求

在大型公共建筑内装设计中，往往涉及多种材料类别，每种材料都有不同的施工要求和技术特点，需要施工人员具备相应的技术和经验。同时，不同材料之间的连接构造、安装方式等都需要单独设计处理。另外，不同公共建筑场景下内装设计具有个性化、定制化的特点，如何将非标产品进行二次设计，使个性化产品能够标准化加工与安装，是我们面临的难题。

#### 1.1.3　纯手工作业模式难以匹配工期紧、体量大的项目生产需求

大型公共建筑一般具有较大规模以及复杂的功能需求，加上其代表着地方的城市形象与民生工程，往往会因特定事件以及规划需求而要求在较短的时间内完成施工，因此传统人工占比较高的施工模式在此类工程建设中就显得捉襟见肘。如何通过新工艺、新技术在确保工程质量的前提下高效完成大体量作业内容，也成了难题。

#### 1.1.4　现场二次加工难以匹配高标准精细化的施工质量需求

大型公共建筑室内场景功能丰富，尤其重点区域对施工质量标准要求更加严格，传统施工现场由于各种原因需要对进场材料进行二次加工，但是由于现有设备的制约、人工经验的误差导致无法达到与工厂加工相同的精度和一致性，给最终施工质量的把控带来了困难。

### 1.2　大型公共建筑装配式内装理念

基于上述痛点与问题，我们引入了装配化的生产方式，建立了大型公共建筑装配式内装建造技术体系，包含建筑全生命周期和全产业链视角，基于不同类型场景空间设计，涵盖了设计、深化、加工、安装全流程。通过参数化设计技术能够与后续的部品部件生产和现场装配化施工很好地结合在一起，提高了施工质量和施工灵活性，而且便于后期工程项目的施工管理。装饰装配化的部品部件都在工厂预制完成，装配式体系的生产技术具有精确的定性和定量指标，这样制造出来的部品部件尺寸与图纸要求的契合度大大提高，能够完满呈现设计效果。

## 2　创新策略

大型公共建筑饰面具有板块超大、造型复杂的特点，其材料应用及落地安装精度要求高。针对传统施工工艺存在的缺陷和风险，遵循绿色化、工业化建造要求，基于大型公共建筑超大体量、超

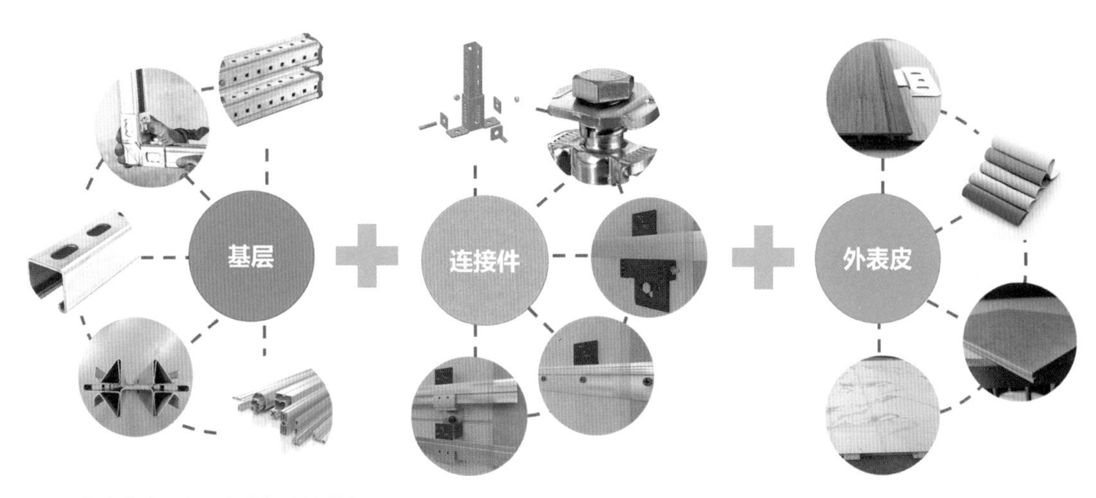


图4 集成化产品以可自由组合为特征

大饰面板块、超复杂造型、超短工期建造等特点难点，提出了大型公共建筑装配式内装建造理念。

大型公共建筑装配式内装系统分为装配式隔墙、装配式墙面、装配式吊顶、装配式架空地面等部品。构成部品的元素从大至小依次是部品、部件、配件。部品是通过工业化制造技术，将传统的装修主材、辅料和零配件等进行集成加工而成的，是在装饰材料基础上的深度集成与装配工艺的升华。将以往单一的、分散的装饰材料以工业化手段融合、混合、结合、复合成集成化、模数化、标准化的模块构造，以满足施工干式工法、快速支撑、快速连接、快速拼装的要求。

通过数字化、信息化、绿色化技术，为建筑装饰建造穿上装饰工业化毫米级的“外衣”，是建筑装饰行业提高产业能级的有效手段。SCG内装工业化标准产品体系的建立从建筑全生命周期和全产业链视角，基于大型公共建筑场景空间设计，涵盖装配式工业化隔墙系统、装配式工业化墙面系统、装配式工业化吊顶系统、装配式工业化地面系统、装配式机电系统及工业化配套部品部件标准模块，结合工业化绿色材料，整体推动标准空间装配式建造从定制化产品的单一应用转向以集基层、紧固件、连接件、外表皮所形成的可自由组合的集成化产品为特征的深度应用。

## 2.1 大型公共建筑装配式隔墙建造

大型公共建筑隔墙具有“可拆、可装、可逆”的较高施工需求，而传统常见的砌块隔墙或轻钢龙骨隔墙施工多为零散件现场拼装的模式，对材料堆放场地和施工环境要求较高，效率低，不利于大型公共建筑内装施工的场地管理和工期控制。目前市场上也有类似ALC（蒸压轻质混凝土板材）等板材隔墙，其施工方式与蒸压加气砌块基本相同，但因其本身强度和厚度等性能限制不适合超大超高的大型公共建筑的室内场景。

装配式单元板块隔墙系统，通过对轻钢龙骨骨架隔墙集成优化，能够改变传统隔墙低效耗能的施工方式。装配式隔墙的核心在于采用装配式技术快速进行室内空间分隔，在不涉及承重结构的前提下，预制下单、快速搭建、交付、使用，为自饰面墙板建立支撑载体。装配式隔墙部品主要由组合支撑部件、连接部件、填充部件、饰面板、预加固部件等构成。与普通轻钢龙骨隔墙相比，装配式隔墙系统作为工业化产品，实现了从外表皮的单一应用转向以集基层、紧固件、连接件、外表皮

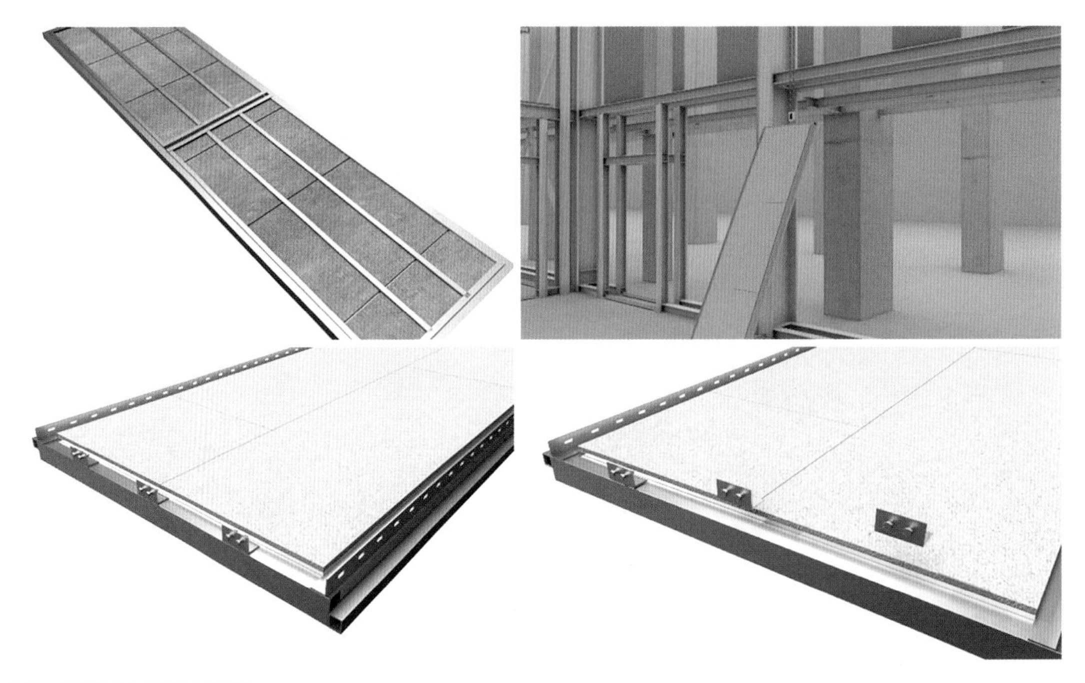

图5 装配式隔墙节点构造

所形成的可自由组合的集成化，可实现工厂化集中生产，现场装配式安装，所有安装节点均采用螺栓连接的方式，使整个现场施工过程无湿作业、无动火作业，现场施工具有高安全性、高环保的特点。针对国家倡导的节能减排、建造绿色建筑，相较于传统轻钢龙骨隔墙更能减少人工投入和现场建筑垃圾，由于其特殊的可重复利用性能，更能减少二次装修的建筑垃圾。

## 2.2 大型公共建筑装配式墙面建造

大型公共建筑具有场景多样化的特点，而传统墙面基层连接方式结构体系单一，多为焊接、粘贴等现场加工作业方式，存在材料浪费、现场污染、基层施工周期长、质量控制难度大、安全风险高等问题，不适合大型公共建筑的场景需求。针对大型公共建筑标准板块、超大板块、复杂造型、异形曲面，创新研发标准化装配式墙面、一体化装配式墙面、单元化装配式墙面、模块化装配式墙面建造技术，通过定制的构配件组合，完成墙面饰面板装配化安装。

### 1. 标准化附墙式装配式墙面建造技术

标准化附墙式装配式墙面集成了饰面层连接板、挂杆、基层连接板、调节件四个标准件，通过这四个标准件的组合进行受力转换，该系统前后均可调节，便于板块安装时的水平向以及纵向调整，在满足连接饰面、连接结构的基本功能时，还具有调节安装方便和可拆卸、可重复利用等优点。

### 2. 超大板块一体化装配式墙面建造技术

大型公共建筑空间大，造型复杂，功能需求高，通常饰面层完成面与隔墙基层之间有较大空间，若采用一般的钢架连接形式，在考虑架体承重及自身稳定性的前提下，将会使用较多的钢材，

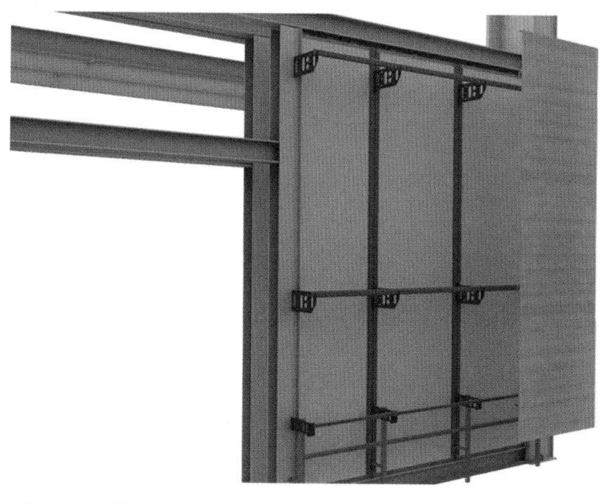

图6 大板块一体化装配式墙面连接体系

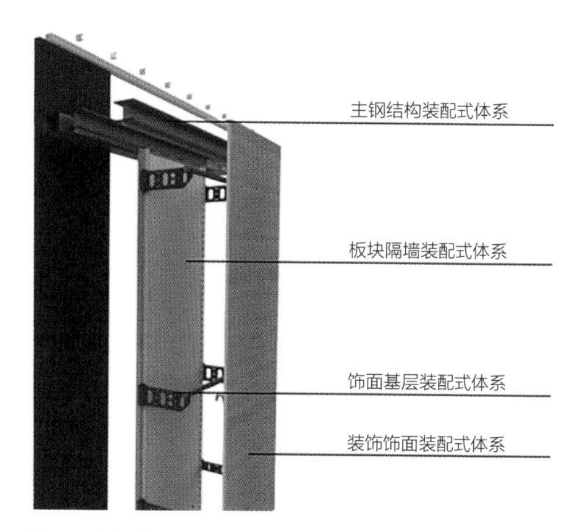


图7 大板块一体化装配式墙面构造体系

图8 国家会展中心（上海）平行论坛大板块一体化装配式墙面

增加工作量，影响施工进度。面对超大空间内的饰面体系以及工期紧迫的工程实际情况，传统的碎片化施工模式有着明显的局限性。而超大板块一体化装配式墙面通过安装辅助结构和辅助连接件将支撑架体和装配式隔墙连为一体，并将饰面结构与辅助结构、装配式隔墙固定连接，能够保证超大饰面板的可靠连接，可以实现隔墙板的快速拼装，提高施工便捷性和施工效率。

### 3. 复杂艺术造型单元化装配式墙面建造技术

传统的石材饰面墙在安装工艺上较为烦琐，安装效率也相对较低，且一旦安装完成就无法单独拆卸，遇到石材破损、脱落等问题，难以进行单块维修。针对大型公共建筑石材墙面安装，研发了一种可拆卸式单元化装配式墙面，将石材与金属板复合后，在金属板背面固定安装竖向U型连接件；石材背附骨架采用金属铜板格栅框架，设置有水平U型插槽；金属格栅框架可在工厂进行模块化加工，依据现场实际尺寸按相同模数进行分割；在现场固定安装两侧金属立柱后，金属格栅运至现场直接焊接拼装完成，随后将金属复合石材插入格栅上的U型槽与金属框架固定即可。这种复合石材可以反复使用，拆卸自如。

在世界会客厅项目峰会厅应用石材-金属复合造型的饰面结构轻量化墙体，在样板段施工时，发现墙面边角安装半块石材的区域，由于石材重量导致出现整体倾斜现象，为此在复合金属石材背后U型槽位置进一步创新增加螺栓，将石材完全固定，以防止石材因本身重量产生倾斜的问题，后期需要拆卸时再松开螺栓，保证石材饰面的平整性，达到超高石材现场便捷安装的要求，实现可拆卸式装配化安装。

图9　世界会客厅峰会厅墙面设计效果

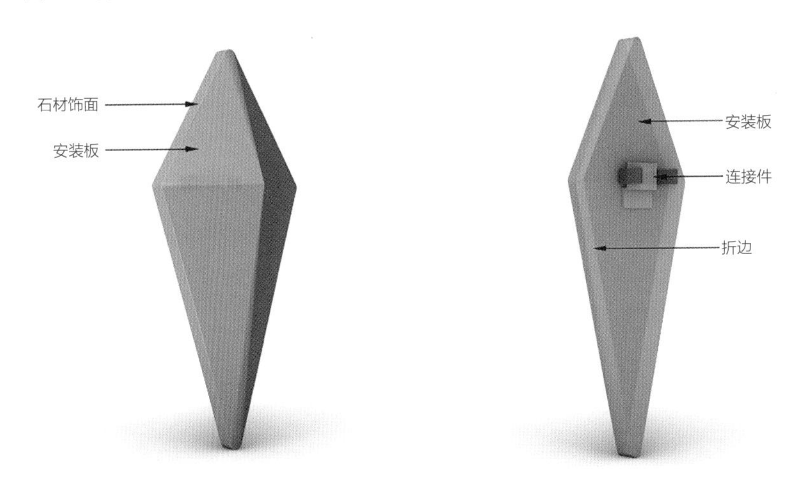


图10　石材挂件安装节点

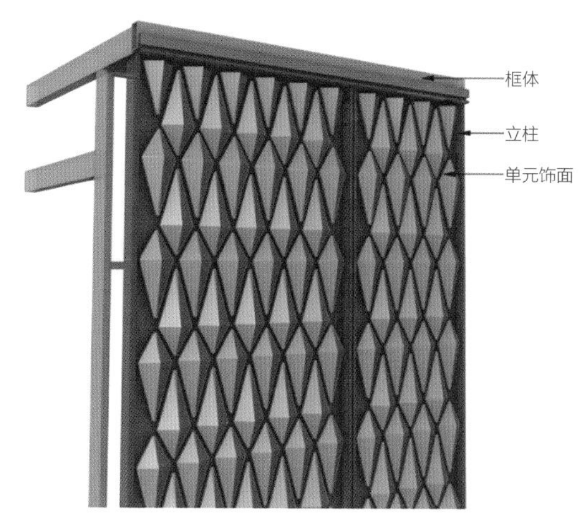

图11　单元板块模型创建

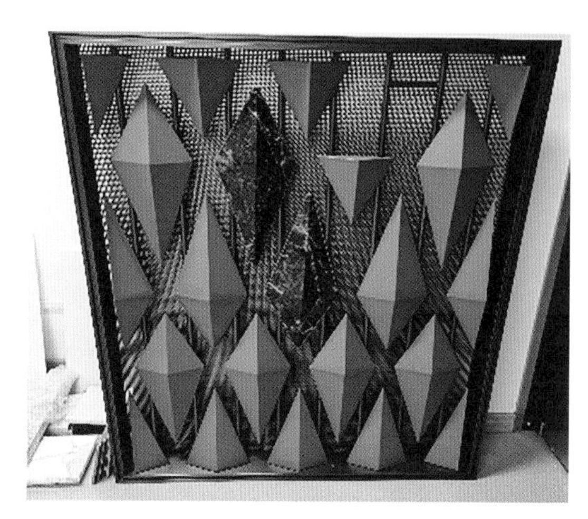

图12　单元板块小样制作

图13　世界会客厅峰会厅复杂艺术造型石材复合单元化装配式墙面

4. 异形曲面模块化装配式墙面建造技术

异形复杂饰面造型是大型公共建筑类项目经常遇到的难题，再叠加超大空间难度系数，使得传统施工方法难以满足其高标准、高质量的要求。对于大型公共建筑传统异形曲面金属装饰面板安装，传统施工是将金属装饰面板划分为若干小的单元，再逐个拼接形成完整的装饰面；但是若干小单元拼接对于安装精度要求较高，稍有偏差便会导致装饰面不连贯，且逐个安装的效率较低，安装周期较长。为保证超大尺寸单元板块饰面的整体性、可靠性及便于安装，研发出异形曲面模块化装配式墙面，除了饰面金属板，曲面金属面板还包含支撑龙骨结构，采用40mm × 60mm铝型材边框作支撑龙骨，在饰面金属板的前端沿其长度方向设置内凹夹角以达到渐变的效果，平面龙骨的两侧分别连接有连接龙骨，连接龙骨的一端垂直连接在平面龙骨上，平面龙骨两侧的连接龙骨的另外一端分别连接固定在饰面金属板后端外凸的夹角两侧的饰面金属板上，整个支撑龙骨结构不仅保证曲面金属板的稳固性，并通过夹角的调整打造渐变效果，还能为后面安装所用挂件提供固定点。

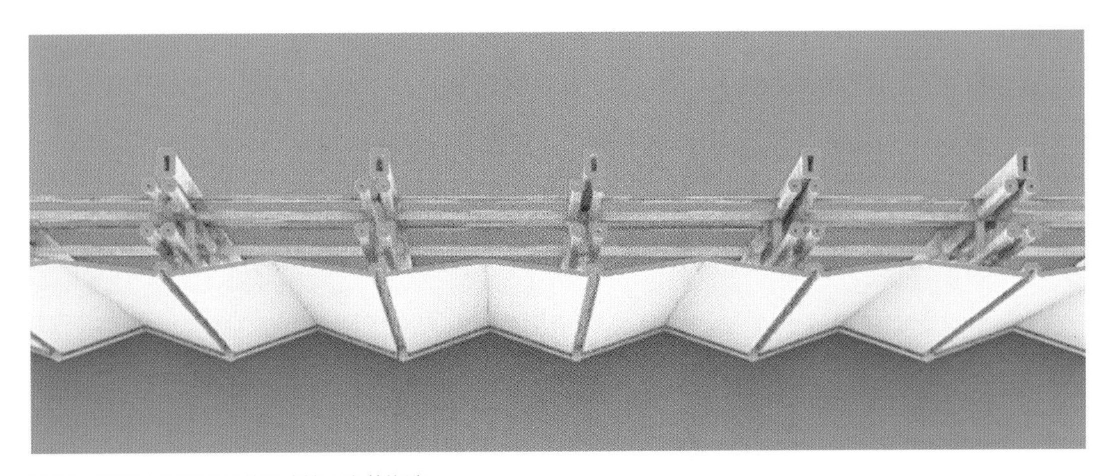

图14　异形曲面模块化装配式墙面安装构造

图15　世界会客厅主会场墙面设计效果

## 2.3　大型公共建筑装配式吊顶建造

装饰工程发展至今，天花吊顶系统已形成由钢骨架转换层、轻钢龙骨吊顶基层系统、配套连接件、个性化饰面的定制龙骨所构成的完备体系。但在该体系中仍然存在钢骨架转换层需要焊接动火作业、轻钢龙骨造型天花系统采用木基层作为定制造型的主要基层材料等亟待完善的问题。

在大型公共建筑吊顶系统中，采用预留孔式钢制骨架可实现转换层的免焊接无火花紧固连接，定制龙骨和配套专用连接件可以充分避免木基层的使用，在原有基础上大幅提升工业化、产品化程度。另外各类定制收口条、连接件可以实现饰面板与饰面板之间的标准化过渡衔接。全装配式钢骨架转换层系统多用于公共建筑中的复杂大空间场景。

1. 大空间多角度吊顶转换层装配式安装技术

西藏日喀则定日机场航站楼项目二层候客区网架结构下部的天花吊顶设计主要饰面为铝板饰面，大空间区域采用25mm蜂窝铝板加工成三角形单元板块，表面涂层为白色漫反射效果。吊顶面积1970m$^2$，16种规格382片板块。三角形造型吊顶铝蜂窝复合板为较大型板材，由于高空作业，考虑到安全及安装方便，在吊顶板安装前，在地面进行模块化组装，整体吊装至安装位置后通过定制圆盘连接件进行螺栓固定，可实现多角度自由调整，避免施工误差，提高了安装速度与工效。

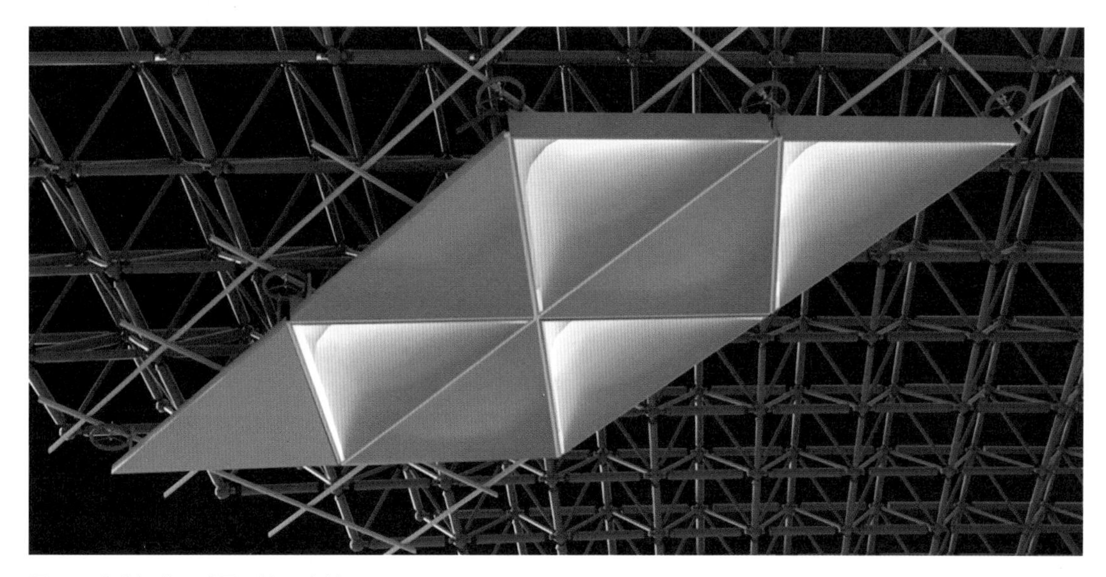

图16　大空间装配式吊顶饰面安装

2. 标准化组合式吊顶转换层装配式建造技术

在大型公共建筑中，由于天花造型复杂，且施工作业高度较高，在设计连接体系时，尽可能地减少现场切割和高空焊接作业，因此研发了一系列标准化配件进行层层受力转换，通过构配件的组合工艺，包括抱箍、搭接、挂钩式等形式实现复杂的基层连接。构配件的形式和规格尺寸可根据天花造型定制设计，所有构配件采用螺栓连接工艺，避免高空焊接作业，实现装配化安装。此种连接方式特别适用于顶面大型模块化单元板块的施工安装。

3. 单元模块整体式吊顶转换层装配式建造技术

为解决大型公共建筑中饰面的基层结构安装，我们提出了配套式的基层连接技术体系。以模块化铝方通结构体系举例说明，在国展工程中平行论坛走道吊顶由100mm × 200mm以及300mm × 200mm两种规格铝方通组合而成。一般来说，铝方通采用的主龙骨+卡式龙骨的固定方式也是装配式安装，并且可以满足拆卸更换的要求，但这种施工方法会带来比较大的材料损耗，由于整个铝方通吊顶施工面积约有10000m$^2$，逐根施工需要投入大量的劳动力，因此根据装配式模块化的特点，按规律把吊顶分成3个类型标准单元模块进行整体施工。考虑到安装的操作性及材料堆放的便捷性，除个别收头模块外，标准单元模块的尺寸最终确定为3000mm × 5000mm，将主龙骨与铝方通直接连接。考虑到现场的施工误差，把主龙骨替换成了多功能Z形龙骨，通过螺栓连接的方式

图17　天花基层标准构配件

图18　国家会展中心（上海）功能提升项目全装配式平行论坛区

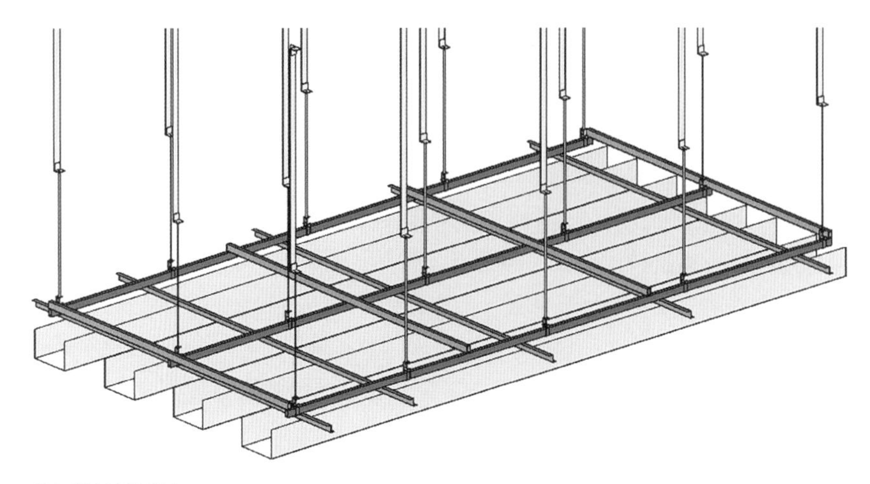

图19　单元模块模型图

图20　单元模块连接节点

图21　国家会展中心（上海）4.2米平行论坛走道

将龙骨与铝方通上口固定。在吊筋与主龙骨之间，再增加一层矩形钢结构作为转换。单元模块由饰面铝方通、Z形龙骨及钢架构成，在工厂预制完成后运至场地，现场施工时只需将单元模块与吊筋相连接即可完成安装。

## 2.4　大型公共建筑装配式地面建造

装配式架空地面部品在材质上具有承载力大、耐久性好、整体性好的特点；在构造上能大幅度减轻楼板荷载、支撑结构牢固耐久且平整度高、易于回收；在施工上易于运输、易于调平、可逆装配、快速装配；在使用上具有易于翻新、可扩展性等特点。架空地面系统地脚支撑的架空层内布置水电线管，集成化程度高。自饰面硅酸钙复合地板在材质上具有大板块、防水、防火、耐磨、耐久的特点；在加工制造上易于进行表面复合技术处理，饰面仿真效果强，密拼效果超越地砖，可媲美天然石材；在施工上完全采用干式工法，装配效率高；在使用上具有可逆装配、防污耐磨、易于打理、易于保养、易于翻新等特点。

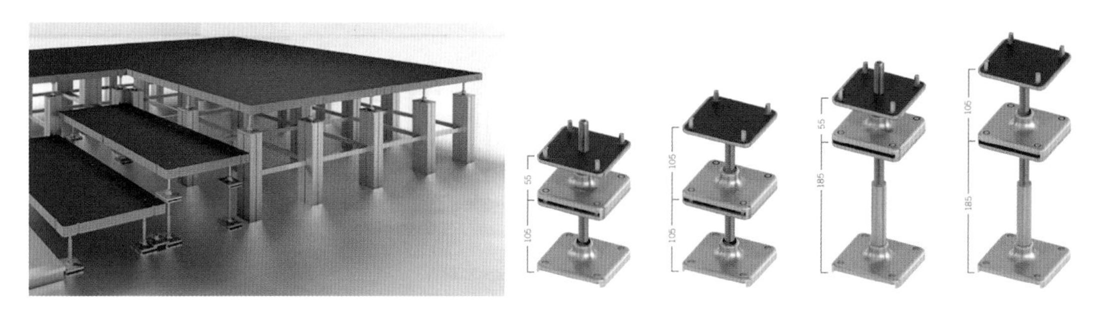


图22　木质面层架空地板

图23　聚丙烯面层架空地板

图24　高强尼龙调节支架

# 3　应用案例：世界顶尖科学家论坛永久会址项目

## 3.1　项目概况

世界顶尖科学家论坛永久会址是世界顶尖科学家社区首开发区，依托上海国际大都市优势，打造具有国际影响力的科技创新合作的交流平台。作为“世界级的新时代重大前沿科学策源地”，聚焦重大科学问题和前瞻性基础研究，对上海加快建设成为具有全球影响力的科技创新中心意义重大。

该会址由主建筑会议中心裙楼和东、西两栋双子塔楼组成，东塔楼为五星级酒店，西塔楼为公寓式酒店。会议中心工程建筑面积约6.9万$m^2$。内装面积约43000$m^2$，包括入口大厅、主会场、宴会厅、会见厅、圆桌会议厅、多功能厅、剧院等几大重要功能区。

图25　世界顶尖科学家论坛永久会址（高空鸟瞰）

图26　世界顶尖科学家论坛永久会址（建造中）

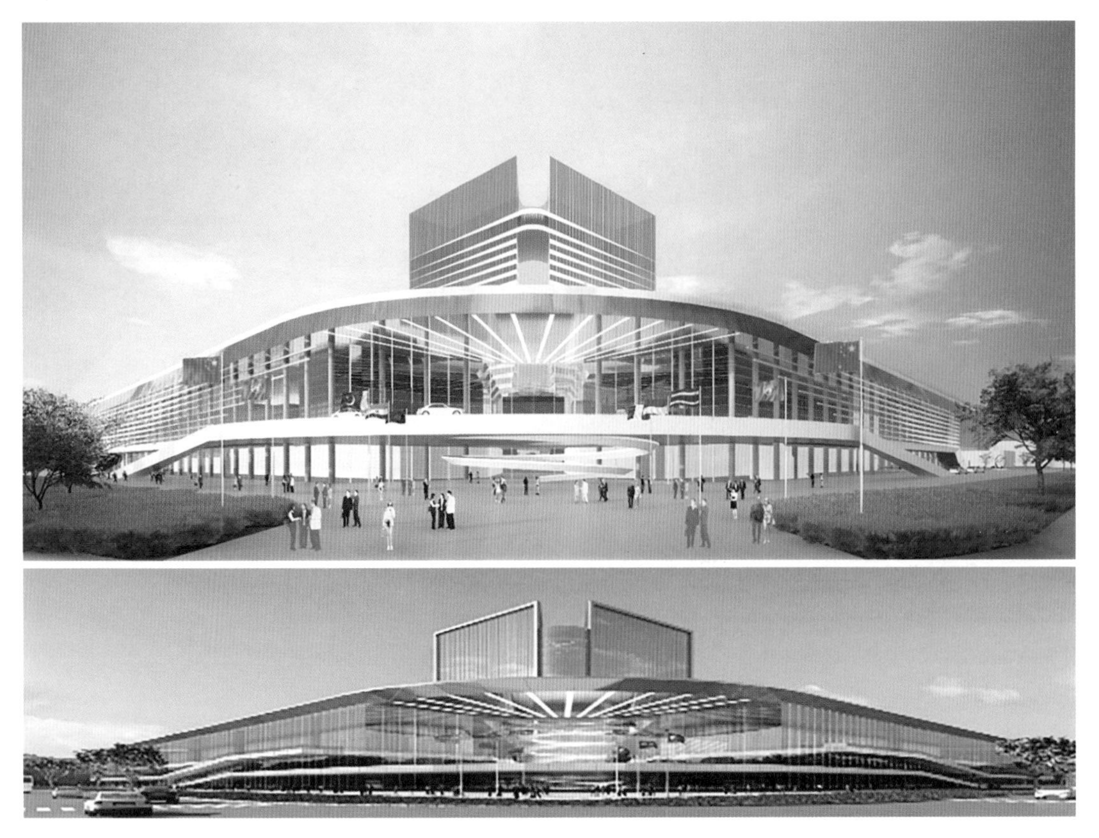

图27　世界顶尖科学家论坛永久会址设计效果图

图28　世界顶尖科学家论坛永久会址完工图

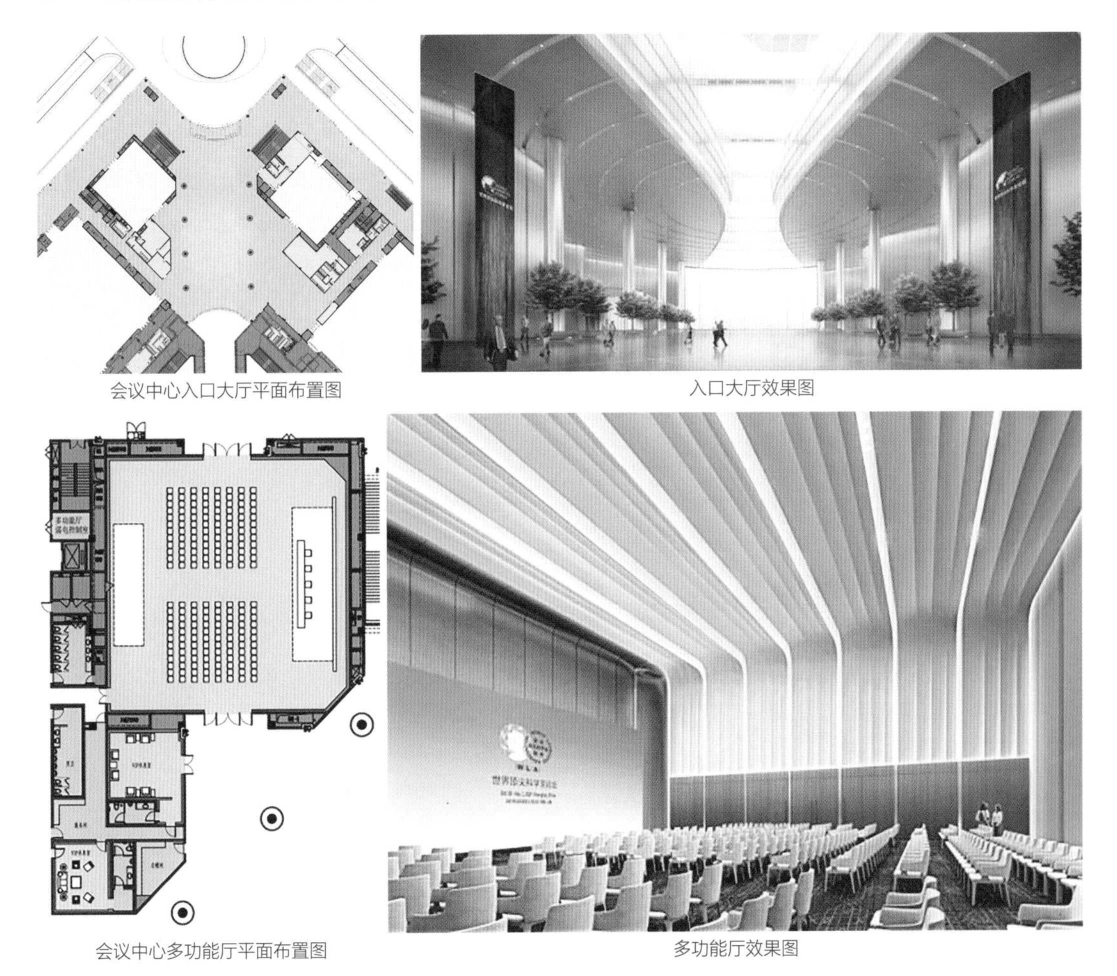

会议中心入口大厅平面布置图

入口大厅效果图

会议中心多功能厅平面布置图

多功能厅效果图

图29　会议中心各部位平面图及效果图

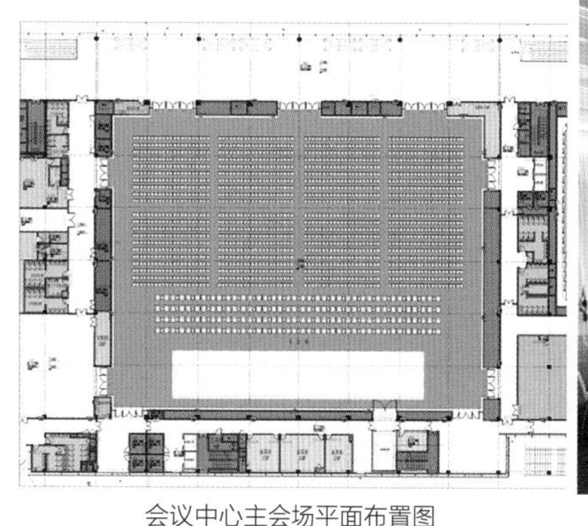

会议中心主会场平面布置图

主会场效果图

图29 会议中心各部位平面图及效果图（续）

## 3.2 项目装配式内装建造实践

长期以来，大型公共建筑装配式内装仅关注饰面表皮的工厂化加工，未能实现进一步突破。世界顶尖科学家论坛永久会址作为地标性大型公共建筑，具有空间跨度大、实施周期短、现场环境复杂、场地利用难度大等工程难题，饰面工程不再局限于平板或单一曲面饰面以及方正的超大单元板块的组合拼装。项目主会场顶面立体单元来源于豪华汽车内饰的门把造型和游艇造型的结合，每一排的菱形尺寸是渐变的，最大单元超高1.8m × 8m。圆桌会议厅的墙顶面螺旋扭曲的造型仿自涡轮发动机；会见厅的顶面设计方案是一组更加复杂的连续曲面，模仿浪涛拍岸的情景；入口前厅的天花仿佛一个巨大的蝴蝶结，跌级处无缝处理；多功能厅的墙顶面像是来自海面上扬起的巨大风帆；宴会厅的墙面设计来自连绵不绝的中国传统水墨山水画——所有重要空间的饰面造型愈发的扭曲、复杂、多变，从而对材料应用和技术工艺方面有了进一步的要求。

项目整体采用设计及施工一体化、装配式方式，通过重点突破模块化、标准化，对材料与工艺进行深层挖掘，采用工厂化加工转移现场矛盾、装配化安装缩短工期，采用数字化技术支撑解决设计与加工问题，圆满完成了项目既定目标。

### 1. 圆桌会议厅超大空间墙顶一体化饰面装配式建造技术

世界顶尖科学家论坛永久会址的大空间区域均采用超大规格复合板，圆桌会议厅着重于大空间整体视觉冲击感的塑造，采用的是墙顶一体化无缝式超大型扭曲铝板饰面。该会场面积约1300m$^2$，其空间墙顶一体化的超大型扭曲铝板造型设计灵感来源于涡轮机。板幅宽度为2.02m，最大高度为20m，板块呈现螺旋扭曲变化，与包括插座、开关、灯具、喷淋、烟感、喇叭、检修口、吊点等在内的设备有机结合而成。整个空间墙顶饰面造型繁杂多变，通过光与色的结合，配套了可自由搭配、灵光跳动、强调空间层次感的灯光效果。

圆桌会议厅墙顶异型板采用28mm厚铝合金蜂窝复合板。为了精准获取现场数据，提供真实可靠的数据，使用三维激光扫描技术获取现场实际三维点云数据。对获取的数据进行整理和分析，进行现场实际结构洞口尺寸复核及土建结构误差分析，最后整合装饰BIM深化设计模型与三维扫描模

图30　圆桌会议厅超大型扭曲涡轮铝板墙顶一体装配化饰面效果

型，进行模型的对比、转化和协调，从而达到辅助工程质量检查、减少返工等目的。

经建模后分析，圆桌会议厅由72件超大型墙顶一体板及45件扭曲双曲面异形板组成，墙面到吊顶转角处通过扭曲异形板连接。考虑到扭曲金属单元板块需要有效衔接，现场测量确认尺寸后进行精确建模，依据模型尺寸制作扭曲模具，对扭曲位置的铝单板进行蒙皮拉伸。

为保证超大型扭曲板块饰面的整体性、可靠性及便于安装，实现超高效率的装配式安装，针对铝板饰面的集成和安装手段进行优化，形成了一套适用于墙顶一体超大型扭曲铝板的技术体系和施工方法。除了饰面金属板，扭曲金属面板还包含支撑龙骨结构，整个支撑龙骨结构不仅保证扭曲金属板的稳固性，并通过夹角的调整打造渐变效果，还能为后面安装所用挂件提供固定点。针对吊顶

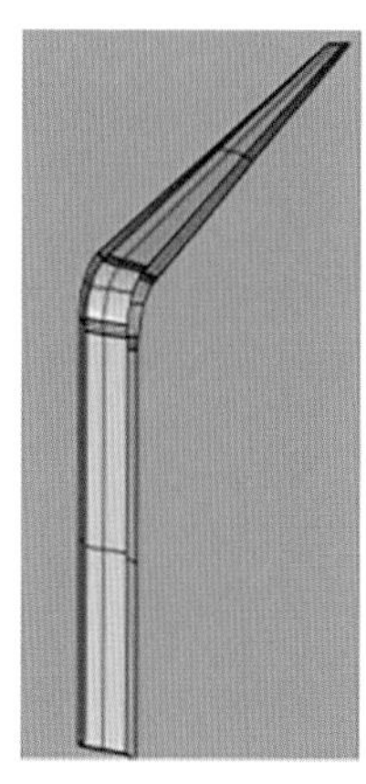

图31　单体BIM模型　图32　圆桌会议厅BIM模型

系统，采用定制标准化构配件组合工艺，超大型扭曲金属铝板饰面同样背衬骨架，通过可调节式定制吊顶连接体系逐片吊装，最终形成涡轮形状。通过吊挂件的方式将墙顶饰面超大型扭曲金属板进行装配式安装，可在保证施工精度的同时大幅度减少工期。

2. 多功能厅异形扭曲超大板块模块化饰面装配式建造技术

多功能厅墙顶一体化饰面造型来源于海面上迎风扬起的船帆，整个上部空间由7组连续的模块单元拼合而成，每个模块单元再由4组不同尺寸的异形板叠合而成。每块异形板多角度扭曲，整个板块系统形态异常复杂。

多功能厅顶面一体连贯到墙面，从弧形平滑扭转为平直面，整体双曲面的金属板材长达数十米，墙顶面单板块最长超10m，以连贯的整体化空间装饰营造科技之船扬帆起航的视觉体验。多功能厅墙顶一体造型在工厂加工中存在极大的工艺难度。通过BIM模型建立与设计沟通确认方案后，利用犀牛软件将三维扭曲金属饰面摊平功能进行扭曲面压平（三维物体模型到二维化物体处理），便于后期数控下料加工。

为实现二维平直面扭曲到三维弯弧面，对板块进行分割、拼接，在保证饰面的同时对加工及安装进行优化。在加工制作中，首先通过建立基础模型与设计沟通，将每个单元板块进行分割加工、组装，因单元板块特殊性将每块拼接位置调整为灯槽隐蔽位置固定，背后整体组装加固框架结构进行饰面整体加固。二维单元板块加工完成后，通过数控机床对其造型折边处理。后续对二维平面进行三维双曲面压制成型，压制成型后进行激光焊接，打磨整形。拼接位置采用激光焊接成型，相比传统氩弧焊，激光焊接热力应变少，可以保证构件精准度，达到高效精致的制作效果。

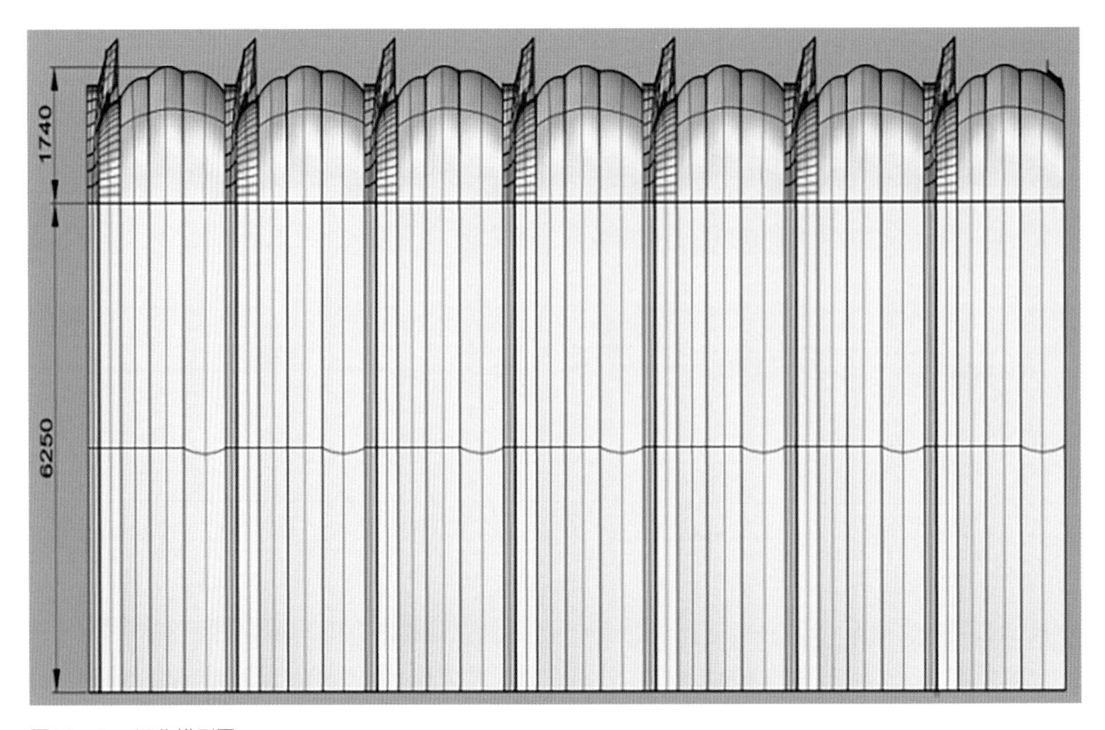

图33 BIM深化模型图

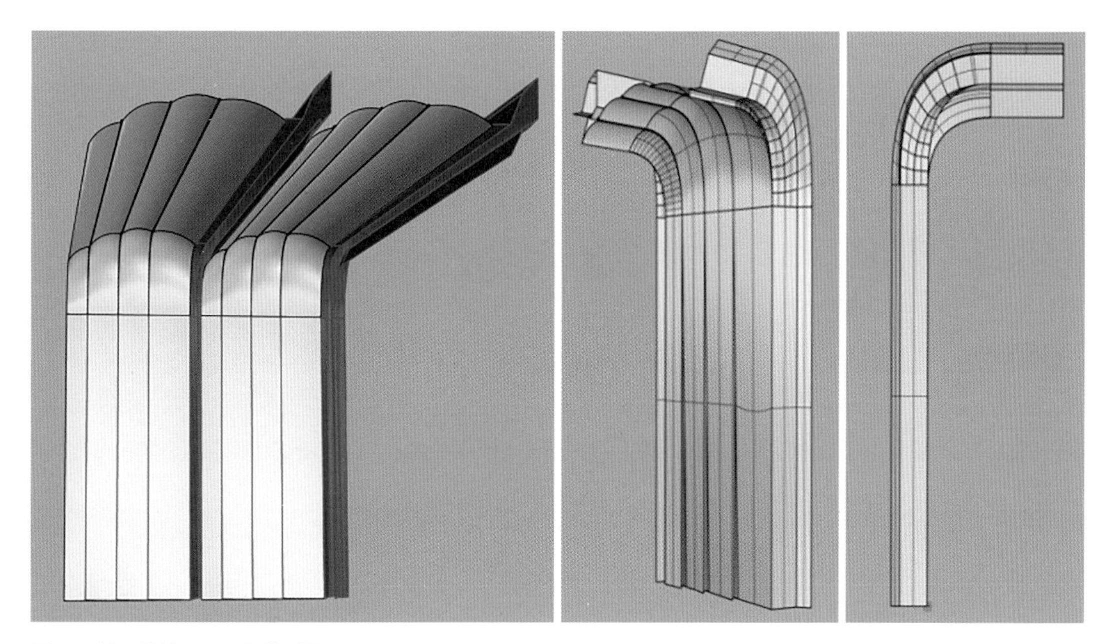

图34　单元模块BIM深化模型图

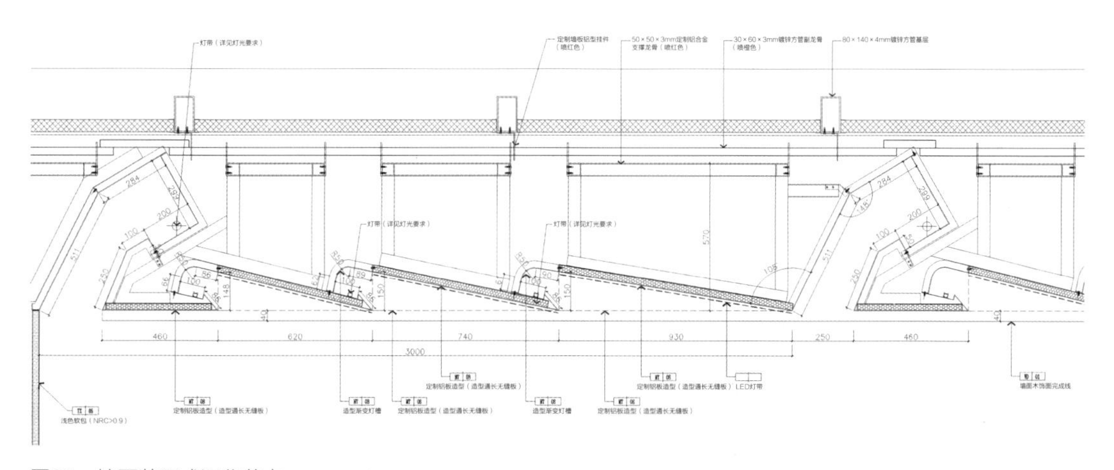


图35　墙面装配式深化节点

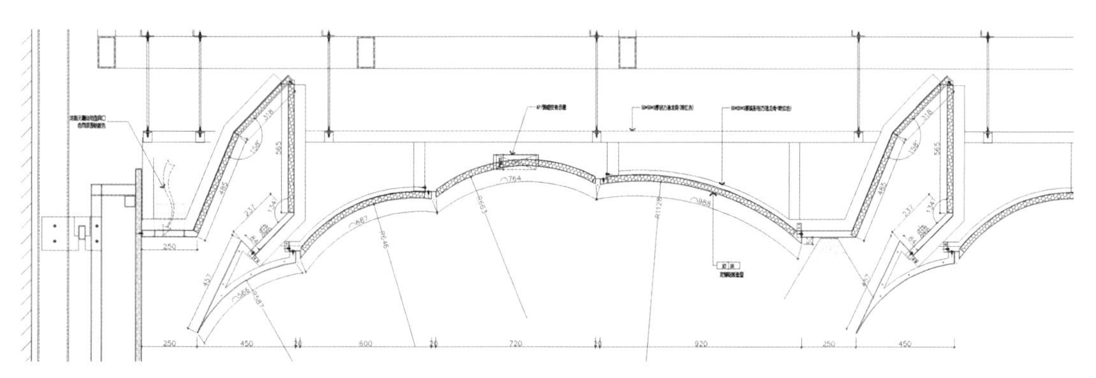


图36　顶面装配式深化节点

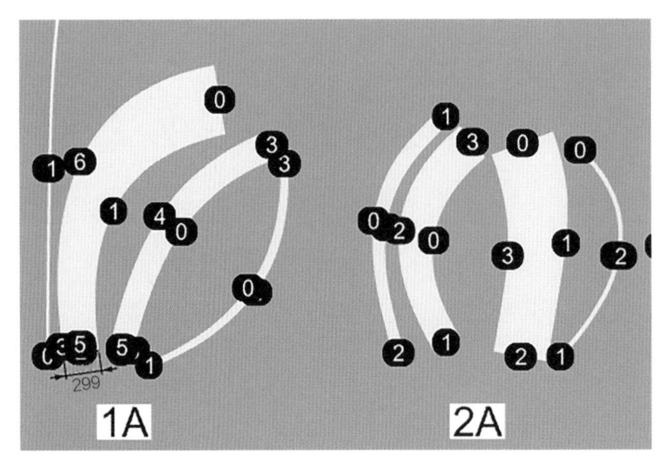


图37　BIM深化模型加工拆分图

图38　多功能厅异形扭曲超大板块模块化饰面

### 3. 宴会厅复杂造型单元化饰面装配式建造技术

宴会厅天花饰面高度12m，投影面积约3000m$^2$。为表现群英荟萃、“思潮翻涌”的设计意向，饰面表皮呈现多曲扭动、颜色渐变等复杂的效果表达。

宴会厅采用模块化单元盒子的方式来表达曲面造型，由单元盒子的吊装高度组合变化表现曲面起伏，以盒子的竖向角度渐变扭转表现流动感，通过随机分布的内部发光的盒子实现波光粼漓的效果。采用“化整为零”的模块化立体单元组合方案，将复杂造型曲面分解为单元板块组合拼装。在板块拼装组合方案的基础上考虑提升装饰效果，经过对模块化设计思想的深入研究，结合定变量的思考方式，将模块单元作为定量，增加其组合形式的多样性以实现复杂的设计效果。最终将平板化

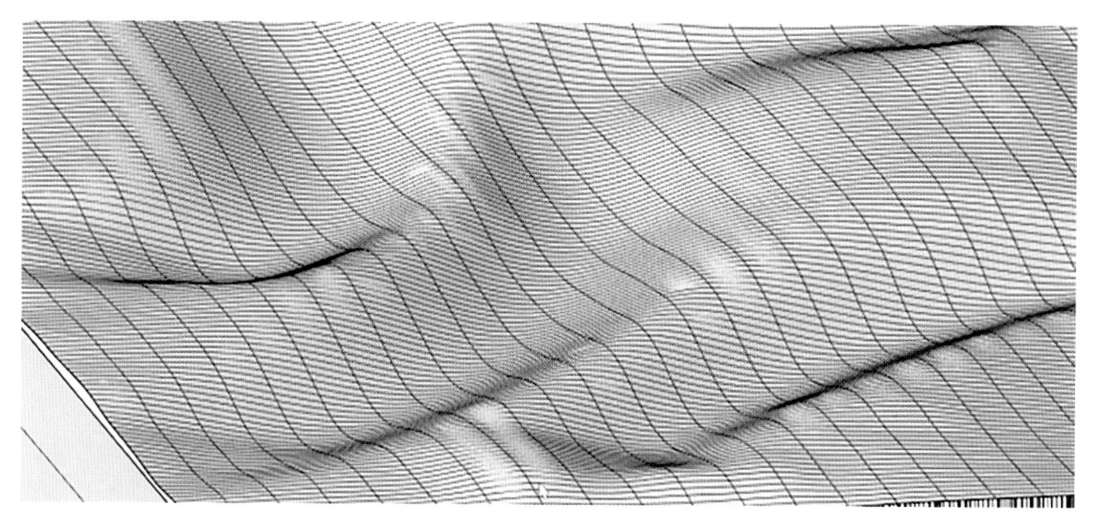

图39　曲面板块划分方案模拟

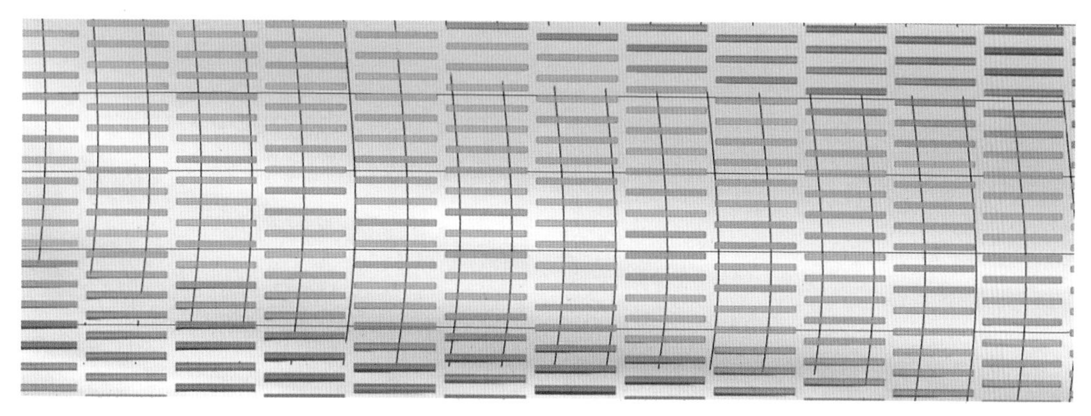

图40　“化整为零”的曲面分割模拟

的模块单元拉伸为立体单元，增加角度变量，从而将复杂的异形曲面解构出立体式的单元模块化产品，形成满足设计要求且易于施工的最佳深化方案。

在设计及深化设计阶段，可对整体实施方案进行全方位精细化的设计，通过对装饰饰面的深入解构以形成模块化的产品，将复杂的曲面解构成统一尺寸的标准化立体单元，降低施工难度。采用模块化立体单元组合方案饰面结构体系的深化设计难点在于，需要精确完成以下四点内容：

- 多曲扭动的饰面表皮的设计制图；
- 模块化立体单元的数量和规格尺寸；
- 模块化立体单元的渐变扭转角度；
- 随机分布的发光单元的精确布点。

对于这类多曲复杂饰面结构体系的制图、下单加工与定位安装，传统二维图纸无法表达，此时需要应用BIM技术的参数化软件确定结构模型，提取数据精准化加工。深化设计流程如下：

（1）根据设计方案，建立多曲扭动的表皮模型，此表皮模型由算法几何确定，并利用微积分思想细分曲面。利用等分原理将曲面表皮初步分割为同规格的异形三维四边形，并根据平板化理念将每一分块底部曲面拍平，形成平直的二维四边形。

（2）为减少模块立体单元的规格尺寸，形成少规格的标准化产品，对分割后的单元进行优化处理。在模型中提取线段，将模块单元按线段排列成序。利用逻辑电池，批量调整单个模块的尺寸和间距，形成模块单元的整体分布模型。

（3）为表现饰面效果的流动感，需要对模块单元的旋转角度进行设定。模块并非按照同一角度旋转，而是围绕不同的主轴线渐变分布。根据表皮的波峰波谷效果划分四个区域，在每个区域内设置函数公式，并确定旋转轴，通过参数化软件旋转本区域内模块单元，最终确定每个模块的旋转角度。

（4）根据设计效果，通过参数化软件和可视化模拟技术确定发光单元的数量和布点设计。按照设计要求，灯具的展现需沿着波峰波谷位置产生随机生成的效果，沿用之前的整体思路，对不同区域的模块进行随机函数的建立，可视化调整灯具的选择。最终模型提交设计师完成方案确认。

深化设计流程需要反复的动态调整，应用BIM技术的参数化建模软件的逻辑算法，可以在较短时间内根据设计要求反复变更和调整效果，确保在要求工期内完成复杂饰面结构的深化设计。

模块化立体单元的吊装高度不同导致基层吊杆的长短不一。初步深化方案拟采用钢丝绳作为吊件，钢丝绳长短便于加工，与模块化立体单元的连接方式可采用穿孔绑扎。但经初步统计，模块化

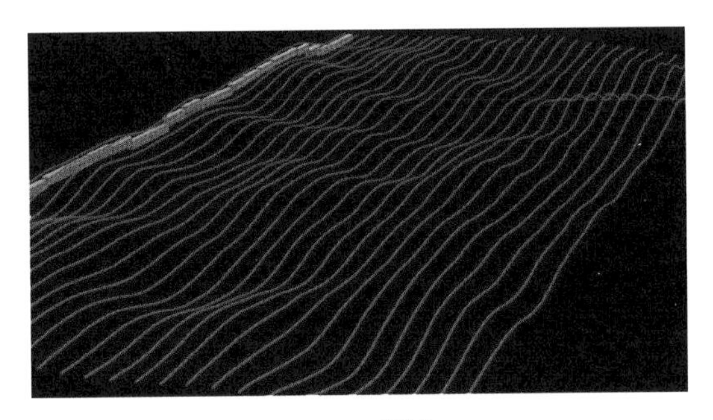

图41　模块单元盒子分布优化模拟

图42　模块单元盒子的分布模拟

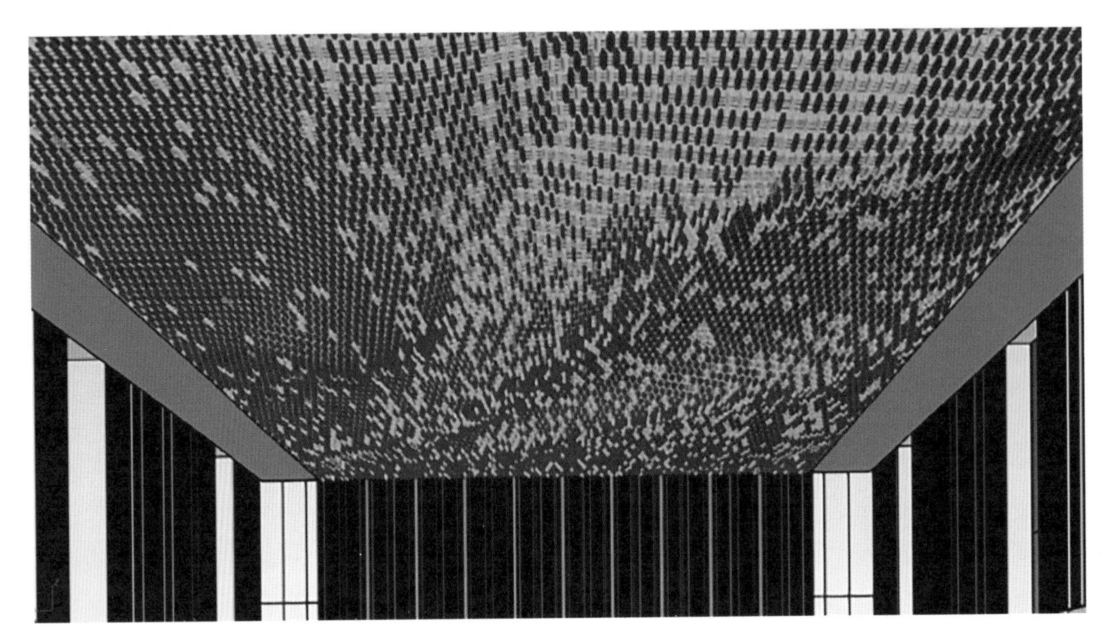

图43　内部发光单元的分布模拟

立体单元的总数量达7000余个，因此钢丝绳的数量将达到至少14000余根。庞大的数量给加工和施工管理带来巨大困难，且散装化的安装方式不仅延长安装时间，对施工质量的管控难度也有所增加。为降低现场施工比重，考虑将基层结构方案也采用工厂化加工、装配式安装的思路进行深化。将每个立体单元的固定点水平连接，形成连续的单曲弧板，每段弧板长度设计为3m。竖向采用不同长度的方钢（方钢间距@1500mm）与弧形板螺栓连接，用以吊装，最终形成方钢加单曲弧板的基层连接体系。在弧板上开孔安装单元件，其开孔位置通过模型迅速匹配、精确定位。现场施工时，仅需将编号的单元盒子按孔安装，方便快捷，质量可控。加工制作上，在饰面结构模型的基础上通过偏移工具批量建立基层结构的模型，然后提取尺寸数据输入加工设备进行切割和弯曲加工。

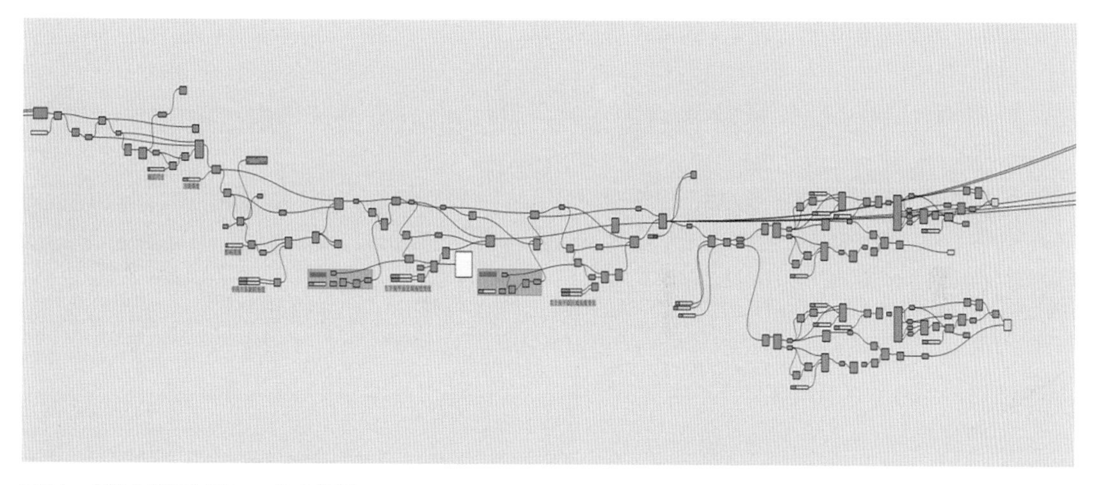

图44　参数化设计过程——角度模拟

图45　宴会厅复杂造型单元化装配式顶面

4. 主会场超大规格复杂饰面立体金属单元模块顶面装配化建造

主会场模拟大鹏展翅翱翔天际的舒展形态，在享有空间维度自由的同时，给身处其中的人无限想象空间，引发对科技飞跃的畅想。主会场主要饰面为铝板饰面，主会场吊顶异型板采用3.0mm厚铝合金材料，材质为3003H24系列优质铝合金板。顶面超大异形单元板块由494件不规则渐变菱形模块组成。菱形的对角长度5~8m，由定制的单元板块拼接起来形成曲线造型。

顶面超大规格的异形单元板块规格达到菱形投影面宽度由1700mm渐变到1835mm，长度由4841mm渐变到8353mm，基于BIM技术，采用模块单元装配式设计。

对效果图天花造型的轮廓线条进行几何逻辑解构，演变为参数化设计的底层逻辑；基于直线与弧线的阵列式相交排布方式，形成矩阵式斜向渐变四边形造型轮廓；通过基于Python语言的参数化逻辑编程，动态调节倒角、宽度、弧度等细节参数；主会场的调整变化主要有游艇头弧形半径变

图46　主会场效果图

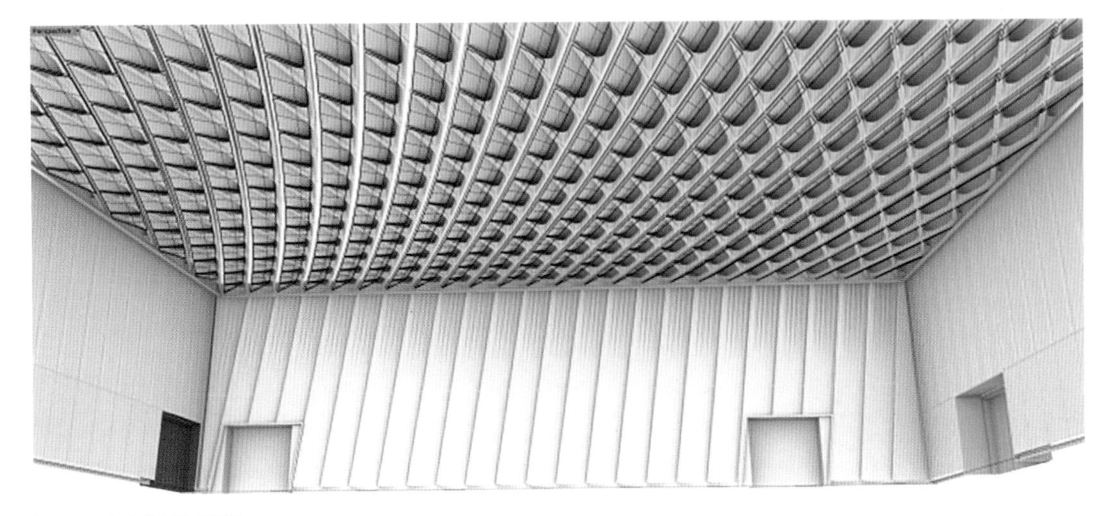

图47　主会场BIM模型

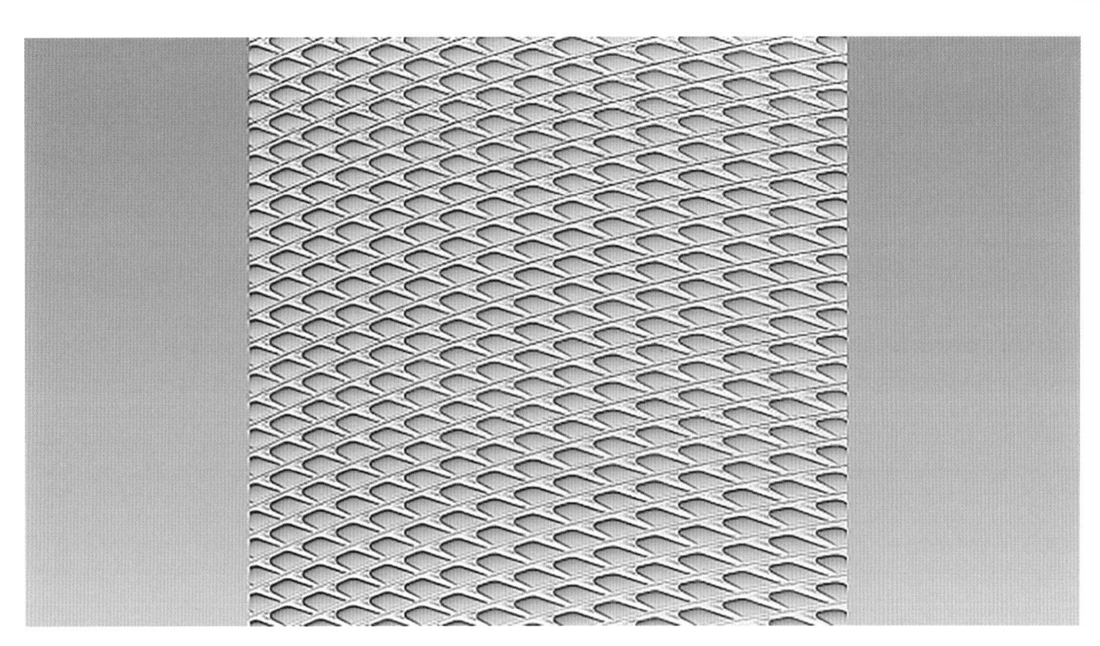

图48　模型平面效果

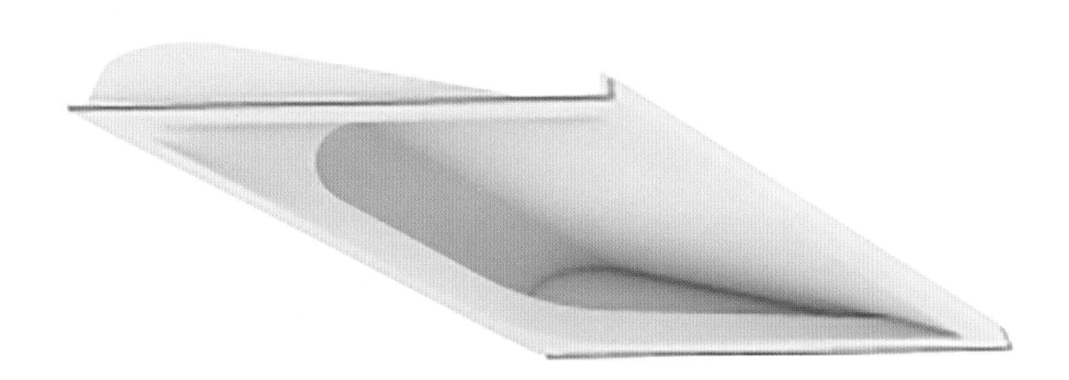

图49　主会场顶面铝板单体BIM模型

化、短边倒角变化、底边宽度变化。通过单个变化的逻辑，推广到整体单排的渐变变化。通过参数化电池的设定，构建单排菱形的创建逻辑。对菱形各尺寸进行约束，调节相应的变量模块，对菱形的尺寸、圆弧角度、折边宽度分别进行调整。采用数字化技术进行精细化下单，工厂预制成品或部品，现场无需二次加工，直接进行装配化吊装安装。

现场顶面钢结构基层施工完成后，顶面异形单元板块在工厂定制加工后运输至现场。在吊装现场，将板块按照1：1比例现场地面放线，并按照定制加工编号对地面1：1模块进行对应编号，标记水平方向上左右依次安装。顶面造型定位单元板块安装完成后，依次安装其余定制造型单元板块。

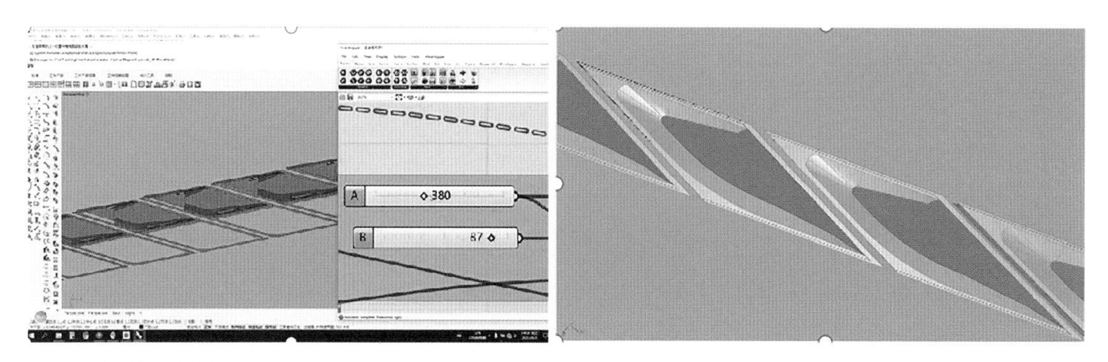


图50　参数化调整过程

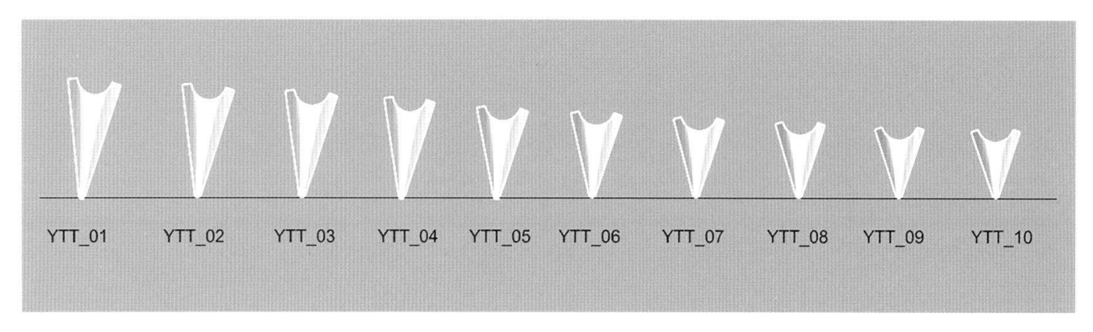


图51　提取数据制作模型

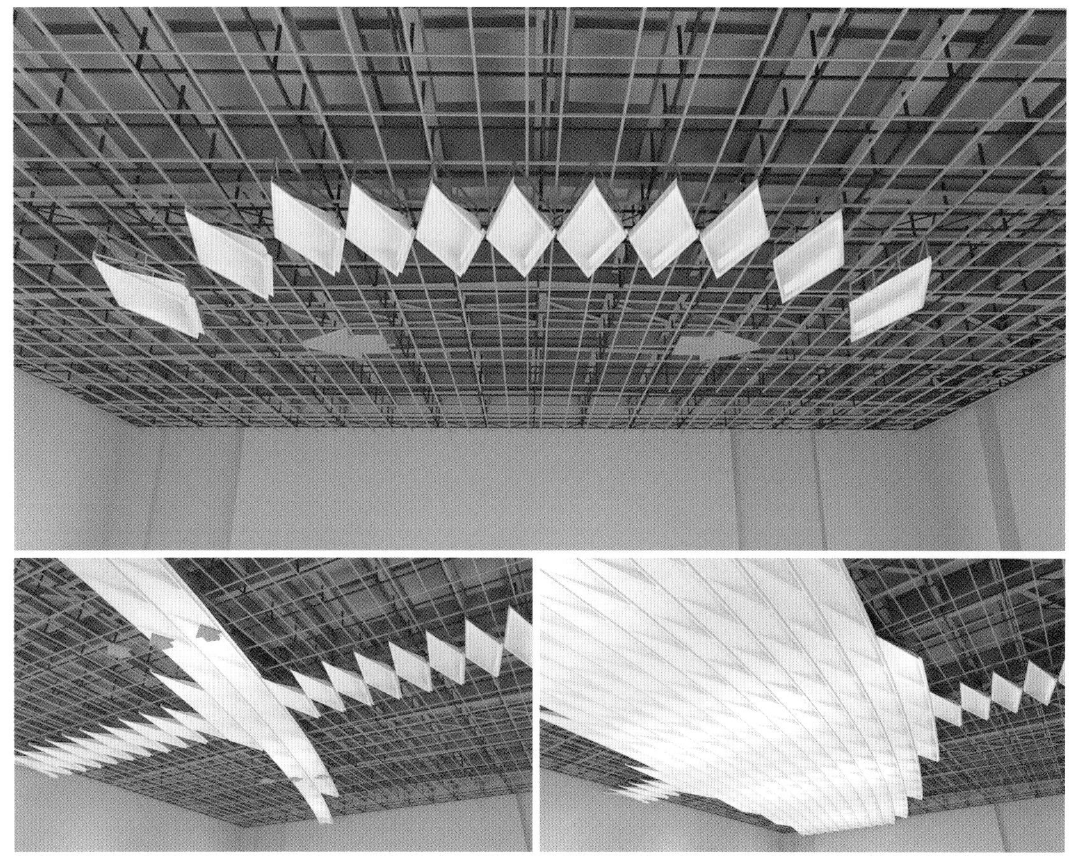

图52　复杂饰面立体金属单元模块顶面装配化安装工序

图53　主会场复杂饰面立体金属单元模块装配化顶面

## 3.3　项目小结

项目整体通过工业化、装配化、数字化技术的融合应用，在现场施工阶段确保施工工艺落地实施，形成装饰工程无接触查勘、智能化监测、数字化施工、信息化管理关键技术体系，整体提高项目施工质量、进度、安全和造价管理水平。通过对复杂饰面进行构件模块化设计加工与安装，增加工厂化加工比重，降低现场施工难度，大幅缩短安装周期，最终5个月完成4.3万多平方米的装饰施工。

在大力推广装配式施工的今天，通过对超大尺寸、特殊饰面复合材料、配套装饰部品产品工厂模块化制作和现场装配化施工的研究，实现真正意义上的工业化、装配化、绿色化施工，为后续类似项目提供经验借鉴，在建设项目开发的同时利用最新的材料和技术，不断创新，促进建筑行业的发展。

# 4 未来展望

## 4.1 持续开展大型公共建筑装配式内装专项技术发展

构建维度多样、品类丰富、层级分明的装配化、工业化、绿色化内装产品体系，建立内装产品标准化数据库，库内全面收纳产品的各项技术资料及数据，为产品规模化推广和普及提供技术支撑。以大型公共建筑的功能业态、场景为主线，建立套餐式内装装配化解决方案，不断优化完善形成稳定的产品设计方案和效果，为内装装配化产品提供设计平台与空间产品载体。建立技术支持机制，推动方案与产品的落地应用，为内装装配化方案在具体项目的应用扫清技术障碍。建立内装装配化新产品研发机制，定向挖掘项目中新技术及新工艺，形成良性循环，同时充盈内装装配化产品体系。

## 4.2 人工智能（AI）装配化出图技术发展

人工智能（AI）技术可以通过自动化和智能化的方式，实现设计过程的加速和优化。传统的建筑设计过程需要耗费大量的时间和人力资源来完成手工绘图和图纸转换等烦琐工作，而人工智能装配化出图技术可以通过智能算法和图像识别技术，快速生成建筑的各类图纸和设计文件，极大地提高设计效率和质量。通过大数据分析和模拟仿真等技术，人工智能可以对建筑结构和装配式构配件进行全面而准确的评估，智能化选择最合适的装配化实施方案，确保施工过程中的稳定性和安全性。

随着人工智能技术的不断进步和应用的不断推广，我们有理由相信，人工智能出图技术将为大型公共建筑的装配式工业化设计带来更高效、精确和可持续的解决方案，助力城市建设迈向智慧化和可持续发展的新阶段。

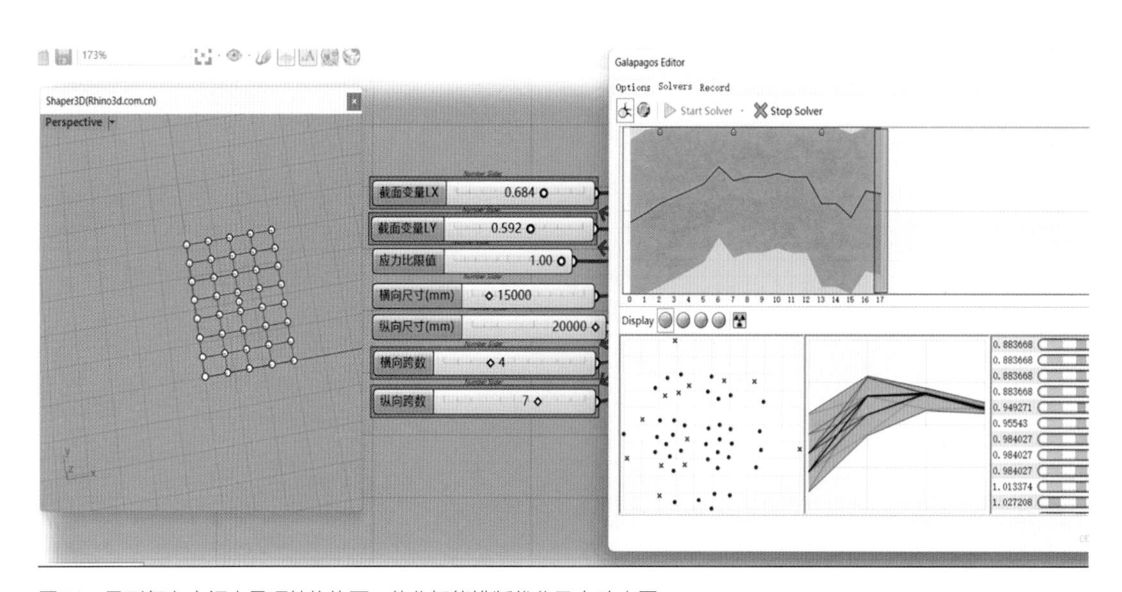


图54 异形复杂空间大吊顶结构饰面一体化智能排版优化及自动出图

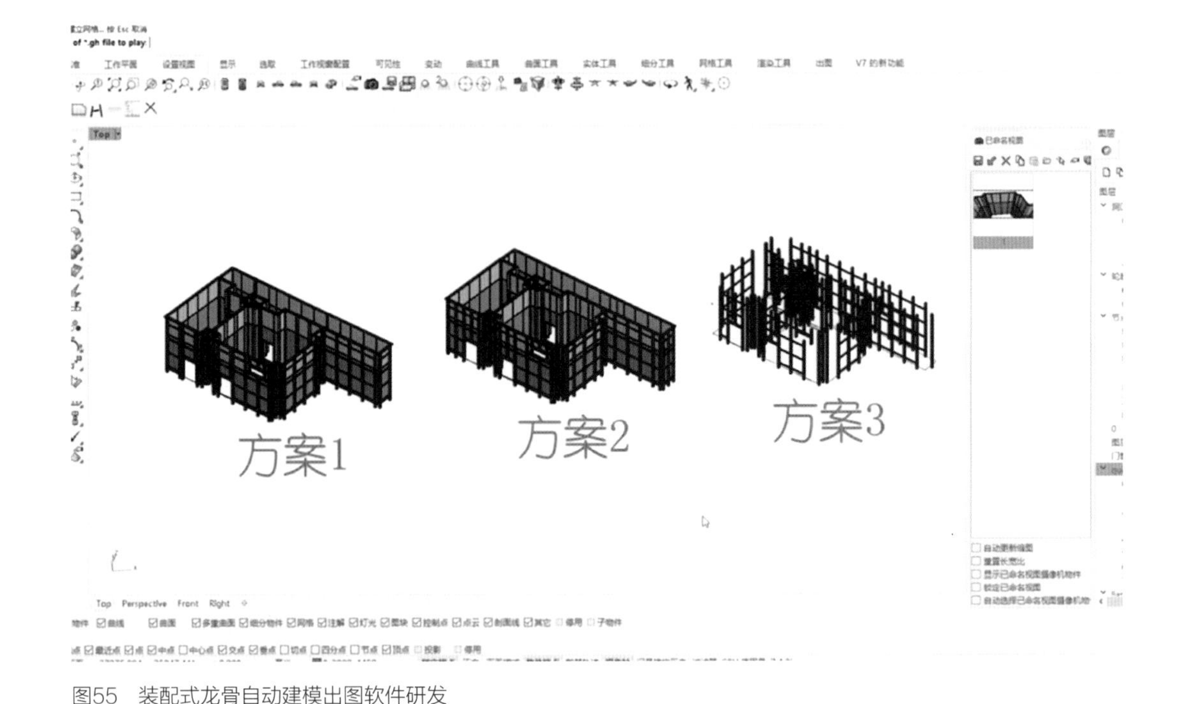


图55　装配式龙骨自动建模出图软件研发

## 4.3　开展智能装备研发与推广应用

在大型公共建筑装配化建造领域中，坚持开展先进施工机具和智能装备应用研究与推广。设立施工机具与智能装备应用研究与推广机构，组建由基层单位技术人员、战略合作厂家专业人员构成的柔性化团队，开展调研与信息采集工作，厘清设备及耗材体系构架，梳理适用于装饰工程特点的先进施工工具研究清单，归纳落地应用需求。由推广机构牵头，优选示范项目开展数控登高设备、无绳电动施工机具应用测试，以重大工程为依托，以BIM模型为数据基础，开展高精度机械手臂、半自动机器人等智能化施工装备的应用测试，测试分两批次进行，首批示范项目旨在开展应用示范与评测模式探索，第二批次实现深度应用固化评测方式、采集应用数据并对其进行分析。组建新机具常态化应用研究与推广专项团队，进行长期的装备选用指导、标准化的使用培训、产学研联合开发。

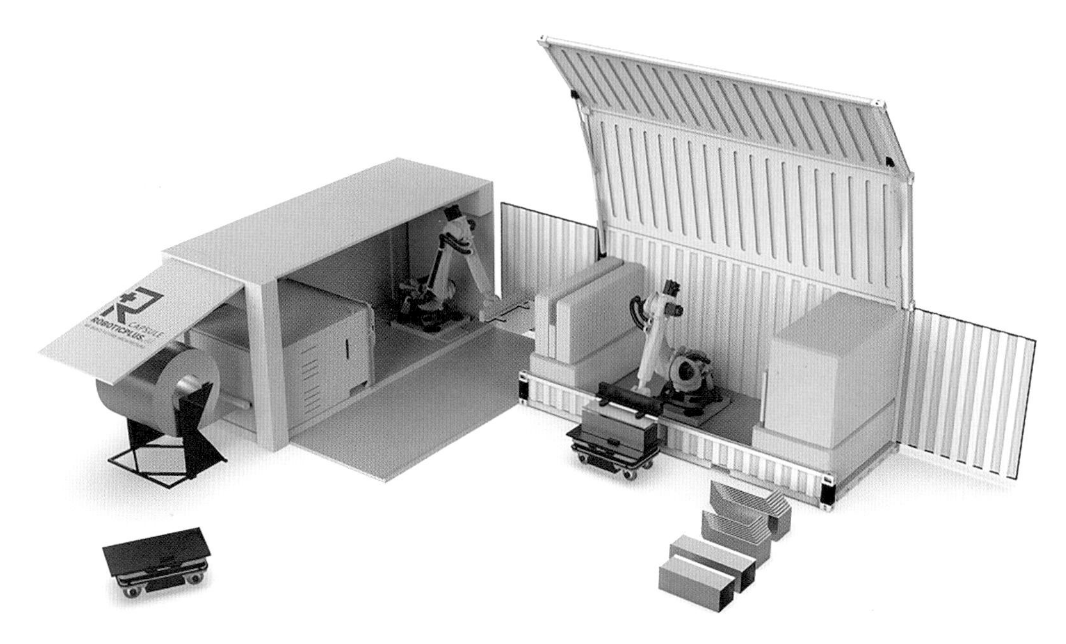


图56　移动工厂发展设想

## 项目小档案

建 设 单 位：上海诺港会展有限公司
设 计 单 位：华建集团上海建筑设计研究院有限公司
总 包 单 位：上海建工集团股份有限公司
精装施工单位：上海市建筑装饰工程集团有限公司
负 责 人：连 珍 孔劲松 俞 杰
顾 问：孔 彬 虞嘉盛 管文超
数字化建造：洪 潇 顾文静 沈 悦
工业化建造：李 骋 刘苗苗 郭良倩
平 台 研 发：阮国荣 王震东 施支鸿
测 量 测 绘：鲁新华 王倪雄
可 视 化：蔡晟旻 朱思行
整 理：李 骋 刘苗苗

# 蒋缪奕

## （办公建筑）

现任金螳螂建筑装饰股份有限公司上海设计院院长，法国国立工艺技术学院硕士、高级工程师、国际注册高级设计师。

南京林业大学兼职教授、上海华东理工大学企业硕士生导师、山东农业大学企业硕士生导师、CBDA中国建筑装饰协会设计分会副会长、上海勘察设计协会室内设计分会副会长、亚太精英邀请赛APDC常务副理事长、国际建筑装饰设计协会华东分会副会长、中国建筑学会室内分会理事、建筑装饰行业科学技术奖专家、创新中国空间设计艺术大赛评审专家、中国国际空间设计大赛(中国建筑装饰设计奖）评审专家。

从事装饰设计行业25年以来，主持参与设计1000多项室内工程设计，设计领域盖酒店、办公、商业、文旅、康养等，具有丰富的设计与管理经验。荣获建筑装饰行业全国中青年杰出室内设计师，有成就的资深室内建筑师，设计年度人物，深圳“福田杯”中国十大杰出设计师，胡润百富授予最受青睐的华人设计师。

共获设计奖150余项（国际级奖36项、亚太级奖30项、国家级奖65项、省市级奖27项），获得20余项国家级专利，发表了多篇学术论文，参编8项装饰行业规范及标准，参与主编《建筑装修室内设计空间照明设计应用手册》，编撰《室内设计手册》第五分册，编译《室内设计论》(原著第十一版)，参编《智造密码》。主要代表作有上海中心、苏州中心、北京中国尊，天津四季酒店、贵阳费尔蒙酒店、银川亘元JW万豪酒店、大连费尔蒙酒店、西安JW万豪酒店、上海西岸美高梅酒店、上海顶尖科学家会议中心酒店、成都天府国际会议中心等。

## 设计理念

### 装配式：让创意回归设计，把技术交给科技。

艺术与技术：设计是艺术和技术的融合，装配式将让创意回归设计，把技术交给科技。

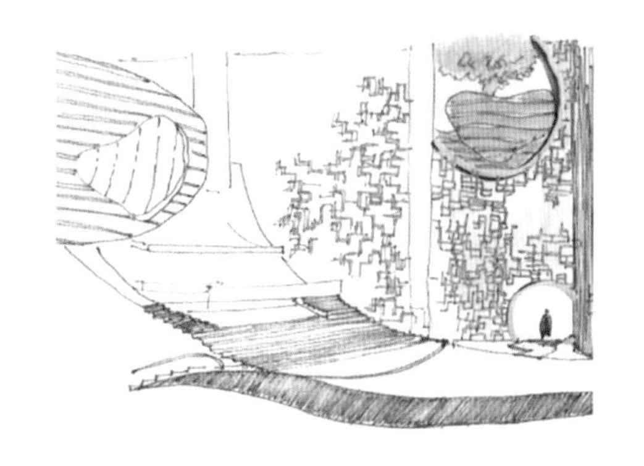

科技与创新：装配式为建筑装饰行业走向工业化发展提供了新的发展理念，同时也通过参数化方式为设计创意能够更好地落地提供了科学的技术保障。

健康与节能：健康建筑是未来人们最关注的趋势，如何实现更舒适、更健康的建筑空间，装配式即将引领建筑装饰行业的绿色、健康、低碳、节能及可持续发展。

图1 Airbnb都柏林总部（Heneghan Peng设计）（摄影：Donal Murphy）

# 办公建筑空间装配式装修

## 1 综述

办公建筑空间是人们办理公务、处理工作事务的场所。

办公空间按功能一般可分为办公区、会议区、公共区、服务及配套用房。办公空间首先需要满足工作、交流等基本功能，使人舒适、愉快、高效地完成工作内容；其次还应能体现企业的文化或所在行业的特性。

随着智能科技的发展、Z世代人群迈入职场，办公空间发生了很多新变化。常见的开放式办公，功能分区已不太明显，近些年出现的共享办公空间则进一步模糊了功能界限：灵活多变的办公及交流区，越来越多的网络视频会议，带有电话亭、咖啡区、休闲区、母婴室、阅读功能的功能空间。

办公空间的功能、布局发生变化，室内设计也在不断引导用户的审美，创造愉悦、舒适的办公空间及体验感受。室内设计及装修还应满足声学、智能、照明、人体工学、绿色健康等方面的要求。

## 1.1 传统办公空间常见的问题

传统办公空间常见的问题主要包括以下几方面：

- 空间布置不够灵活，难以跟上公司发展及时代的步伐。
- 片面追求办公密度，造成空间狭小、拥挤，缺少社交、休闲空间。
- 开放式办公区嘈杂，互相影响。
- 空间压抑、沉闷，空间设计没有特点，难以产生归属感。

这些问题既影响身心健康，又影响个人工作效率及企业管理效能，对企业的品牌形象无疑会造成损害。

MAD（建筑方案）+金螳螂（室内装修）+原研哉（标识）联合设计的厦门欣贺设计研发中心，是很有代表性的办公空间项目。

欣贺设计研发中心的室内设计，需要解决传统办公空间的常见问题。首先需要延续建筑的风格，努力打造让员工亲近自然、身心愉悦的办公空间，同时切合该公司的产品品牌调性。从室内设计角度而言，要秉持绿色、环保、节能、减碳的设计理念，进行协同设计、集成设计；从室内装修角度而言，则要改变传统模式，减少现场材料浪费、提高效率、保证质量。传统概念的办公空间很难满足这些需求，而装配式装修设计及建造理念是实现上述要求的一个有效思路。

装配式装修是国家建筑工业化的主推方向。装配式的核心是标准、协同设计及部品部件的集成。在近20年的装配式发展过程中，工艺、材料产品有过多次更新、迭代，目前已经进入快速发展阶段。

图2　厦门欣贺设计研发中心（建筑空间意象）（建筑设计：MAD设计事务所）

### 1.2　办公空间装配式技术目前存在的问题

主要表现为以下几个方面：

• 部分材料工艺的装配化，行业还在进一步探索中。如地砖、石材地面及无缝处理的涂料饰面，目前很难有工艺更好、造价更低的做法来替代。

• 装配式的模块化、单元化设计，如何进行有效拆解、组合，部品部件如何选型，是每个装配式项目都遇到的问题。

• 造价是一个限制因素，高品质的产品需要匹配相应的造价。

• 独特创意、个性化装饰是室内设计的灵魂，但是如果没有一定量化的标准构件，装配式的实施有其局限性。

• 装配式装修容易造成空间净尺寸变小、房间净高降低现象。

办公空间装配式装修，概念较为广泛，其理念是产品概念，做好模数化、建筑装修机电一体化、设计施工一体化。涉及办公建筑装配式、办公室内装修装配式，以及装配式设计和装配安装的各个环节。对于不同行业、建筑形式、档次规模、装修风格的现代办公空间，可以有多种解决方案。本文介绍的办公空间装配式，侧重点在于室内装修装配式，不涉及建筑形式、结构体系、幕墙体系的装配式。

图3　办公空间室内异型墙面的装配化设计：北京中国尊大堂

## 2　创新策略

### 2.1　装配式解决策略

室内装修装配式是一项系统工程，需要借助部品部件等具体产品以及各种装配手段来实现，重要的是前期的策划定位及装配化设计环节。办公空间装配式装修，从前期方案时就要考虑装配化，注意哪些不能装配化，哪些可以半装配化。对办公空间特有的部品部件如办公隔断、办公室及会议室部品，应最大程度进行装配化设计。

在装配化设计中，能把各专业、设计施工有效连接并对装配化实施起决定作用的是标准化设计阶段，即部品部件的工艺设计阶段。对于部品部件而言，主要工作即“集成设计”，如隔墙系统、吊顶系统、地面系统、设备管线系统、卫生间、电梯间、轿厢等，都需要集成。这些工作需要“装配化设计师”对办公空间方案进行优化设计，这项工作相当于重新拆解图纸，需要提前由设计单位在施工图设计阶段完成。

办公空间功能区之间的界限越来越模糊，非常规、个性化的办公空间越来越多。对于装配式建筑及室内空间，容易实现装配化的是能模数化、标准化的部分，如尺寸统一的卫生间、电梯厅、茶水间、模块化办公室，以及隔断、固定墙板、家具、装饰柜等。对于个性化部分可以定制化，进行不同程度的装配化设计。

办公空间装配式装修应根据项目自身的条件及特点，结合造价及工期等因素，制定相应的装配化策略，进行针对性的装配化设计。在具体项目中，应客观看待装配率，不应过度强求装配率的高低。

### 2.1.1 公共区装配化设计

空间布局及专业协同优化，首先是与建筑、结构、机电、消防之间，查看工作界面及接口有无问题，其次是分析整体平面的不足，是否对装配化设计的实施有较大阻碍，能否进行优化，能否在不影响主要功能、主要设计效果的前提下，调整布局或部分尺寸。

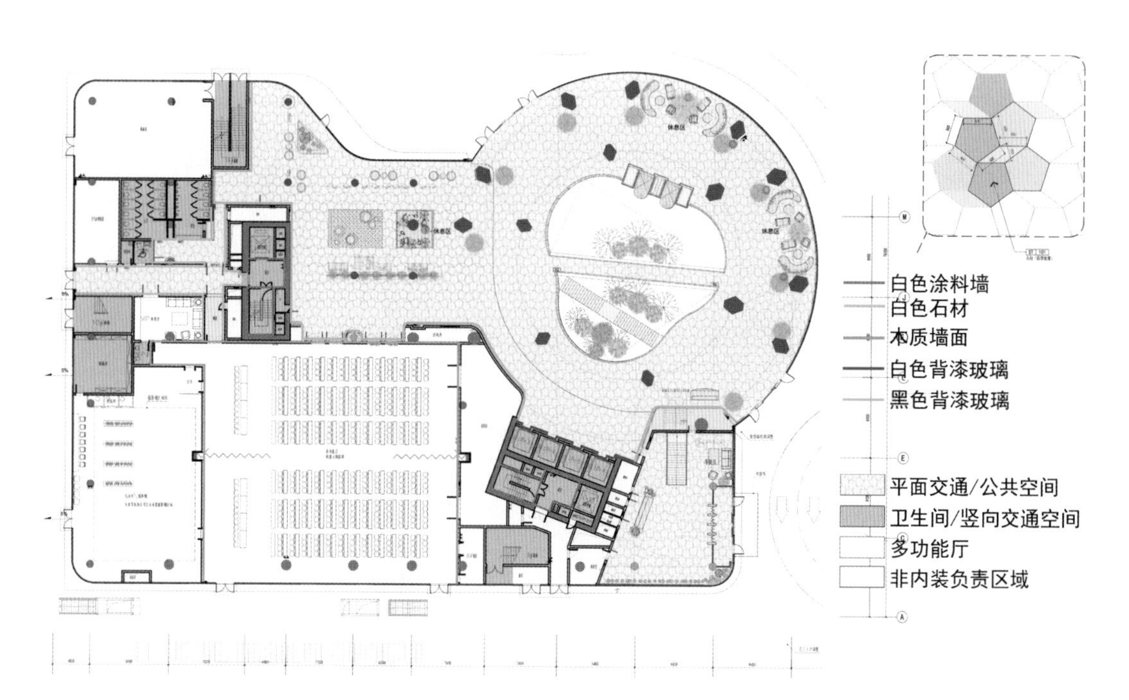


图4　欣贺设计研发中心大堂层平面空间装配化优化研究

欣贺设计研发中心首层大堂是其重点部位，设计师沿幕墙内侧设置了休息区，在低部位吊顶处设置了咖啡区，接待台背景为大型电子屏形象墙。对空间感、室内氛围、色彩、软装、材料及工艺进行了多方权衡，确定以灰色（墙柱面）、米色（地面）、白色（顶面）为基调，局部用家具、灯具、标识、绿植点缀，并最大限度集成吊顶综合点位，做到空间开放、色彩与材料克制、氛围舒适。通过中庭、空中走廊、屏幕的设计，强调空间感、光影变化，契合欣贺公司时尚服装品牌的调性。

大堂区功能之一是企业形象展示，从装配式设计来说，需要体现高超的设计技巧。对于设计（艺术）与技术（落地）的统一是个考验。常规装配式设计受限于空间标准化、材料标准化，虽然容易实施，但是不利于个性化、艺术氛围的营造，因此设计师需要在空间布置、功能设计及材料的选择等方面有所取舍。

图5　大堂层空间意象

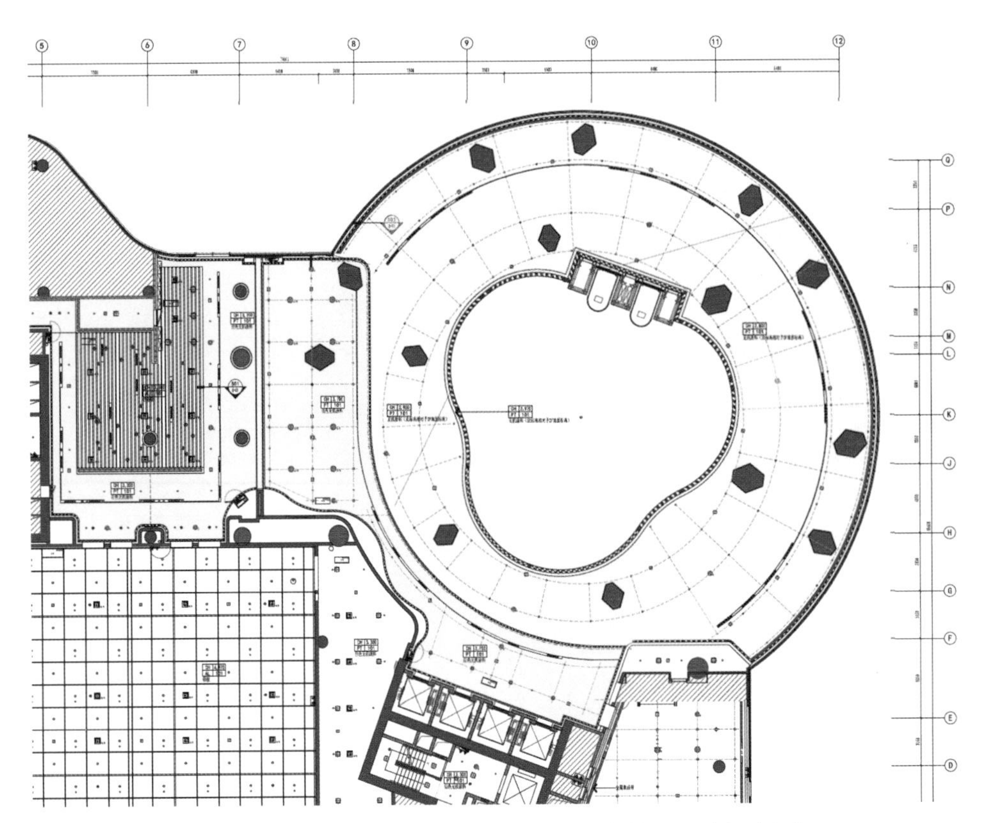

图6　大堂顶面集成设计（白色石膏板吊顶，图示用颜色区分高/低处吊顶-米色/青色）

本项目大堂区材料的选择，地面设计选用了五边形石材拼花随中庭弧形同心排布，墙柱面为光洁顺直的水泥板仿清水混凝土，部分墙面如电梯厅墙面选用烤漆玻璃，吊顶材料为石膏板及木纹覆膜铝格栅，与墙面交接处飘逸状的灯带为发光软膜，既有成熟的全集成装配化部品部件，也有半集成的装配化部品部件。

对于细部做法，每一种材料都可以在自身的工艺基础上最大限度地做到装配化设计，即部品部件的研发。包括地面石材铺贴及石膏板吊顶，都可以做到一定程度上的装配化设计，需要从模数化尺寸、部品部件设计、装配化工艺等角度重新分解、设计、组合。

比如地面石材铺贴，用黏结剂或预拌砂浆铺贴就比传统水泥砂浆的装配化程度更高。对于个性化装饰，一些特殊尺寸和特殊造型可以在较小范围内（较小装配化单元）进行装配化设计，其他的部品部件则是更大范围（较大装配化单元）的装配化。集成的程度有所差异，但目标都是把在现场靠经验、手工完成的产品前置到工厂或半成品加工场地靠机械来完成，以达到更精确尺寸、更稳定质量、更高工艺水平的部品部件（装配化产品）。

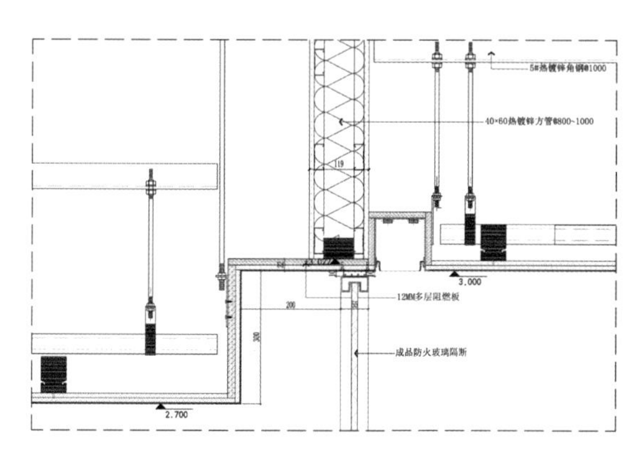

图7　玻璃防火隔断及发光软膜灯带

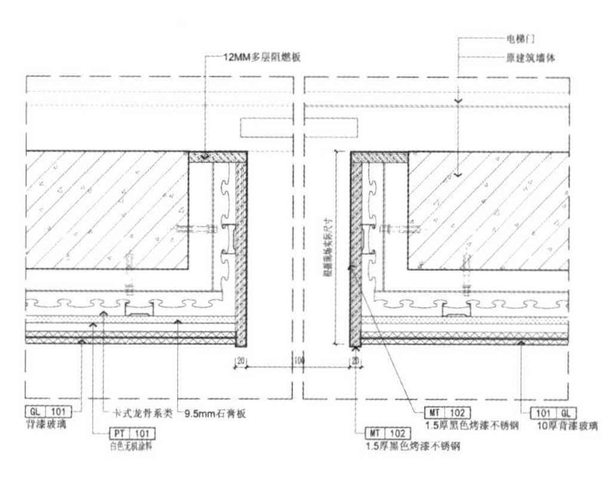

图8　电梯厅墙面烤漆玻璃构造

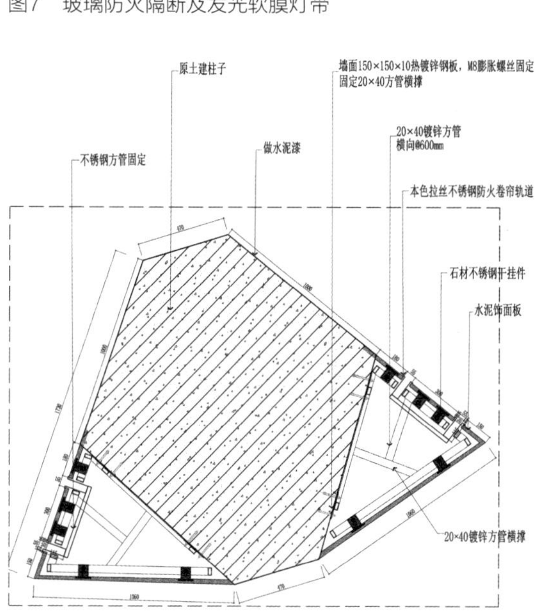

图9　中庭异形柱面构造

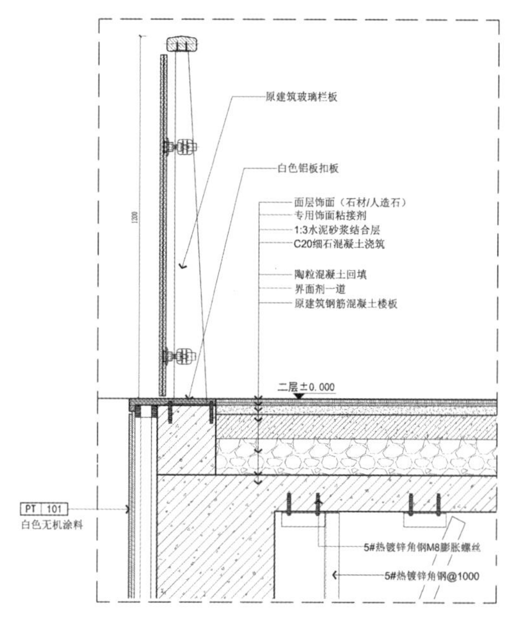

图10　中庭拦板及地面构造

a）首层大堂及中庭效果

b）首层大堂中庭效果

c）大堂休息区效果

图11　多种装配化思路集成的首层大堂（摄影：蔡琪）

### 2.1.2　办公区装配化设计

办公空间设计，应结合该企业的未来发展规划，进行前瞻性思考。本项目的装配化专题研究，首先是平面布局设计，结合建筑设计概念，对工作区、会议区、休闲区及辅助功能区的布局及人员流线进行统筹优化。主要办公区设置在3F-8F，低楼层面积不大且靠近大堂，可展示公司品牌形象，设置了经理办公层；中高楼层视野开阔，平面及景观变化较大，且较为安静，有利于创造轻松、协作共进的工作氛围，这些楼层专门为品牌、设计、研发等业务部门保留，同时设置了多个品牌专有展厅；顶层为财务及其他职能部门。多数办公楼层还预留了一定数量的办公室，方便公司在未来发展中调整、优化办公空间格局。

这样的设计满足了部门之间的协作需要，同时创造了健康、舒适、轻松的工作环境：办公和会议区进行布点、围合，办公区和室外景观、中庭室内景观形成对景、互动。

图12　办公室景观楼梯、办公层中庭

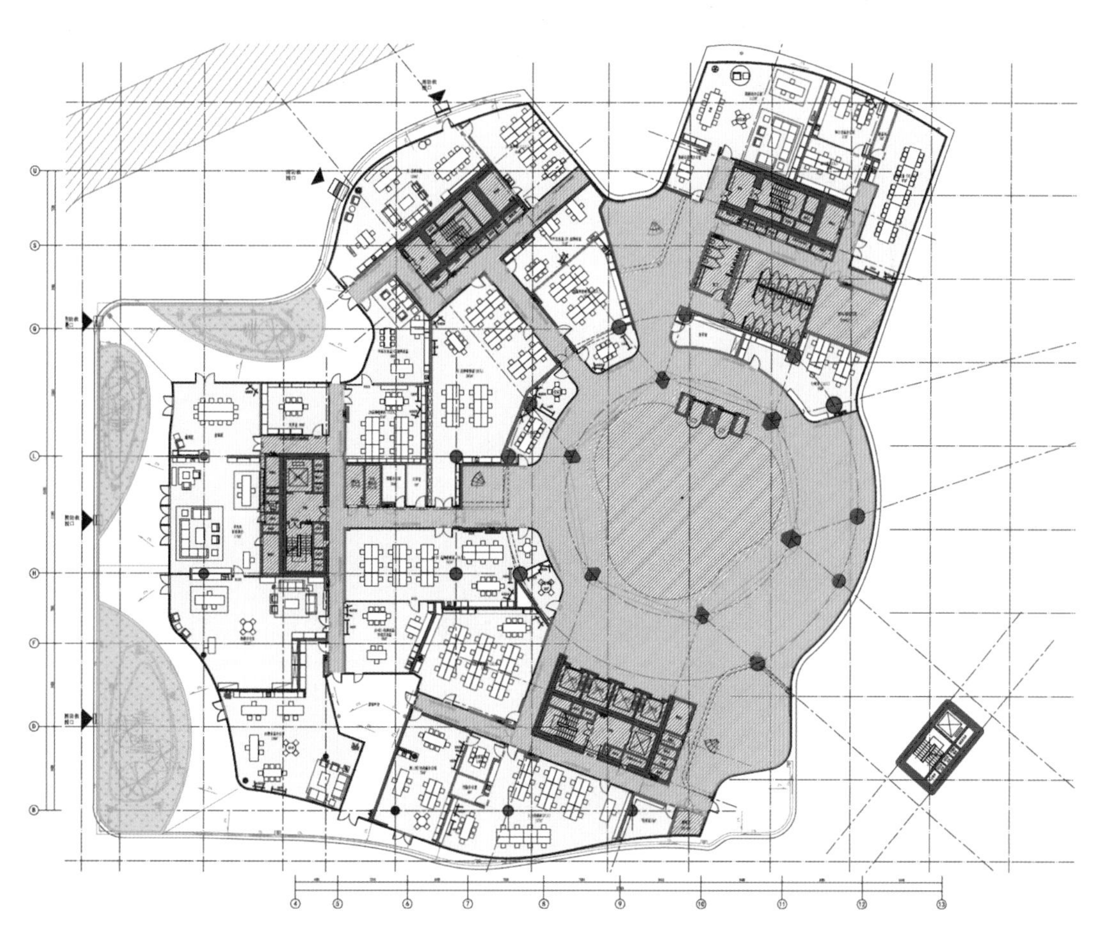

图13　三层办公区平面图

办公区的装配化设计，根据企业各部门的需求及特点进行针对性的设计，并设法促进、优化部门之间的工作流程及协作。设计师团队与近40个部门及功能区进行了多轮沟通和方案提资，发掘对方潜在需求，既要考虑标准化设计，又要通过装配化设计方法对饰面材料、颜色及造型等进行组合，满足不同办公室个性化设计的需求。

与中庭、公共走道、楼梯间、卫生间等公共区相比，办公区的装配式设计范围更大。办公区的地面均为架空地板构造，方便插座等末端点位的灵活布置。地面设计为不同颜色和纹路、质感的石塑地板，或是铺贴块毯。墙体为轻钢龙骨、装配式钢架构造以及玻璃隔断。仅少数部位用了涂料（包括部分轻质隔墙水泥板、整体石膏板吊顶的饰面），其他如墙板及固定家具均为定制产品，专门进行模数化、单元化设计，饰面用软木板、木板、藤编、玻璃、水泥复合板、皮革硬包等。对于吊顶的末端点位，也尽可能设计为集成产品，或进行组合式装配设计。

三层的品牌总监办公室及品牌办公室，根据中心线、次中线排布平面、家具及墙板、吊顶末端点位，对办公空间部品、部件的重新拆解、组合进行了专题研究，最终做到了标准化与个性化兼顾的装配式集成设计。

图14　部分办公室及功能区的标准模块设计（图片提供：张建）

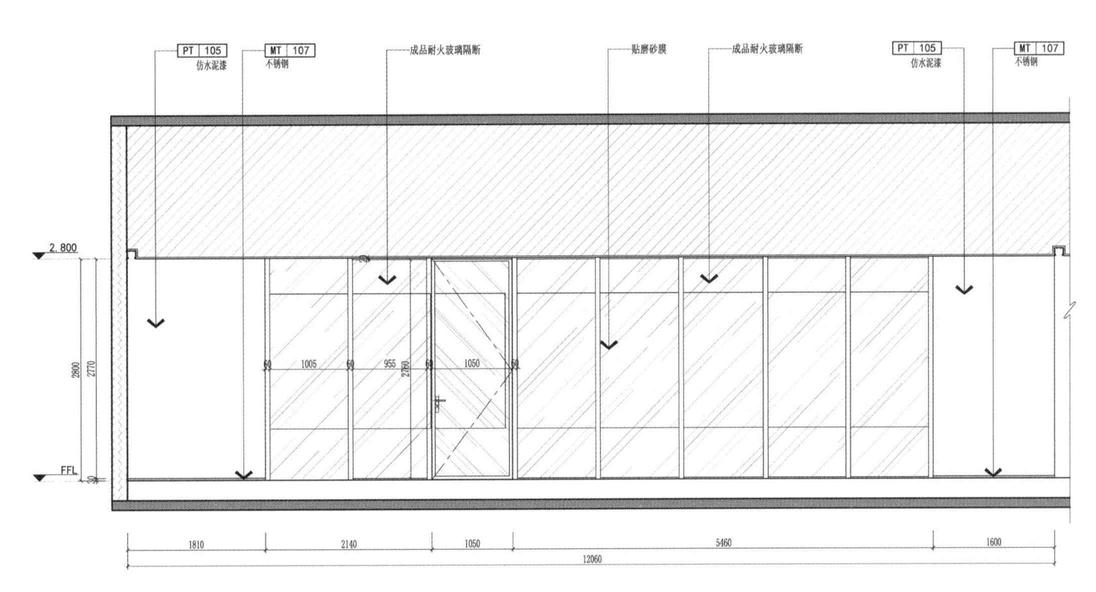


图15　办公区走道玻璃隔断立面的装配化设计

图16　办公区走道玻璃隔断效果

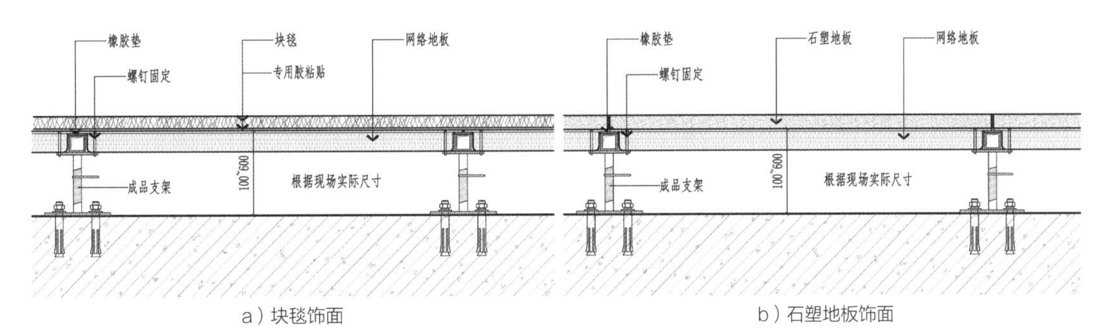


图17　办公区架空地板

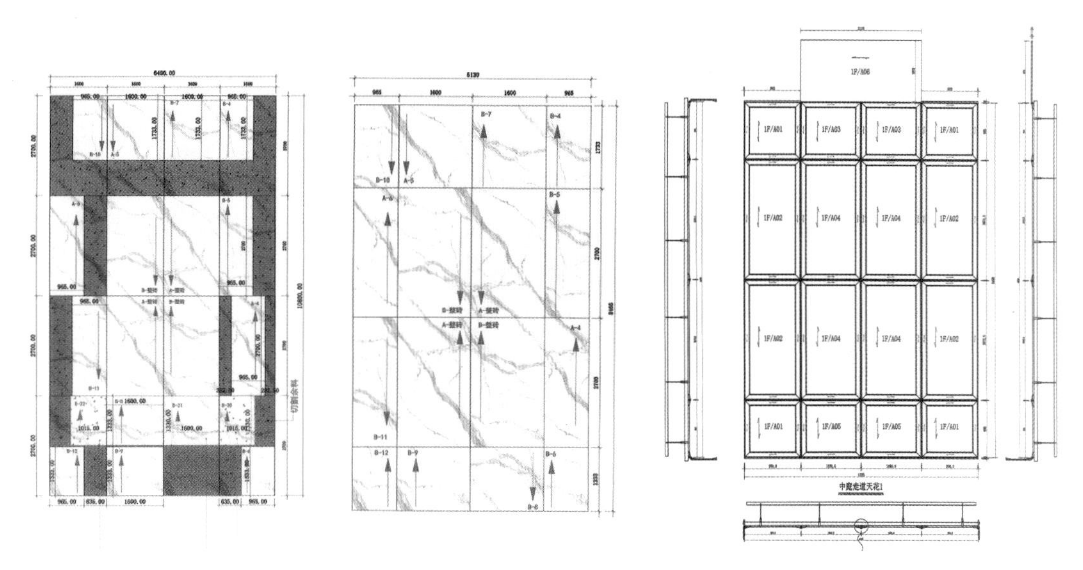

图18　部分地面岩板、吊顶铝板的装配式设计

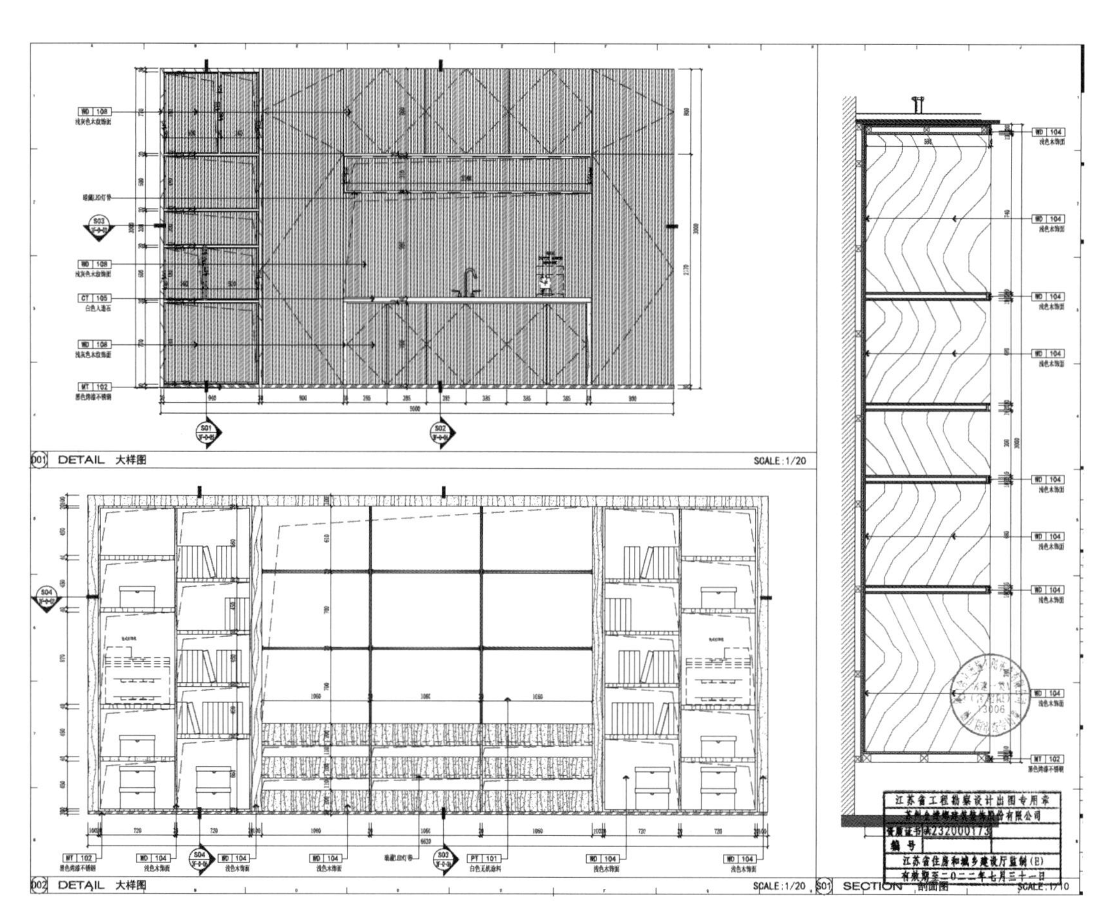

图19　办公室固定家具的装配式设计

图20　培训会议室效果

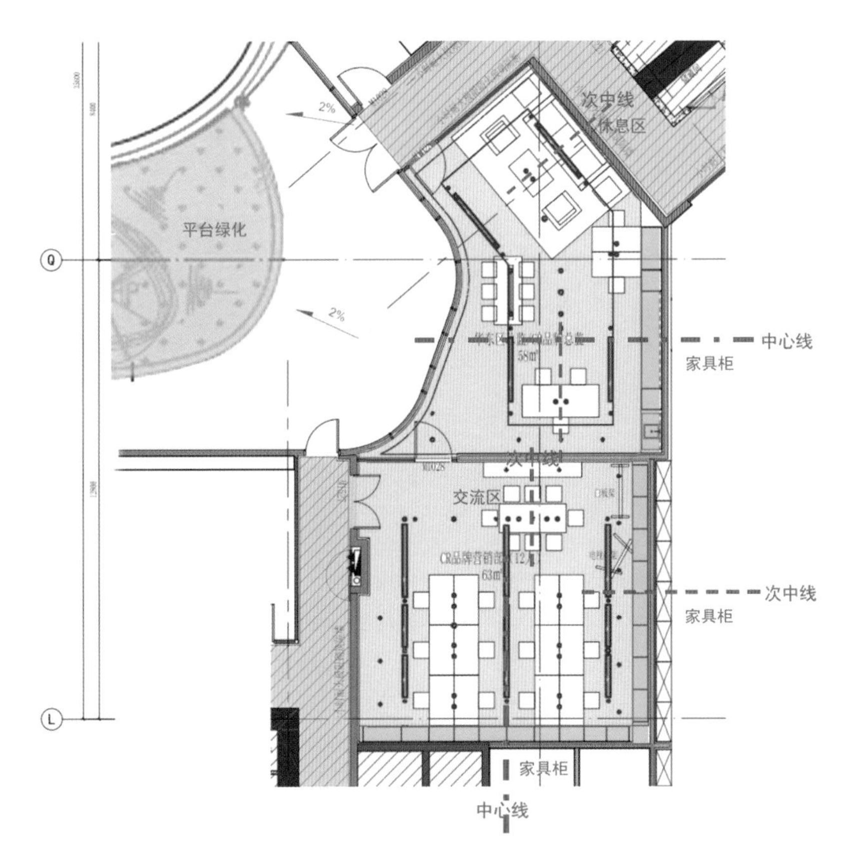


图21　品牌总监办公室及品牌办公室平面、吊顶综合平面合成图

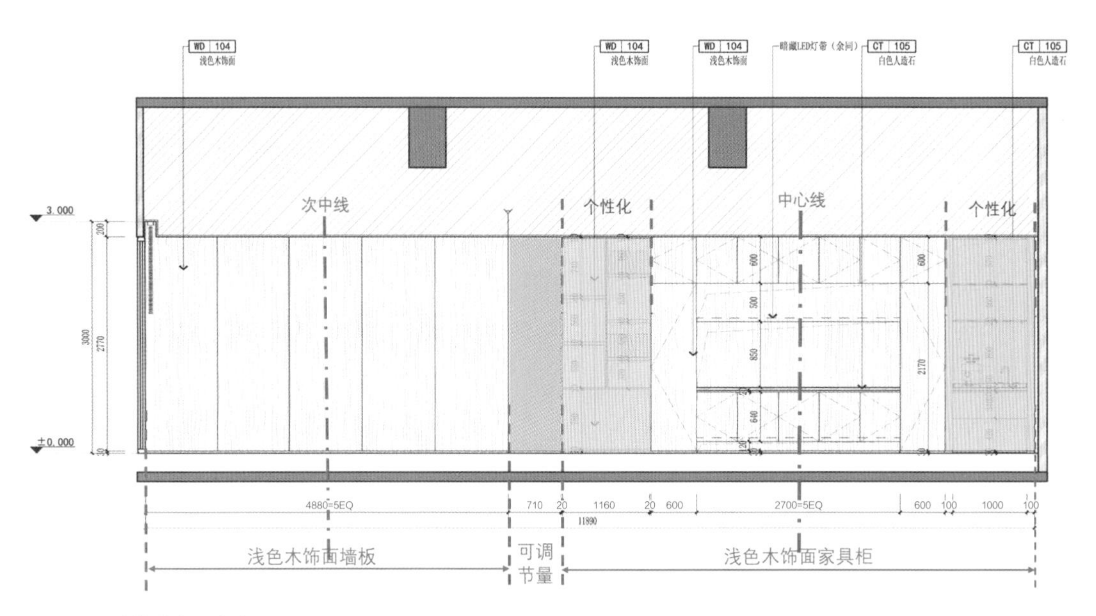


图22 品牌总监办公室立面

图23 品牌总监办公室效果（摄影：蔡琪）

## 2.2 装配式创新

办公空间的装配式设计及装修，与其他建筑空间相比有其自身的特点，但一个具体项目很难全面集成装配化的所有研究成果。现以办公空间特有的空间及部品部件为例说明办公空间装配式领域的创新成果。

## 2.2.1 模块化隔墙、隔断与墙板设计

模块化隔墙、隔断与墙板设计　　表1

| 序号 | 类型 | 特点 | 饰面材料 | 备注 |
|---|---|---|---|---|
| 1 | 轻质隔墙（轻钢龙骨+墙板、玻璃砖、ALC等） | 固定，不易拆卸 | 涂料、墙纸、墙板、玻璃等 | 产品多样 |
| 2 | （玻璃+金属框）组合隔断 | 可拆卸 | 玻璃为主 | 可内置百叶 |
| 3 | （复合板或织物+金属框/木框+其他）组合隔断 | 可拆卸 | 多种材料 | 产品多样 |
| 4 | 活动隔断 | 可推拉或移动、转动，易拆卸 | 复合板、玻璃、布艺饰面 | 需关注五金及隔声性能 |
| 5 | 轻质隔墙+组合隔断 | 多种可能性 | 多种材料 | 产品多样 |

a）常见的办公隔断（双层玻璃内藏百叶）

b）可旋转办公隔断

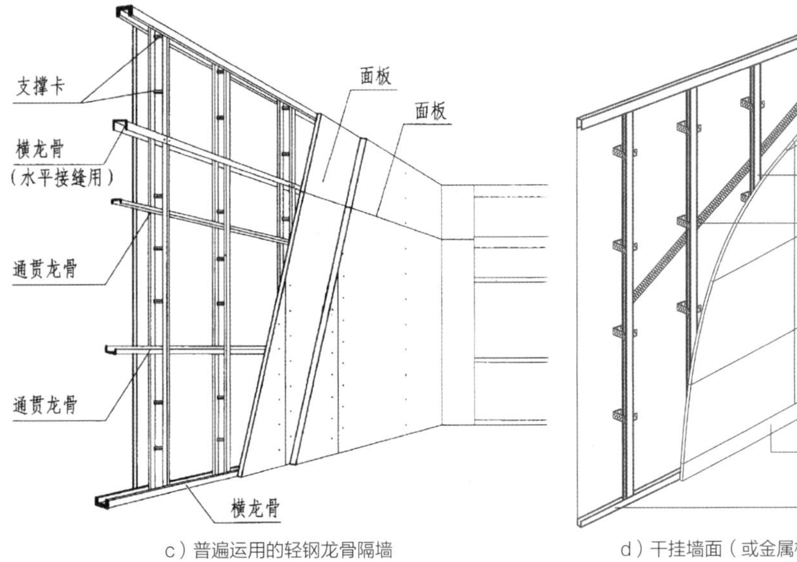


c）普遍运用的轻钢龙骨隔墙

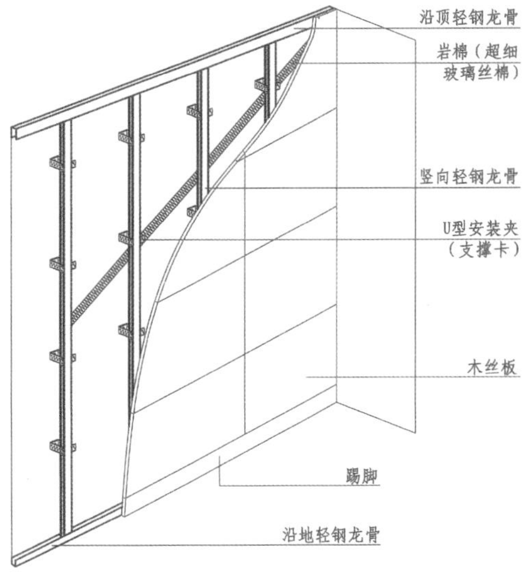


d）干挂墙面（或金属板、木板、石材、软硬包）

图24　模块化隔墙、隔断

隔墙基层及挂贴式的各种墙板材料，需根据材料的特点及设计要求进行装配化设计，材料及装配做法多样。典型的如木饰面及石材墙面、软硬包墙面。对于瓷砖及玻璃、石材等在湿贴或挂装方式的选择上，有多种影响因素，最主要的则是安装尺寸及造价限制。

图25 柔性隔断和易拆装隔断（图片提供：Novah诺梵）

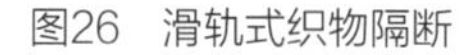

图26 滑轨式织物隔断

图27 意大利Citterio玻璃隔断（办公分区系统Ray）、Wood Wall隔断（图片提供：U-TEAM优合）

作为办公空间常见的玻璃隔断，涉及工艺、材料、隔声等多项技术要点，已经发展成为专业性很强的细分行业产品。玻璃隔断主要材料为钢、铝、玻璃、防火板等，可以和门、百叶、电子屏、薄膜、收纳系统、五金等多个部品部件组合成为丰富的隔断产品。双层玻璃的玻璃隔断房间，隔声性能可达到42DB～48DB（空气声计权隔声量$R_w$）。

各种墙板等饰面材料的装配化工艺已经有了较大的发展。以木饰面板为例，基层可以用轻钢龙骨（轻钢龙骨有多种龙骨及构造）、装配式钢架（特殊情况下采用）；挂件可以用木挂条、塑料成品挂条或金属成品挂条。需要从成本、质量保证及工期等角度考虑装配方式，包括如何内藏管线设备以及是否容易维护、拆卸。

模块化隔墙、隔断和装配化墙板，涉及多个专业（管线、末端等接口），饰面材料多样，产品差异性较大，据此可大致判断装配式项目的内装装配化先进程度。一般由设计师根据项目的投资概算设计选用相应的装配化产品。

图28　意大利Citterio玻璃隔断及细部（图片提供：U-TEAM优合）

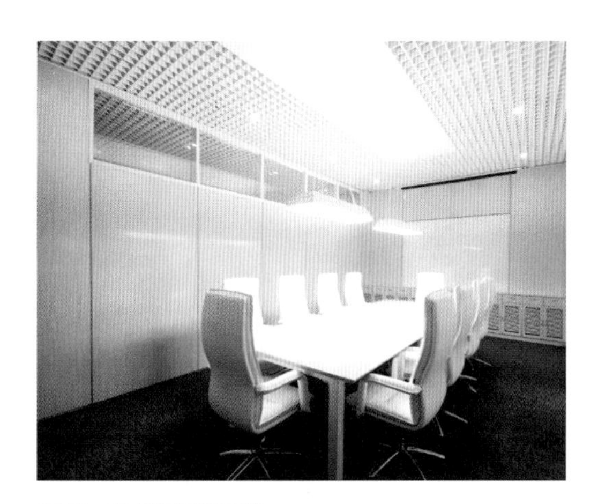

图29　弛瑞莱隔墙系统

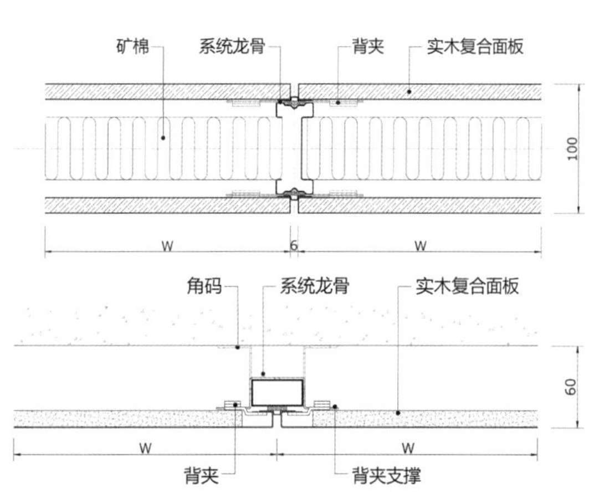


图30　实木（或金属）双面/单面隔墙系统构造

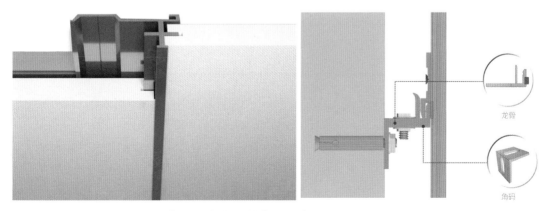


图31　装配式隔墙系统-安装构造（图片：金螳螂建筑装配科技）

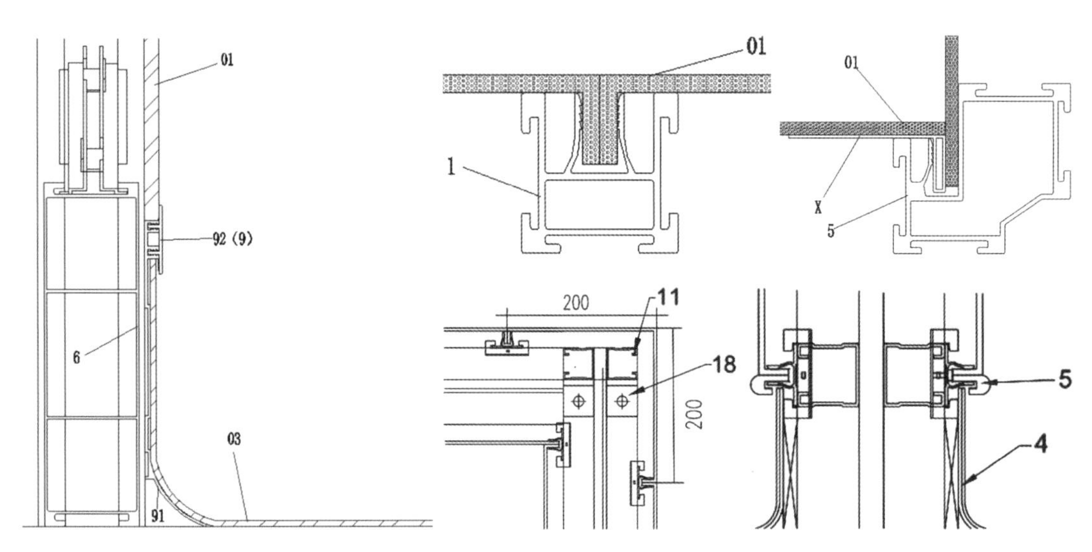


图32 新型隔墙龙骨及墙板安装构造

图33 济南通信枢纽楼办公走道的入槽装配式安装铝板（图片：朱晓庆）

### 2.2.2 模块化楼面设计

模块化楼面，包括块状满铺地毯、架空木地板、架空网络地板、架空玻璃地板。饰面材料多样，加工、组装、拆换及维护方便，为模块化装配式的楼面构造系统。

架空网络地板，对装配式办公空间的推动影响深远，在高档办公空间里得到广泛应用。吸音降噪，施工方便，表面可以用地毯、木地板或者石材饰面，主要优点是方便布置管线设备及末端，便于维护、维修。缺点是会降低房间净高（通常为100～200mm），需要在建筑设计阶段提前考虑。架空地板的内部管线及桥架集成的模块化设计，均有成熟的产品可以选用。

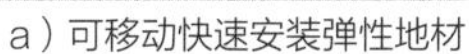

a）可移动快速安装弹性地材

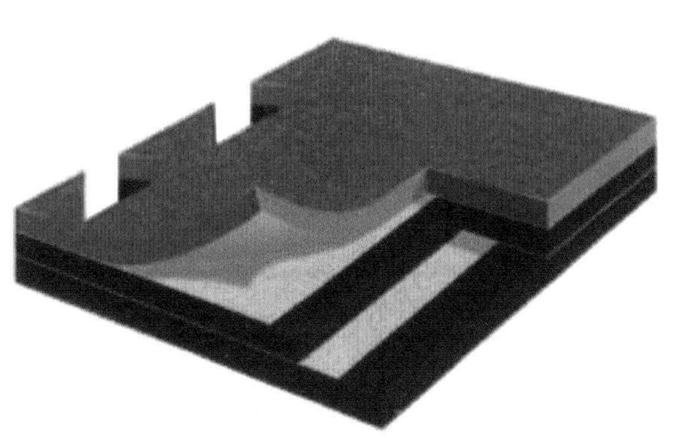

b）可移动快速安装弹性地材分层示意

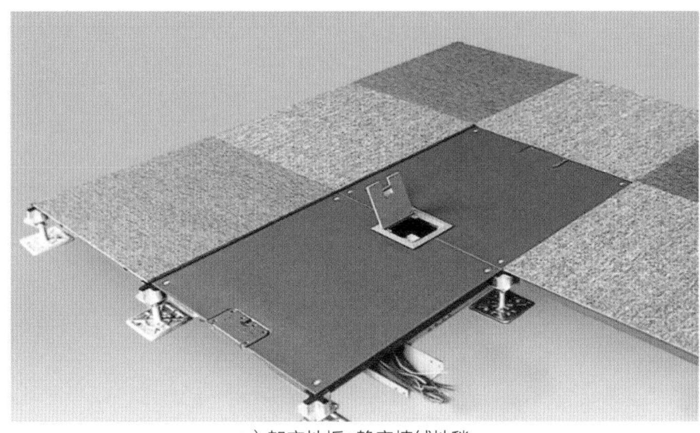

c）架空地板+静音植绒地毯

d）设备末端

图34　模块化楼面

### 2.2.3　办公区模块设计

主要包括开敞式办公区（开放式办公区、独立式办公区）、封闭式办公室、文印区、休息区等。

办公区是办公空间的主要功能区域。首先是空间层次划分、尺度把握以及办公区域/部门的分隔。可通过隔断、家具、电话亭、收纳、景观绿植等模块来区分，进行多种组合设计，形成开敞、半开敞、封闭、半封闭的办公区及各个细分功能区。

办公区模块并不局限于办公桌椅的围合区，更大的意义在于办公空间统筹规划或集成设计的概念，涉及多个专业及细分功能区、多个部品部件的接口设计。

### 2.2.4　会议系统模块设计

工作离不开沟通交流，会议区是除了办公区以外最主要的功能区。会议区还可包括会议、洽谈、培训、路演、报告等功能。

会议区不一定都是独立的封闭会议室。稍大面积的办公室也可以作为会议室，开敞办公区的办公桌椅、沙发茶几可以组成一个随机的交流区。会议交流的场所不同，对于会议功能模块以及隔声、吸声降噪、音视频、照明等方面的要求会有较大差异。

会议模式可以分为面对面的普通模式、一人对多人的演讲模式、异地互动的视频模式、混合模式。不同会议模式对视线分析、屏幕、家具、音视频传输、照明、电声学、空间声学的要求有所差异。

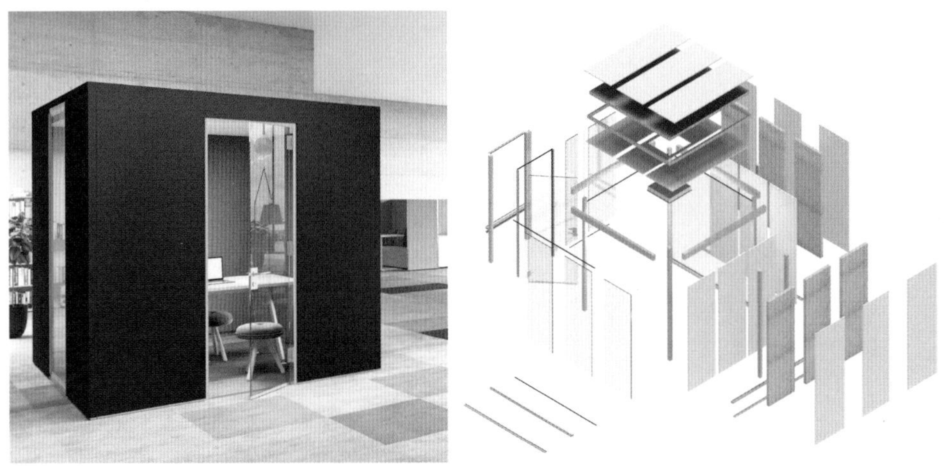

a）德国Konig+Neurath公司的办公模块（图片：U-TEAM优合）

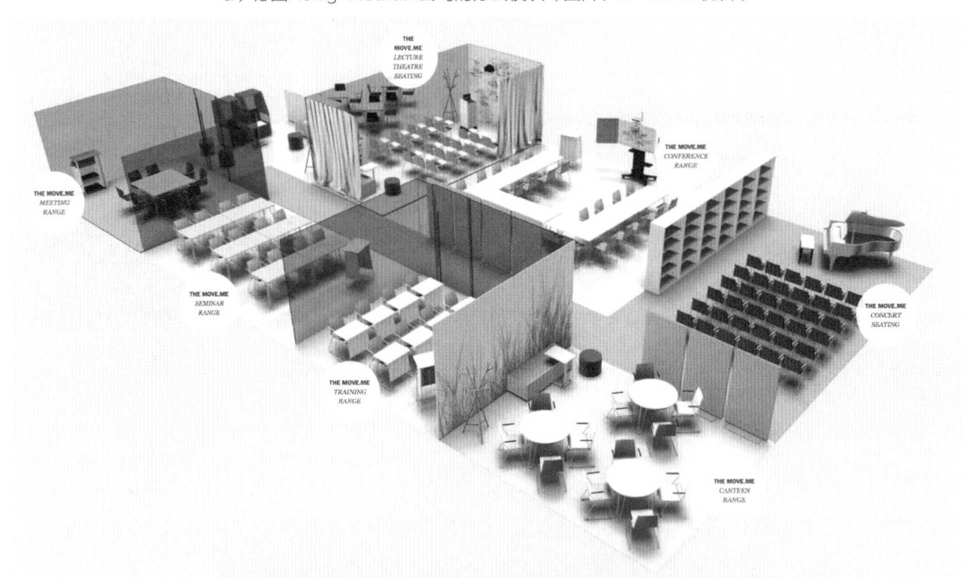


b）德国Konig+Neurath公司的办公区模块设计（图片：U-TEAM优合）

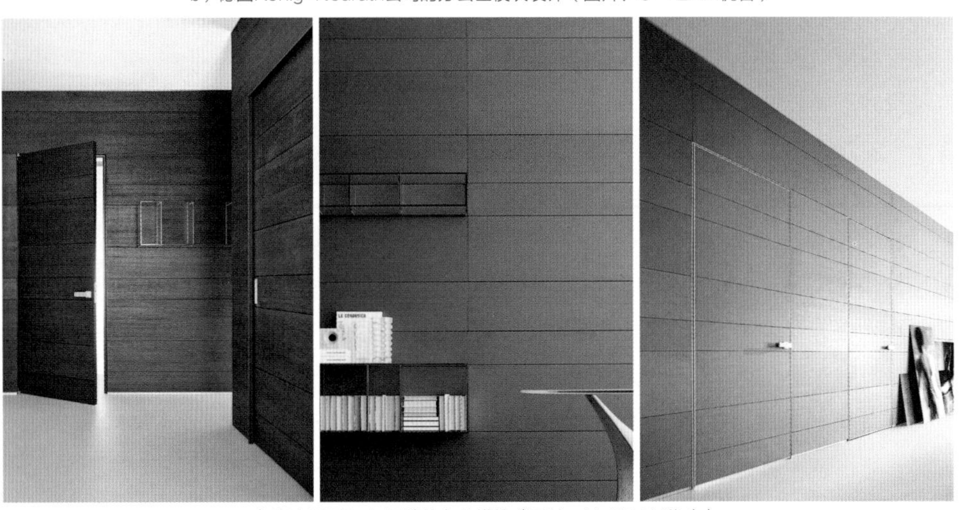

c）意大利Citterio品牌的办公模块（图片：U-TEAM优合）

图35　办公区模块

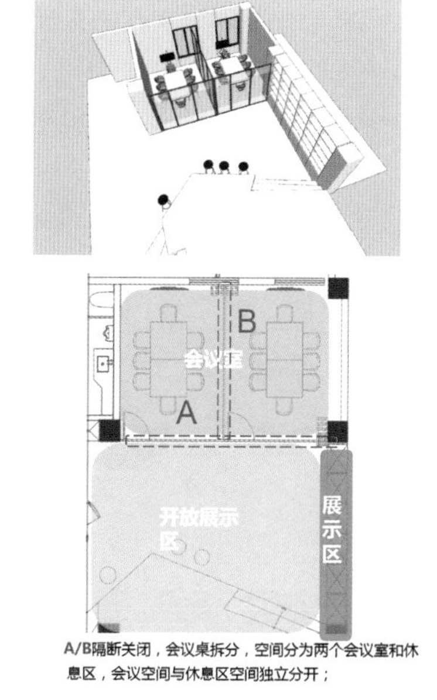
共享模式A
B
会议室
A
开放展示
区
展
示
区
A/B隔断关闭，会议桌拆分，空间分为两个会议室和休息区，会议空间与休息区空间独立分开；

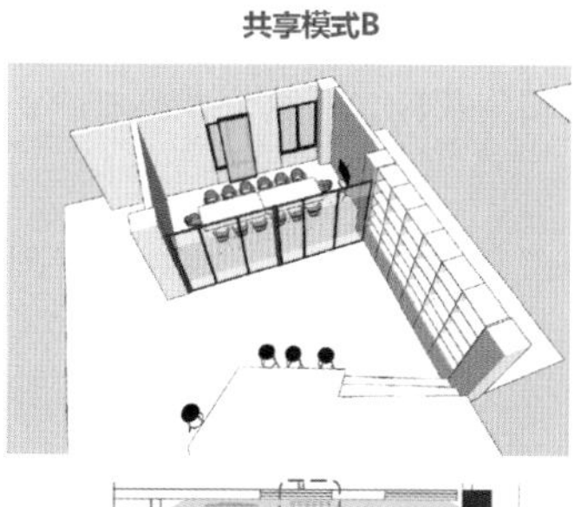
共享模式B

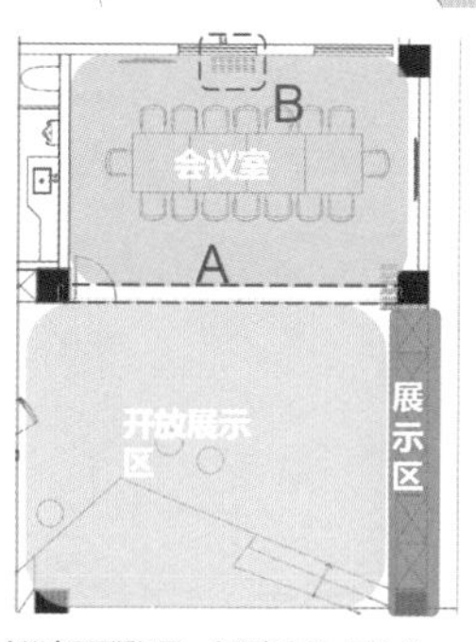
B
会议室
A
开放展示
区
展
示
区
会议室B隔断打开，会议桌合并，两个会议空间合为大会议室；

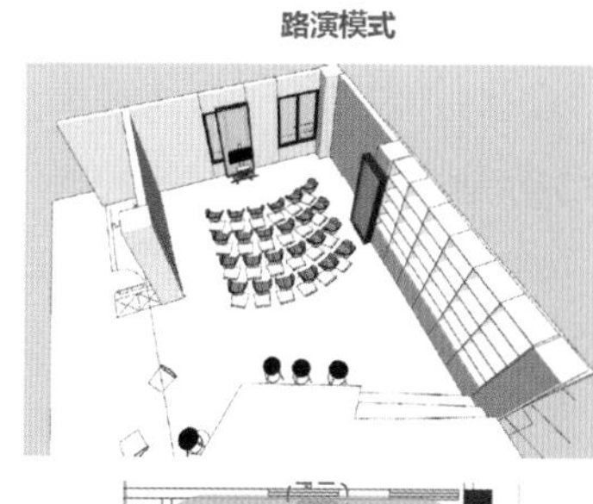
路演模式

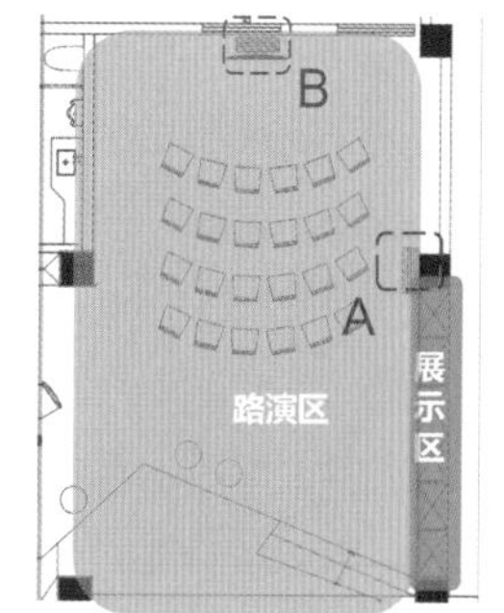
B
A
路演区
展
示
区
会议室A/B隔断打开，会议椅移动到休息区，会议室与休息区融合成为路演空间；

图36　模块化的会议室（通过隔断的开合可设置多种模式）

图37　德国Konig+Neurath公司的模块化会议室（图片：U-TEAM优合）

会议系统模块应重点关注智能化设计及声学设计，装修材料主要关注隔墙及隔断的隔声指标、饰面材料的吸声系数。办公空间的会议区，目前在语音会议、视频会议方面配套产品的研发与应用还有待提高。

### 2.2.5　办公家具模块化设计

办公家具模块是个较为独立的系统，在设计时需综合考虑多种因素，包括功能空间组合、家具与空间的尺度关系、传统与现代风格的组合、办公空间设计趋势、色彩、第三空间的设计、预留机电设备及机械装置等。

部分固定家具与活动家具的界限较为模糊。灯具、办公电脑、电话等设备的管线、底盘、支架也可以嵌入设计在家具模块里。

活动家具模块在设计时，还应考虑与固定装修之间的接口。对于半高隔断的围合方式，也都进行专门的设计，考虑造型、尺寸、维护、色彩、声学性能等。

a）现代家具印象-美国Haworth家具

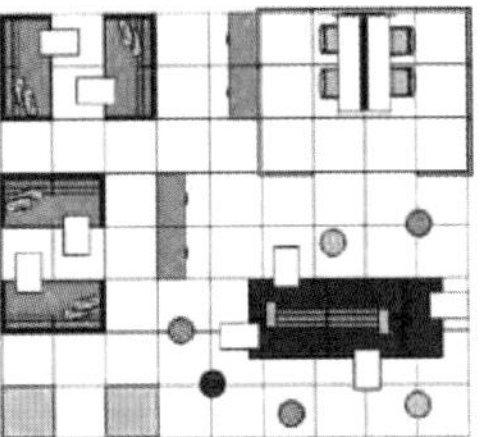

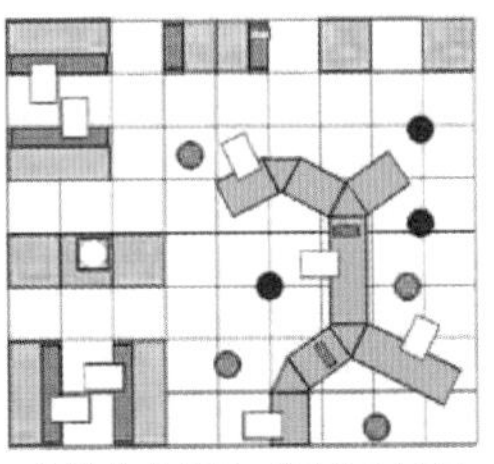

b）模块化设计-德国KN家具

c）德国KN办公家具（图片：U-TEAM优合）

d）德国KN办公家具

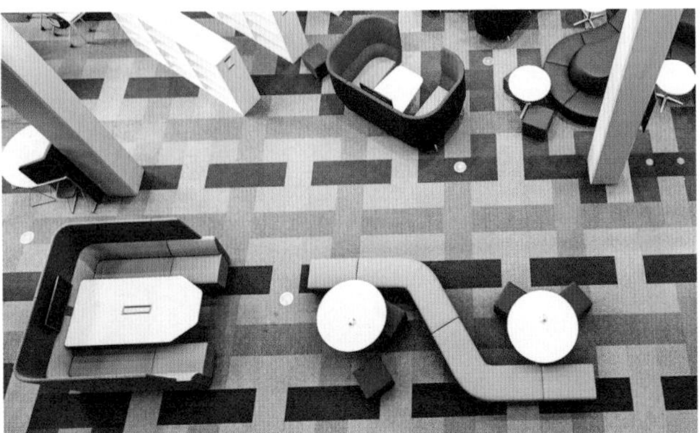

e）美国海沃氏办公家具

图38　办公家具模块化设计

舒适的座椅能让人专心于工作，而人体工学设计不好的座椅对人体健康影响很大，容易引发职业病，也会影响工作效率，在家具模块设计选用时应加以重视。

办公家具产品丰富，模块化设计已经非常成熟，有标准化产品和定制产品之分，部分厂家对办公空间及功能区的研究和探索，甚至走在室内设计师之前。办公家具在设计选用时应重点关注产品的人体工学及材料的环保性能。

### 2.2.6 机电管线模块化设计

主要包括地面、隔墙、吊顶及家具部位的机电接口，包括水电、智能化、暖通空调等专业。模块化设计需考虑集成设计、管线敷设、末端位置、接口方式。

装配式装修关注的重心，主要在于各专业与装修之间的嵌入设计、接口设计、末端点位的安装及使用、拆卸维修便利性。因涉及专业及厂家众多，标准较难统一，目前仅在专项模块设计、以房间为装配单元的模块设计，或在家具模块设计中有较成熟的产品及应用。

a）地面管线系统走线示意

b）吊顶集成带

c）驰瑞莱隔墙集成照明系统

图39　机电管线模块化设计

d）综合考虑日光、照明及水冷调节的吊顶系统（广州珠江城大厦，SOM设计）

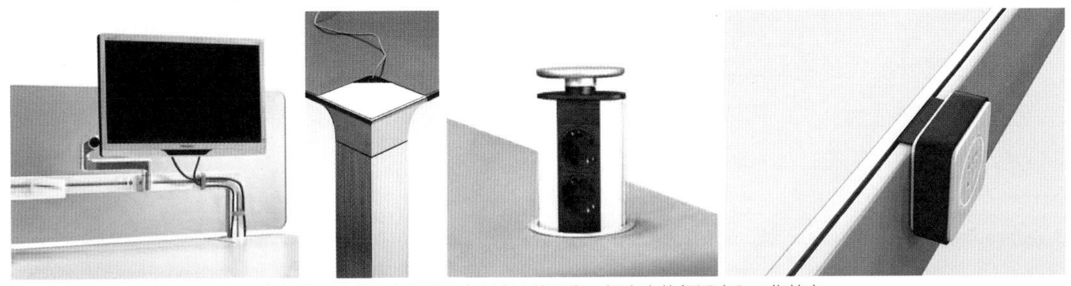
e）管线、末端及支架设计应考虑人体工学，提高人体舒适度和工作效率

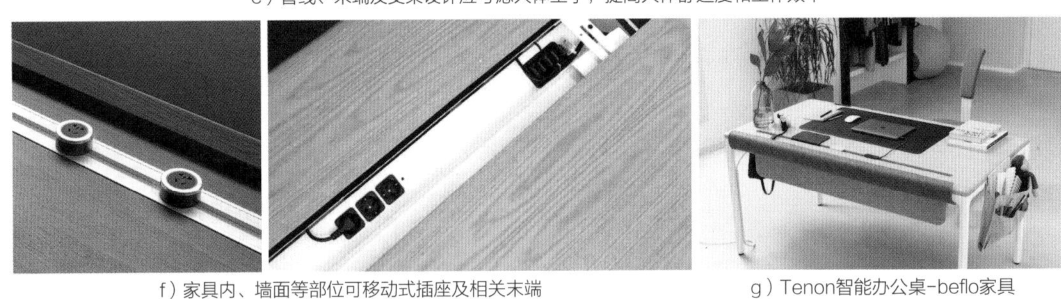
f）家具内、墙面等部位可移动式插座及相关末端　　g）Tenon智能办公桌-beflo家具

图39　机电管线模块化设计（续）

# 3　案例：上海中心大厦

## 3.1　项目概况

上海中心大厦（以下简称“上海中心”）为超高层综合体项目，具备国际标准的24小时甲级办公、五星级酒店、主题精品商业、观光和文化休闲娱乐、特色会议设施五大功能。建筑获得美国LEED-CS白金奖认证及中国绿色三星认证。上海中心与金茂大厦、上海环球中心共同构成了浦东陆家嘴金融城的金三角，勾勒出上海的摩天大楼天际线。

上海中心主体为钢筋混凝土核心筒-外框架结构，结构高度580m，建筑总高度632m，为国内第一高楼。地上121层，地下5层。总建筑面积57.8万$m^2$，其中标准层办公区域和精品办公层的总建筑面积超过27万$m^2$，办公是整个上海中心的主要功能。

图40　上海中心大厦

上海中心作为超高层建筑，整体性非常重要。在建筑设计的概念演变过程中，也一直遵循建筑与室内装修相互融合的理念：一方面，建筑设计为室内设计预留了充分的条件，并为室内装修明确了基本方向和原则，而室内装修的部分工作也进行前置，已经包含在前期建筑设计中，这也是建筑全面装配化的基本概念。只有这样，室内装修才能完全融入建筑系统中；另一方面，室内装修还要深化和提升建筑理念，在延续绿色、智慧、人文建筑理念的同时进一步确定了绿色化、装配化、信息化、人文化“四化融合”的室内装修理念。

在项目的落地过程中，包括多达40个专业的互相穿插、相互协调配合，其复杂性远超想象。同时考虑到项目体量大、标段多、参建方多，常规的装修设计施工方式难以保证最终的一致性及品质，项目建设方明确了以装配式装修为目标，且设定了预制部件的装配率不低于80%的指标要求。室内设计与建筑设计及其他专业设计协同进行，设计技术与施工工艺对接，建造工法与部件选用对接，材料选择、采购、装配一体化。

上海中心办公层的装配式设计及安装的难点主要表现在以下几方面：

• 楼层平面为外圆（内幕墙为正圆形）内方（核心筒）形状，圆形四周的边角部位在平面分区、材料板块分隔方面会出现很多不规则尺寸，设计需要减少这种尺寸及损耗。

• 办公层租赁运营模式为先整体大面装修，后期租户入住再次分隔、装修，不利于装配式的统

标准办公层位置 / 设计概念 (zone2-6)
TYPICAL OFFICE LOCATIONS / DESIGN CONCEPT

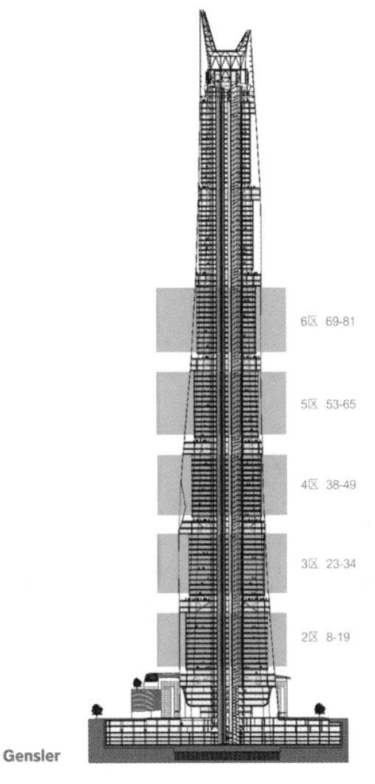


图41　上海中心标准办公层位置

自然的环境、人性化的尺度、高效节能的空间
NATURAL ENVIROMENT, HUMAN SCALE ,SUSTAINABLE WORK SPACE

空间：通过灯光、材质将室内空间打造成如室外般的自然，运用间接光源营造舒适惬意环境空间。
材料：运用自然肌理及环保节能的材料

筹策划。

- 有部分材料为石材、水磨石、地砖、涂料等传统湿作业工艺材料（主要位于核心筒部位），影响整体装配化率。
- 楼层高、运输困难，需要考虑装配单元尺寸。
- 装修荷载及防火要求，对平面布置、材料及工艺选择有约束。

## 3.2　项目装配式实践

上海中心的地上部分，竖向共分为9大区域。办公楼层主体部分在第2-6区的标准办公层（第8-81层），加上8区的精品办公层（第107-115层），办公层总共有83个楼层。第2-6区的每一区的第一、二层为公共设施区，包括空中花园所在楼层。

由于项目体量及其复杂性，工程信息巨大，图纸总量超过15万张，项目建设通过数据管理平台将大量信息通过BIM技术在同一个平台共享。项目建设时期，BIM技术系统在国内建筑项目上还处于运用起步阶段。

项目建设指挥部为此专门成立了BIM团队，从总包单位、分包商到设备供应商，包括设计单位、施工单位，成员包括17家单位70余人。请到美国Autodesk公司Revit部门的开发人员作为项目BIM顾问，参与上海中心项目的BIM系统平台搭建并指导本项目的BIM设计工作。

a）办公大堂、服务台

b）办公大堂电梯厅

c）办公配套层电梯厅

d）办公配套层休闲区（空中花园）

图42　上海中心办公层公共设施区

### 3.2.1　标准办公层大空间的装配式

#### 1. 前期策划定位阶段

需要分析空间、原概念方案、基层及面层材料，统筹各专业进行协同设计，考虑厂家加工、现场运输和装配、多专业接口等问题。

设计对部件及接口明确了几个条件：部件连接接口无铆钉，保证最简洁、高品质的视觉效果；有针对性地进行柔性接口设计，并满足强度要求；满足室内不同空间、不同部位在不同使用环境中的温、湿度条件。

根据平面，进行功能模块化设计，分为整租及多租户两大类。

本项目对于装修方案及材料的选择还有荷载方面的要求，因此装修工程要严格控制在荷载范围之内。上海中心大厦总重量达85万吨，相当于70个埃菲尔铁塔的重量。本项目最初方案设计就明确了包括隔墙在内的活荷载为4.5kPa，从楼层结构完成面到建筑装修面层为1kPa。通过多轮优化，最终确定的36种装修材料都要在这个指标范围内。

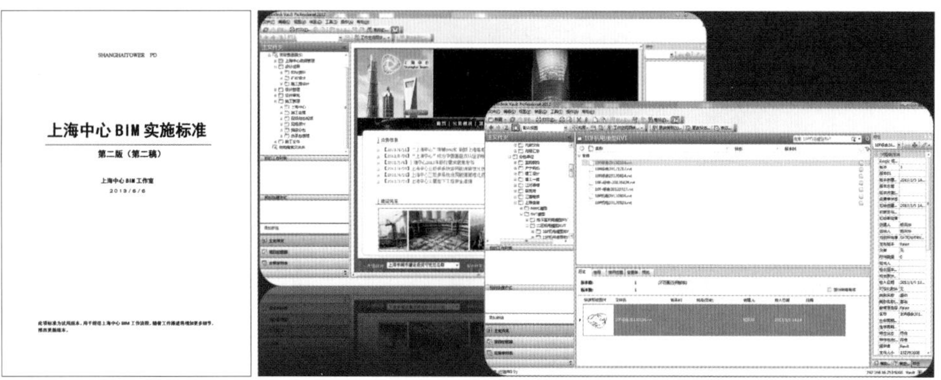


a）上海中心BIM实施标准　　b）上海中心BIM系统平台（Vault协同管理平台）

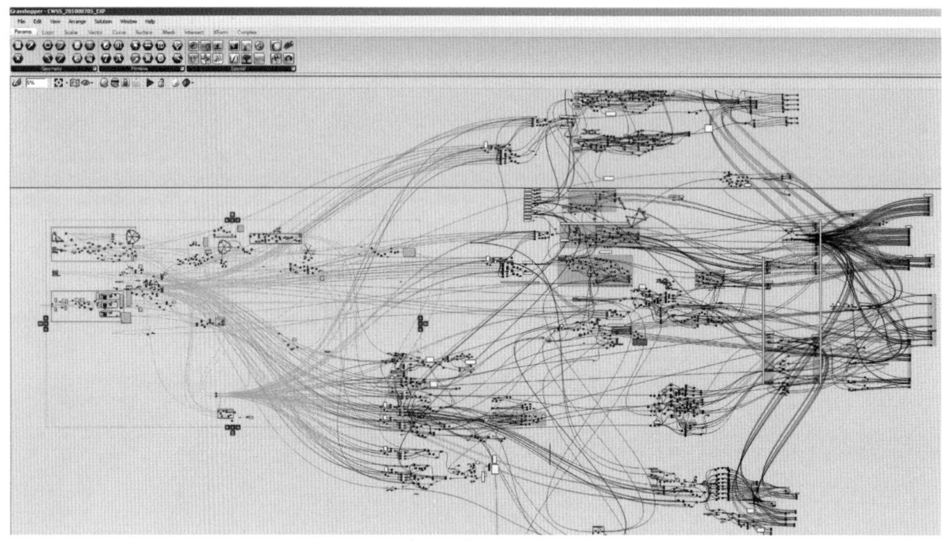

c）BIM参数化设计

图43　上海中心项目建设BIM技术系统

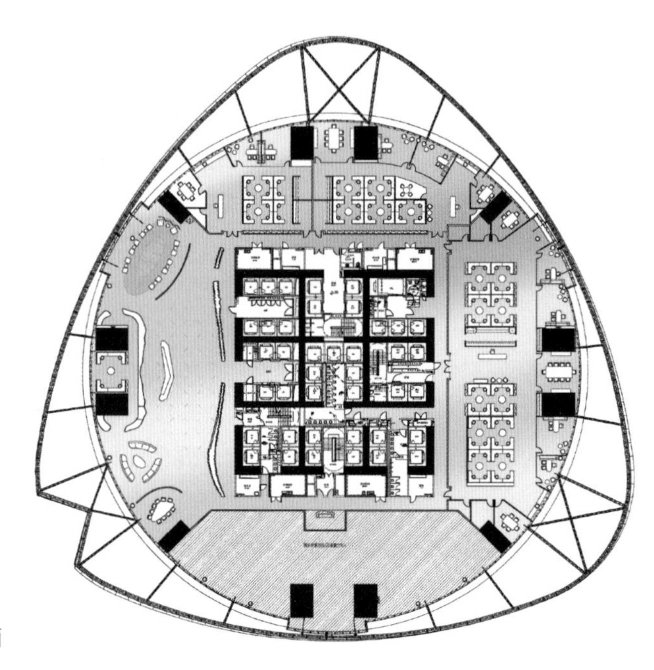

图44　办公样板层及标准层平面

图45　办公标准层电梯厅、办公区

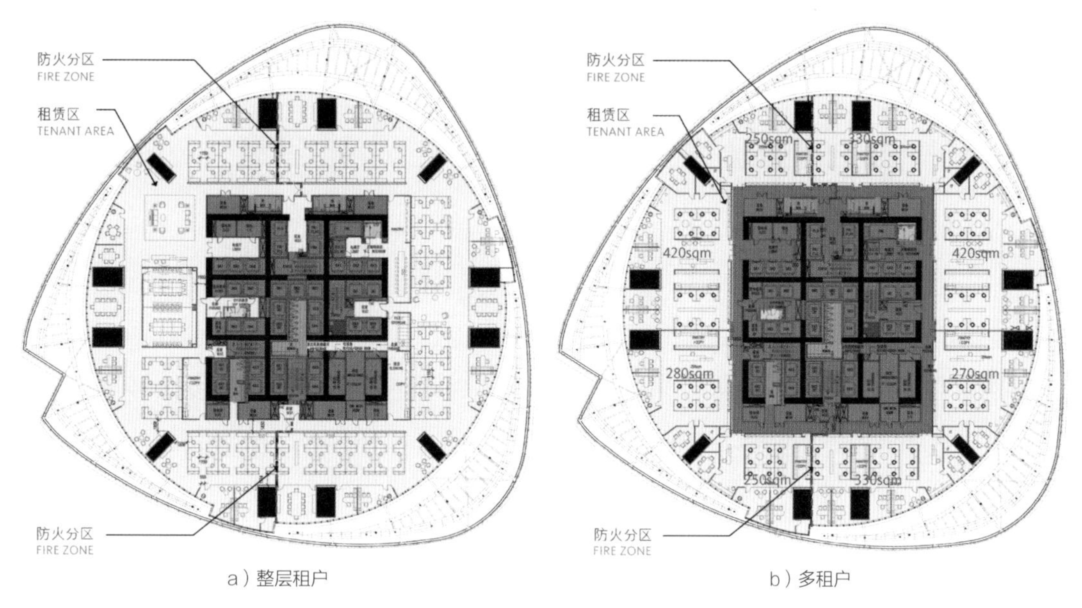


a）整层租户　　b）多租户

图46　平面模块化设计

6个办公区每个转换层(空中花园层）的艺术雕塑、园林景观等较为特殊的装修设计荷载，都需要重新复核。对于施工荷载与使用荷载也需要复核，因为没有直达每一层的电梯，每一区的各层材料需要在各个转换层里堆放、转运，需要计算每一层的材料种类和用量。施工装配阶段还要计算转换层的施工荷载。

### 2. 墙体模块化设计及组合

根据室内的墙面材料进行设计优化，涉及不同的饰面、骨架、基层以及规格尺寸。同时考虑最终的安装精度差异，对墙面材料如不锈钢收口条、玻璃、木饰面、瓷砖、铝板、乳胶漆，从刚度、强度、加工精度等方面进行分析，确定主次以及装配顺序。

经过比较分析，确定了墙体饰面材料装配的先后顺序，即蜂窝铝板——不锈钢收口条——玻璃——木饰面——乳胶漆，优先考虑加工精度高的材料。金属、玻璃等材料的加工精度高、材料不易变形、材料的稳定性好，与其他材料容易组装。

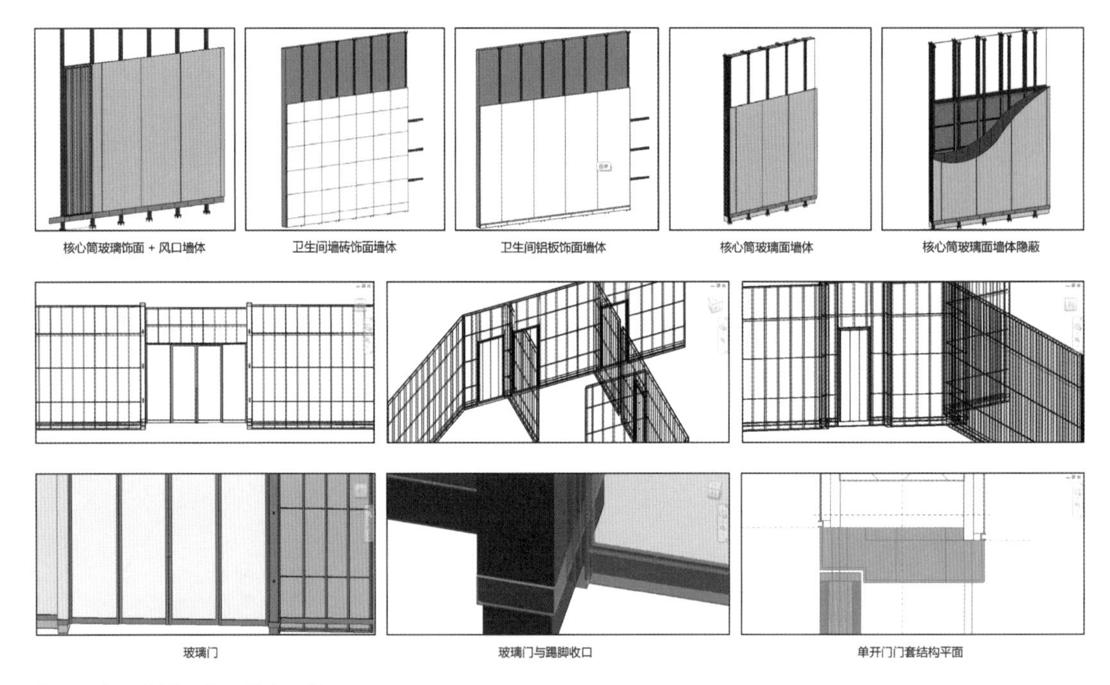

核心筒玻璃饰面＋风口墙体
卫生间墙砖饰面墙体
卫生间铝板饰面墙体
核心筒玻璃面墙体
核心筒玻璃面墙体隐蔽
玻璃门
玻璃门与踢脚收口
单开门门套结构平面


图47　各种构造及饰面的内隔墙

3. 建筑及室内装修预留条件

建筑设计给机电及室内装修提前预留了很多可能性，包括大空间、开孔的钢梁、地面预留架空地板的高度。

架空网络地板的装配化设计，通过BIM放样，与幕墙专业BIM模型进行对接，确保幕墙交界处的尺寸精确性。在项目实施过程中，边角部位异型板块需优化处理：每块进行编号，根据现场测量的精确尺寸反馈到BIM模型，生产加工成产品，再按照模块化设计图纸进行装配。

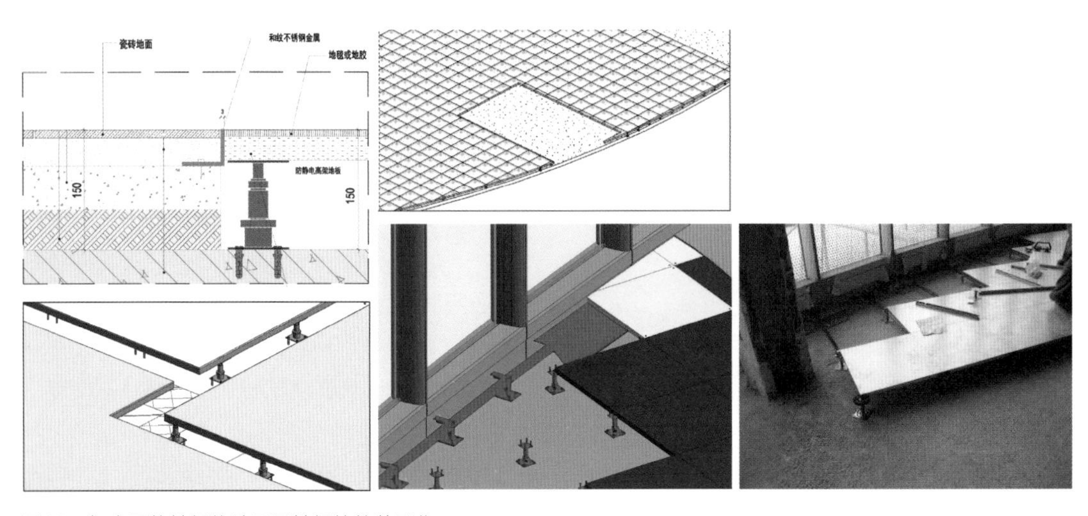


图48　架空网络地板构造及异性板块的装配化

根据办公层的租赁模式，需要考虑未来租户的分隔装修。10年后办公租户的更换也会重新装修或调整，需要考虑可装配且可拆卸的设计，或者拆卸时对原结构破坏较小的设计。本项目设计选用拆卸力较小的螺纹连接和搭扣式连接方式，减少了90%的焊接、胶粘等危险及有害有毒作业。装配式构造尽可能采用简单的结构和外形，并减少紧固件数量和种类。

为此专门设计了吊顶预留反隔墙构造，所用龙骨均为后场定尺加工，现场拼装模式。反吊隔墙与钢楼板连接，后期改造及租户分隔时不需要拆除吊顶内构造（吊顶内的反隔墙要考虑隔声、防火）。

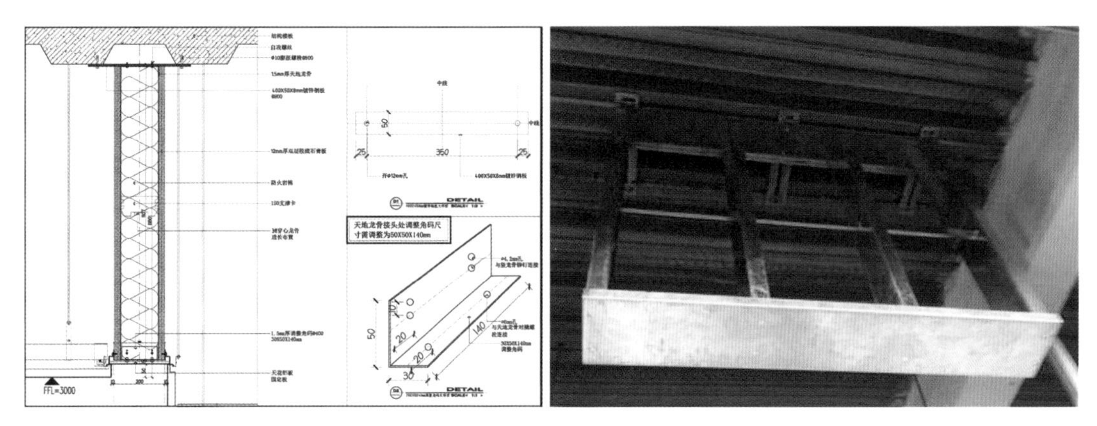


图49　吊顶内预留反隔墙

## 4. 大空间铝板吊顶的装配化设计

办公区铝板吊顶材料为微孔转印瓦楞铝板，微孔直径0.7mm。因为标准层空间大、视线开阔，精细化要求很高。在装配化设计时进行了优化设计，其中边角部位的做法和架空网络地板类似。

铝板吊顶重点是采用了集成带做法，将顶面喷淋、烟感、灯具、风口等设备末端全部设计在同一条集成带上，其他吊顶铝板板块则不用开孔，这样顶面形成了1800mm × 840mm的标准铝板和1800mm × 120mm集成带铝板，不仅美观，而且极大提高了标准化程度。

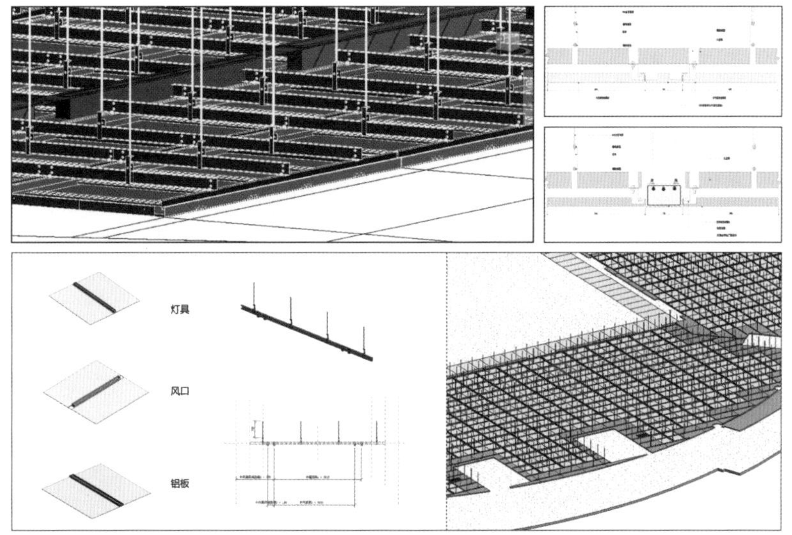


图50　办公区铝板吊顶及集成带装配式设计

其次是利用集成带把吊顶分为多个装配单元，每个单元的主龙骨自成系统，这样可以同时多点装配，节约时间且有利于保证精度。

大面积铝板吊顶拼缝需要特别设计。根据铝板制作加工的最大公差确定拼缝调节宽度，研制次龙骨与铝板吊挂件柔性接口，安装过程采用变截面调节工具，确保整条工艺缝顺直。

铝板吊顶设备带部位的装配化设计：

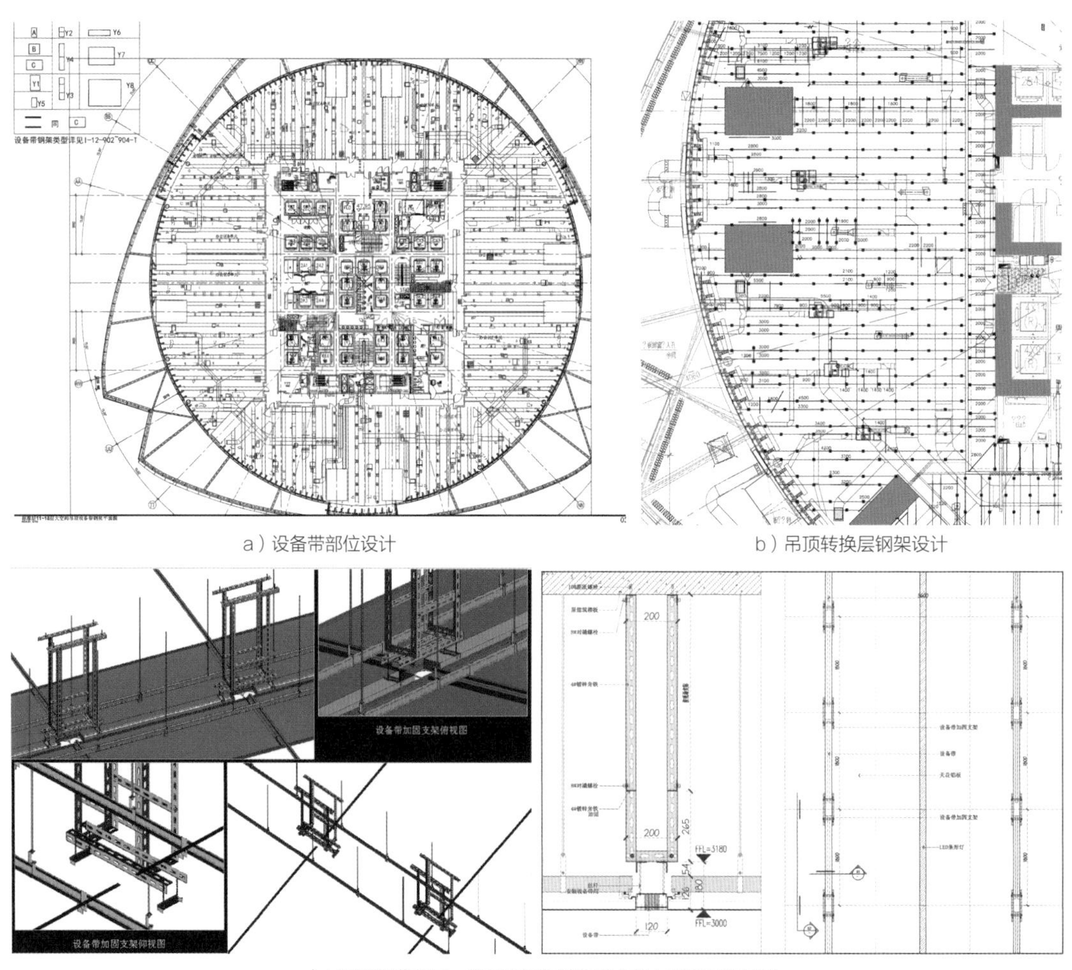


a）设备带部位设计

b）吊顶转换层钢架设计

c）吊顶设备带加固，在压型钢板楼板的凸筋上固定吊顶吊筋

图51　铝板吊顶设备带部位的装配化设计

办公大堂吊顶风口设计：三角型金属板吊顶，和专业厂家进行研究论证，通过大量试验，最终采用圆形风口和铝板刚性黏结，铝板上开圆孔进行出风的形式，实现了功能和效果的统一。

### 5. 卫生间装配化设计

卫生间区域有一定的功能性，也是难点之一，能反映装配化设计在项目运用时的很多实际问题，有一定的代表性。

办公大堂三角型金属板吊顶

细部大样

图52　办公大堂吊顶风口设计

卫生间因为平面尺寸在建筑上下层统一，较易实现装配化设计。但是公共卫生间对防潮、抗污、防腐的高要求，除了墙地面通常为湿作业工艺的墙地砖，吊顶也是以水泥板/防水石膏板面层防水涂料饰面为主。本项目对此进行系统化的设计，研究了数种材料和工艺。

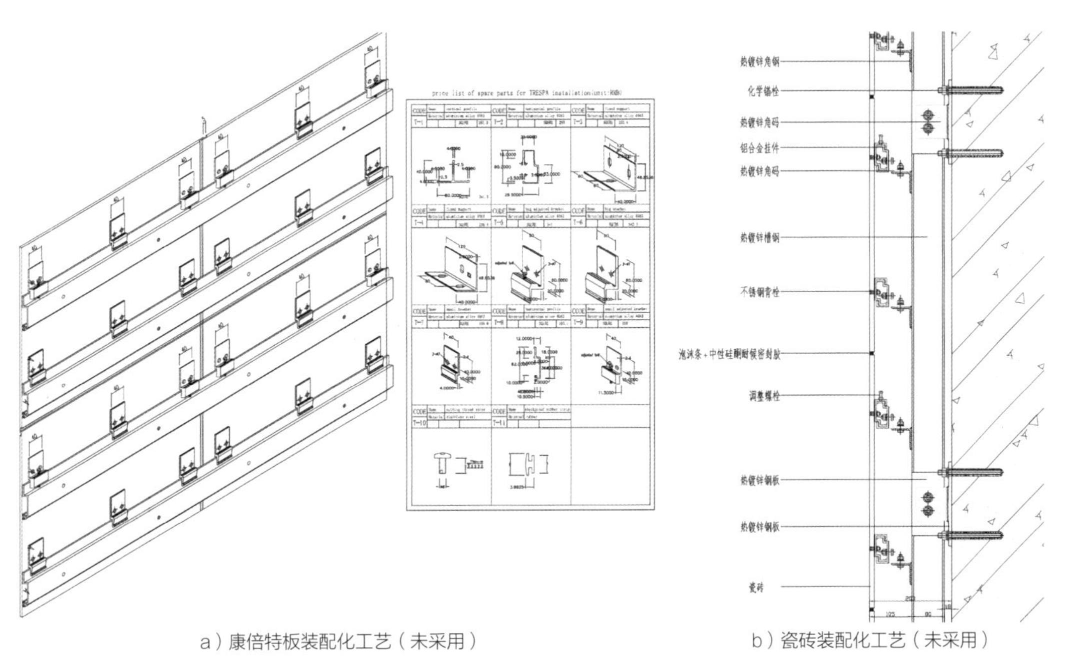


a）康倍特板装配化工艺（未采用）

b）瓷砖装配化工艺（未采用）

图53　项目设计中研究过的工艺

从选材、安装工艺到规格尺寸方面考虑并经过多次优化设计，在干挂瓷砖、瓷砖薄板、海吉特板、康倍特板、人造石、陶板、铝单板、蜂窝铝板中选择，卫生间墙面及吊顶最终全部选择蜂窝铝板饰面材料。蜂窝铝板为12mm厚的热压成型，板面尺寸可达1500mm × 5000mm，重量为5 ~ 5.5kg/m$^2$。面板、背板均采用1mm厚铝板，按设计要求涂覆不同漆色。中部为铝蜂窝芯，周边为铝型材封边，可保证足够的平整度、强度和刚度，能满足原创设计的设计理念，又能节约室内使用空间。

成品蜂窝铝板工艺的主要优点有：铝蜂窝饰面板干挂工艺工业化程度高；方便模块化加工；可任意顺序安装，每块墙板可单独拆卸更换；能制作大面积板及异形板，长度和尺寸都能按现场情况进行调节；板材及骨架重量轻，特别适合应用在高层、超高层建筑，能明显减轻结构自重。

蜂窝铝板墙板装配化构造：墙板及骨架材料均为铝制品，踢脚为强度高、耐腐蚀的不锈钢板。墙板背后的骨架由铝制立柱和横梁组成，立柱截面两侧边开滑槽，方便螺栓上下滑动与横梁连接横梁截面。除满足与墙板插接外，还设有安装防水胶条的槽口。

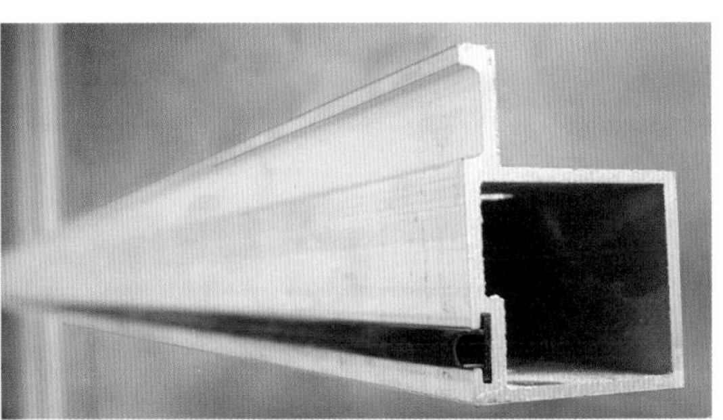

图54 蜂窝铝板墙板装配化构造的骨架材料（立柱与横梁）

借鉴船舶防水设计构造的踢脚板，比墙板内缩5mm设计，并设计滴水线，可完全实现装配式设计、安装，尺寸精度更有保障，形状及规格尺寸均可定制加工。

铝蜂窝铝板同种材料分别用在墙面、顶面，需要相应的装配化构造设计。首先就是尺寸、模数的协调设计，墙顶地面实现对缝。在墙面蜂窝铝板和地面瓷砖对缝设计时，必须考虑不同材料之间的微妙差异，如地砖和蜂窝铝板的加工精度、板块之间缝隙的大小，需要集成设计，最终目的是要安装完毕后完全对缝。

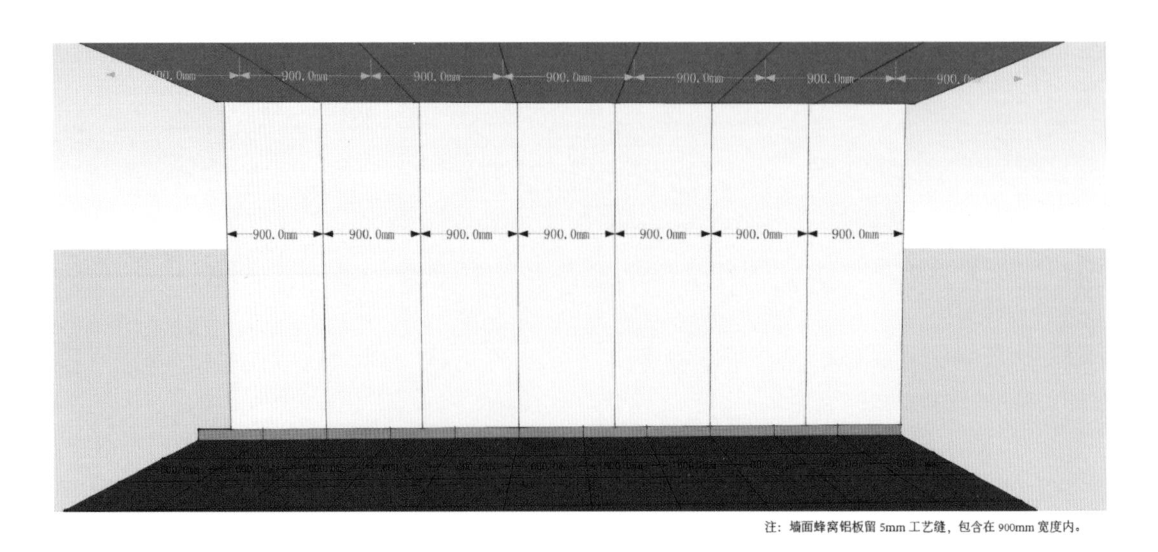


图55 卫生间模块化设计：墙顶地饰面对缝优化

蜂窝铝板墙板在装配后期，通过顶部的螺丝（每块蜂窝铝板顶部都设置调整扣件）调整铝蜂窝饰板的高度，可以保证更好的精度。除了墙板，铝蜂窝暗门、小便斗铝蜂窝隔板、厕格铝蜂窝饰板、马桶背板铝蜂窝饰板也都专门进行装配化设计。

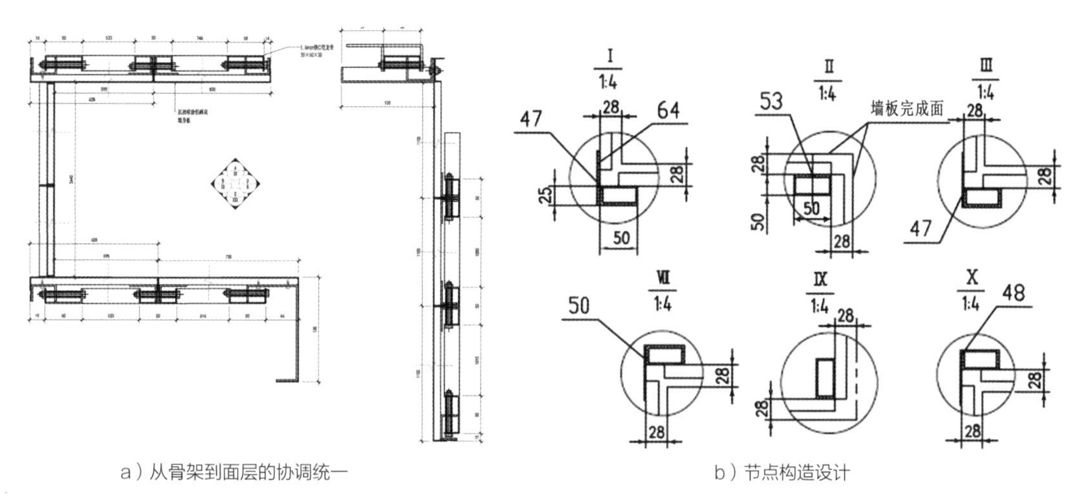


a）从骨架到面层的协调统一

b）节点构造设计

图56　卫生间模块化设计

6. 适用于装修项目的BIM设计

借助BIM进行装配化设计，即单元化、模数化设计的概念。尤其在多个楼层、重复元素较多时，BIM设计更容易发挥作用，可更高效地用于参数化设计、数量统计及装配安装。

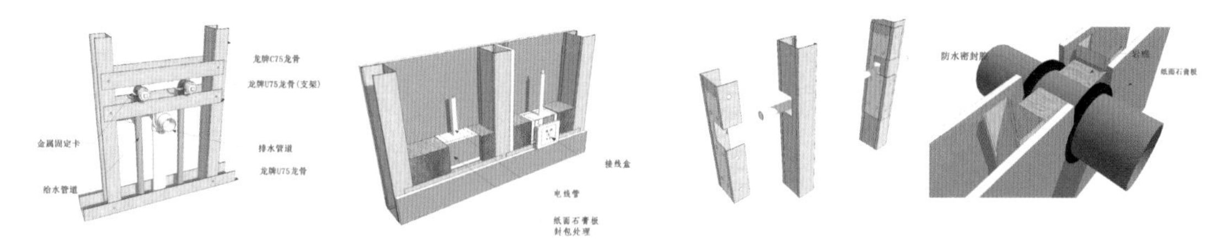

图57　运用BIM相关软件进行卫生间管线装配设计

室内装修不同于建筑，众多的装修部件根据人体工程学设计，尺度较小、变化繁复。与幕墙那种大量模数化、单元化的构件不同，室内装修不能实现大面积参数化联动。本项目针对装修工程的BIM进行专题研究，特别探索了整合设计、轻量化设计两大主要方法，目的是在部件标准化的基础上，解决功能模块化、轻量化的核心问题，实现最终的产品多样化。

BIM技术整合设计：室内装修的尺度和加工精度在超大型建筑体中显得体量很小，“图元”太小。作为BIM主要建模软件的Revit，无法达到室内设计中毫米级别的微小部件和接口配件建模。本项目借助3dmax辅助建模，导出dwg格式存入Revit族库后再录入部件信息，形成模块化室内部件的整合。同时需要进行策略方面探索，优化模型的修改效率。因为模型经过现场尺寸复核后，会出现大量的尺寸修改工作，如何优化将来在装配过程中的BIM工作流程，也需要提前考虑。

BIM轻量化设计：运用Revit软件时还遇到另一个问题，Revit软件针对室内大面积隐蔽工程没有相应的系统自带族库模型支持，只能全部自建构造模型。所有隐蔽构造随着室内精细度增加、庞杂的三维数据累积而成的巨大数据量，超过了很多先进配置电脑的极限，在后期整合中经常会导致Revit自动报错。因此，部件在标准化的基础上组合成层级不同的功能模块，用最精简的方式完整地表达建筑室内信息。通过创建模块化的单元模型，使其轻量化，更容易进行后面的设计、修改以及运营等阶段的信息数据提取、利用。

| 通用族构件归纳 | | | | | | | | | | | |
|---|---|---|---|---|---|---|---|---|---|---|---|
| 单位 | 构件属性 | Revit模块预览 | 超链接(.rfa) | 单位 | 构件属性 | Revit模块预览 | 超链接(.rfa) | 单位 | 构件属性 | Revit模块预览 | 超链接(.rfa) |
| NO. 1 | 自攻螺丝<br>用途:隐蔽构件,主要用于卫生间及核心筒幕墙隐蔽结构安装 | | Desktop\通用族构件\RF | NO. 2 | 膨胀螺栓<br>用途:隐蔽构件 | | Desktop\通用族构件\RF | NO. 3 | 夹板螺栓<br>用途:隐蔽构件 | | Desktop\通用族构件\R |
| NO. 4 | 水平连接件<br>用途:隐蔽构件 | | esktop\通用族构件\RF | NO. 5 | 干挂构件<br>用途:隐蔽构件 | | Desktop\通用族构件\RF | NO. 6 | 合页<br>用途:隐蔽构件 | | g\Desktop\通用族构件 |
| NO. 7 | 50mm镀锌方管<br>用途:隐蔽构件 | | BIM工程案例\通用构件 | NO. 8 | 5#镀锌角钢<br>用途:隐蔽构件 | | esktop\通用族构件\RF | NO. 9 | 吊顶主龙骨<br>用途:隐蔽构件 | | esktop\通用族构件\RF |
| NO. 10 | 吊顶次龙骨<br>用途:隐蔽构件 | | esktop\通用族构件\RF | NO. 11 | 铆钉<br>用途:隐蔽构件 | | g\Desktop\通用族构件 | NO. 12 | 挂钩<br>用途:核心筒男女卫生间门/墙壁挂钩 | | 项目BIM工程案例\通用 |
| NO. 13 | 核心筒踢脚<br>用途:核心筒走道烤金属漆踢脚 | | BIM工程案例\通用构件整 | NO. 14 | 地漏<br>用途:核心筒卫生间地漏 | | 项目BIM工程案例\通用 | NO. 15 | 不锈钢收边条<br>用途:隐蔽构件 | | M工程案例\通用构件整 |
| NO. 16 | 淋浴间水龙头<br>用途:淋浴间水龙头 | | BIM工程案例\通用构件 | NO. 17 | 三合一<br>用途:卫生间成品手纸箱、烘手器、垃圾桶三合一 | | 项目BIM工程案例\通用构 | NO. 18 | 插座<br>用途:电气构件 | | 项目BIM工程案例\通用 |
| NO. 19 | 安全指示灯<br>用途:电气构件 | | 目BIM工程案例\通用构件 | NO. 20 | +螺母紧固+吊件<br>用途:天花构件 | | 例\通用构件整合\通用族 | NO. 21 | 卡件<br>用途:天花构件 | | 项目BIM工程案例\通用 |

图58　Revit标准模型族库

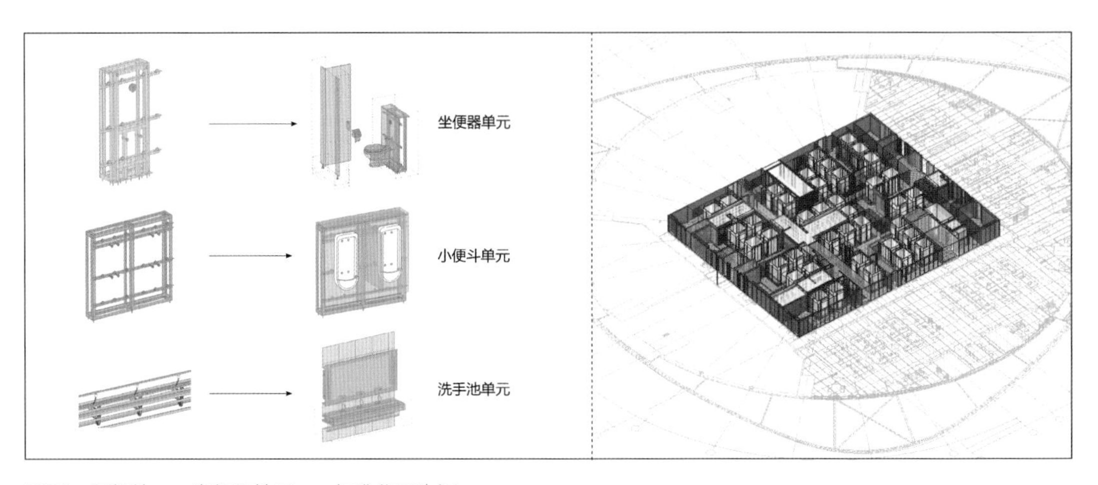


图59　零部件——坐便器单元——标准化卫生间

BIM技术的一个优势是可以进行不同专业的协同设计，从设计源头解决了超大项目的建筑、机电、装修专业的碰撞问题，减少多个专业现场制作的工作量，还可削减因后期设计变更和人为错误造成的建设成本。

上海中心对BIM技术的运用带有试验性和前瞻性。在运用BIM的过程中，项目BIM团队不同专业人员经常在一起沟通、探讨技术问题，做了很多有益的尝试。BIM团队定期向Autodesk公司提交工作中遇到的软件问题，Autodesk公司表示在未来新版本Revit软件中会增强室内部分的功能，以弥补软件不足。

### 7. 其他办公区域的装配化设计

除了核心筒卫生间，还有电梯厅、公共走道、开放式办公等部位，也都有专门的装配化设计。

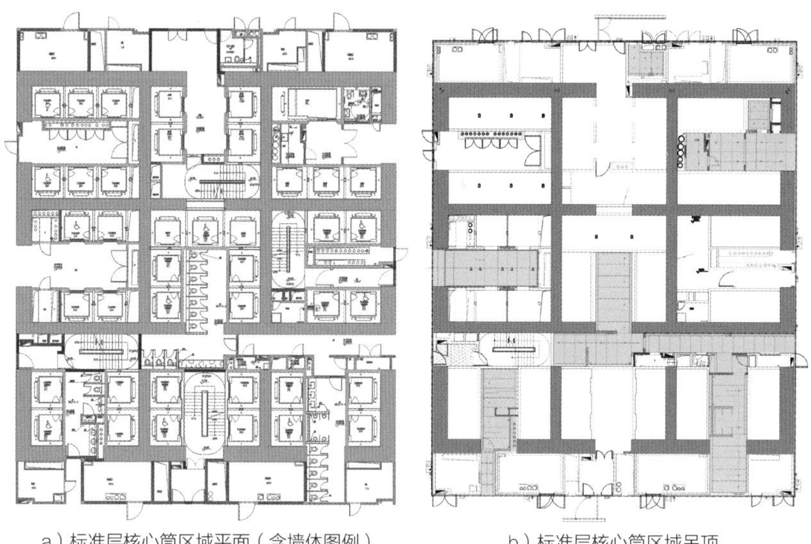

a）标准层核心筒区域平面（含墙体图例） b）标准层核心筒区域吊顶

图60 标准层核心筒区域

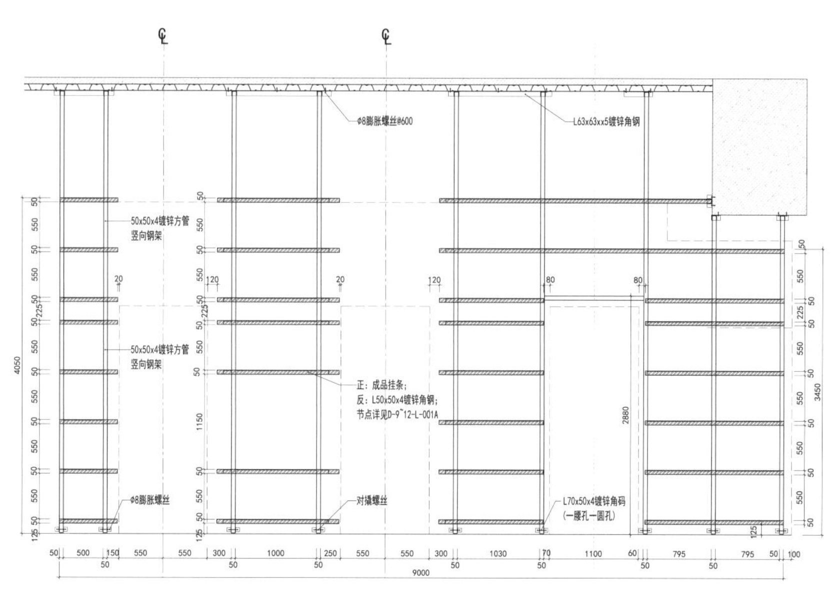


图61 标准层电梯厅墙面装配式钢架设计

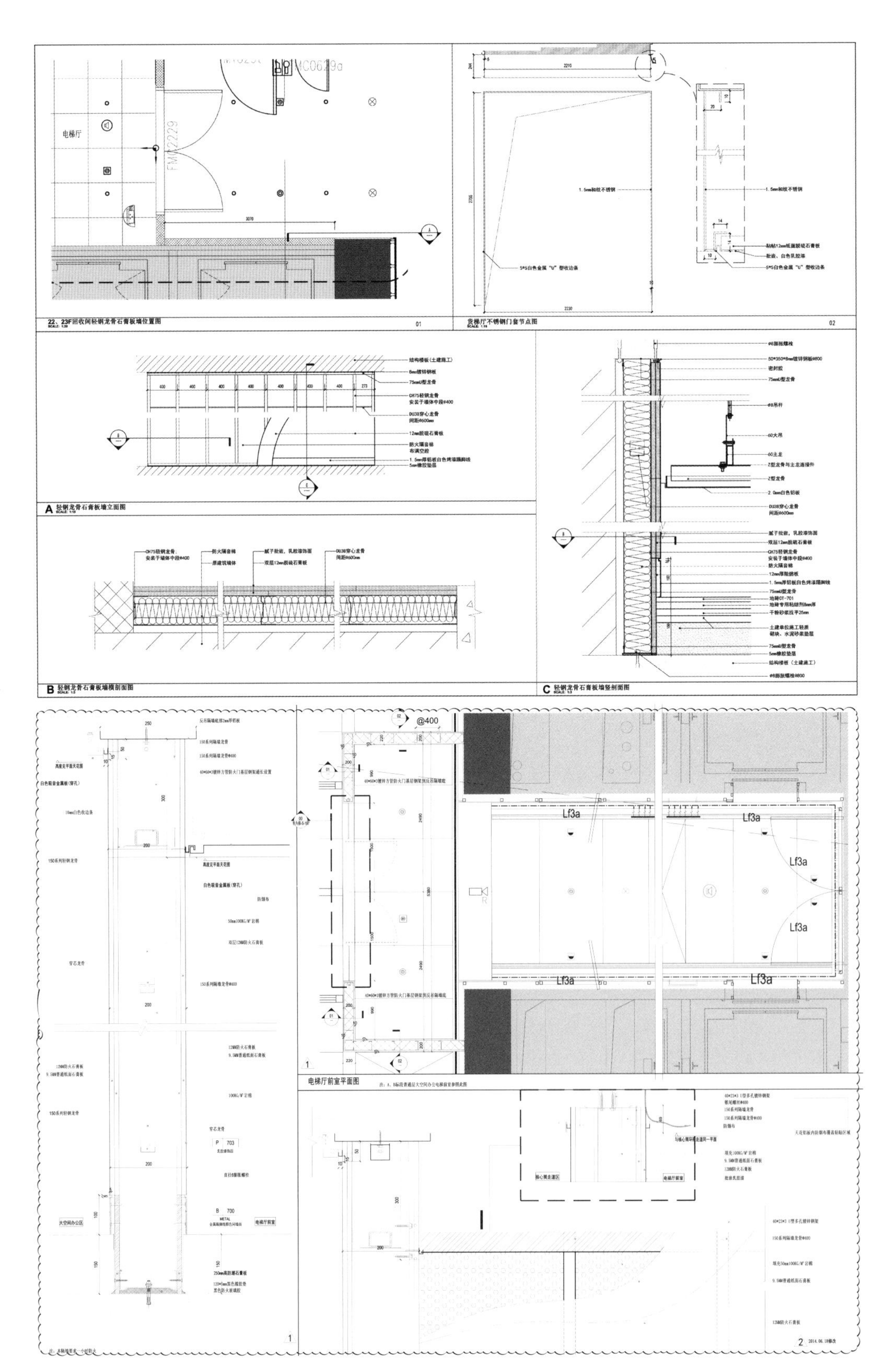

图62　标准层电梯厅节点装配式设计

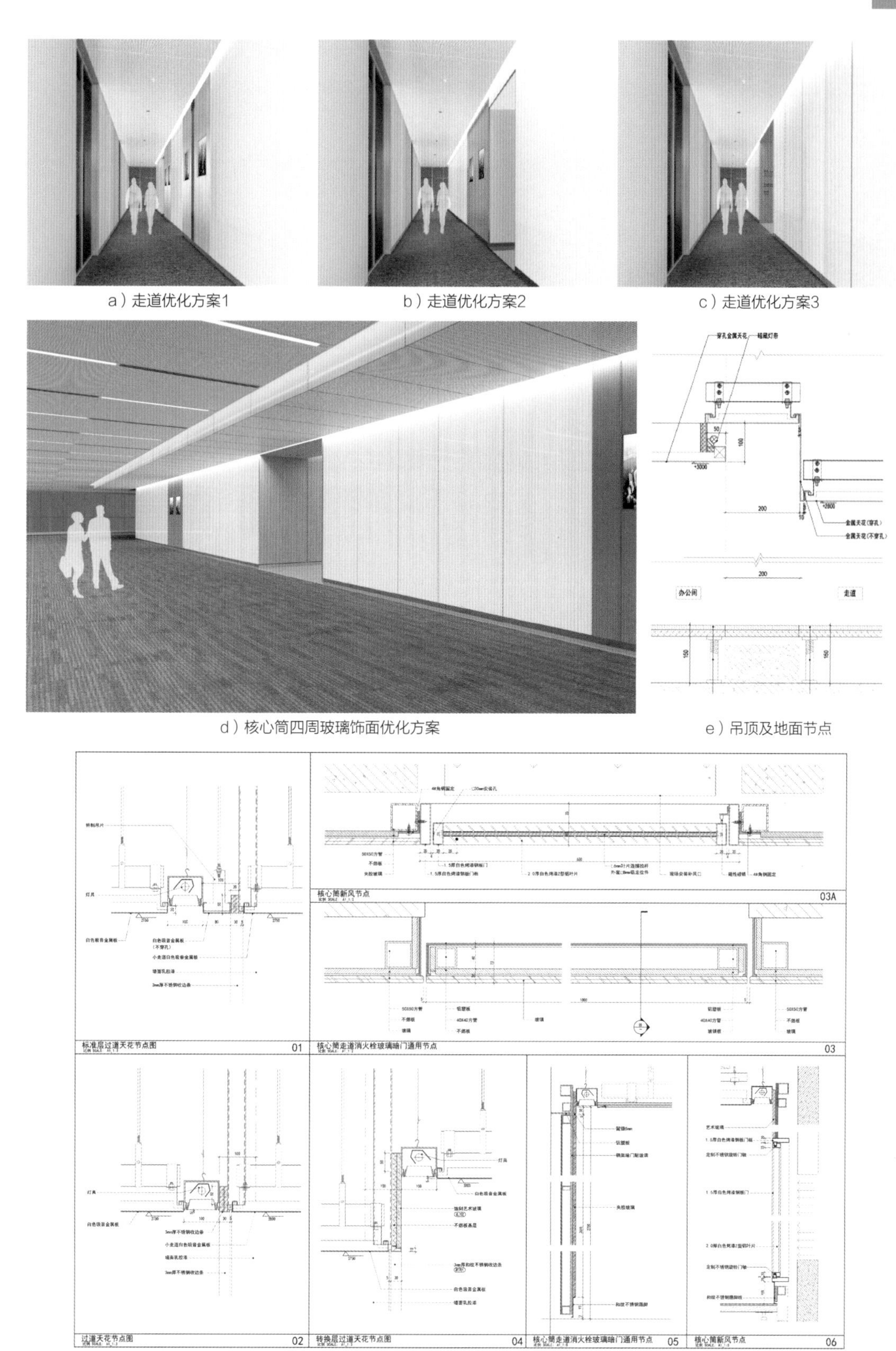

a）走道优化方案1

b）走道优化方案2

c）走道优化方案3

d）核心筒四周玻璃饰面优化方案

e）吊顶及地面节点

f）走道优化细节

图63　办公走道的优化设计方案

办公层巨柱立面优化设计：木饰面用留有工艺缝的拼装方式，降低了安装难度；相对较窄的分隔尺寸，减少了大尺寸造型的空间压迫感；板块的长度控制在2400mm以内。

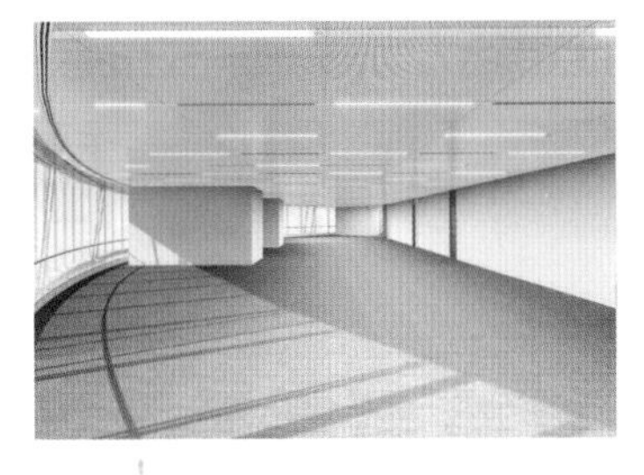

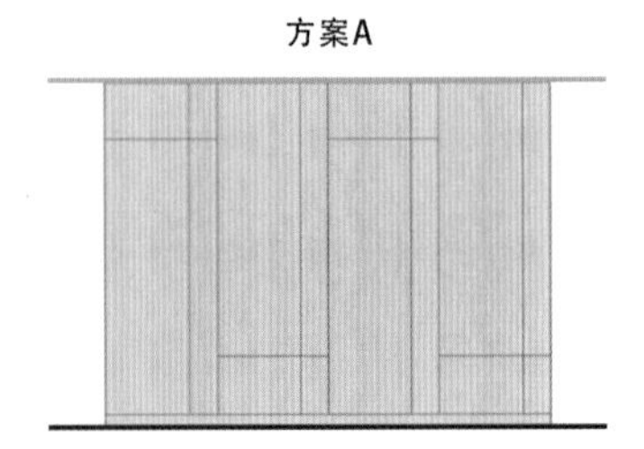


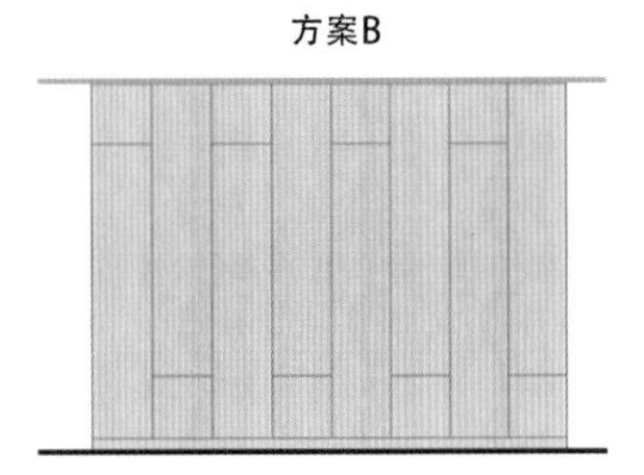


图64　标准办公层巨柱的立面方案

8. 标准办公层大空间及电梯厅、卫生间效果

图65　标准办公层大空间效果图

图66　标准办公层电梯厅效果图

图67　标准办公层卫生间效果图

办公层其他公共区完工效果：

图68 办公层其他公共区完工效果图

### 3.2.2 办公入住租户的装配式实践

国华人寿总部位于上海中心第32层的办公室，为整层租住，面积3920m²。核心筒内为前期统一装修设计，包括电梯厅、卫生间、茶水间、楼梯间、设备机房等。

核心筒外部为国华人寿总部办公区，功能区分为接待区、开放式办公区、单元办公区、会议室、员工之家、公共走道、茶水区等。

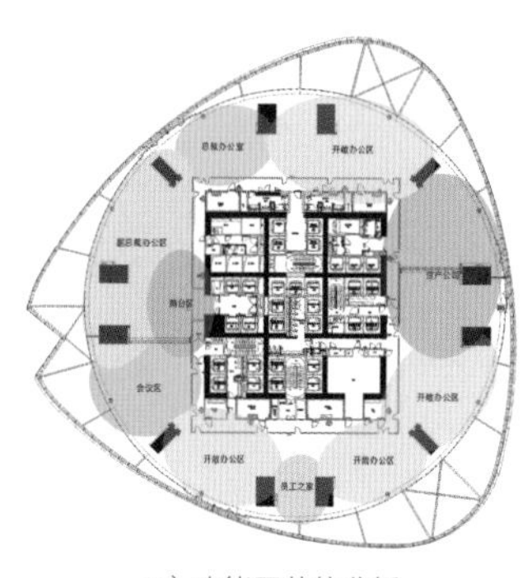

a）功能区落位分析

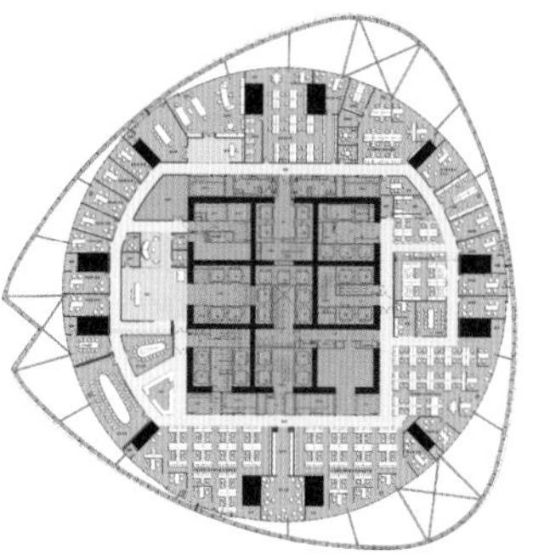

b）概念深入、装配式定位

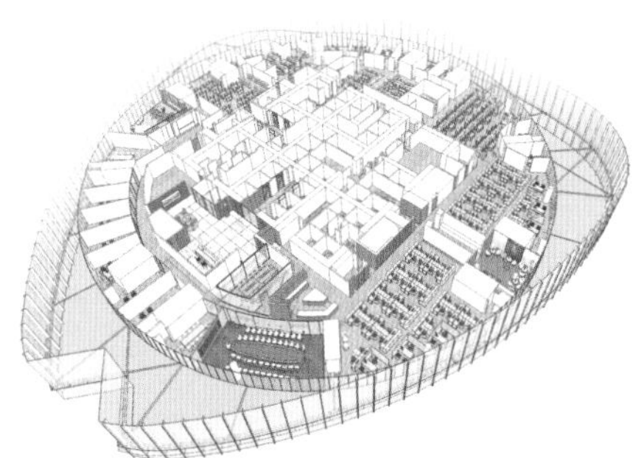

c）植入装配式概念的方案设计

图69 国华人寿总部装配式设计

按功能区域及部位进行装配化分解，进行平面设计、立面设计。

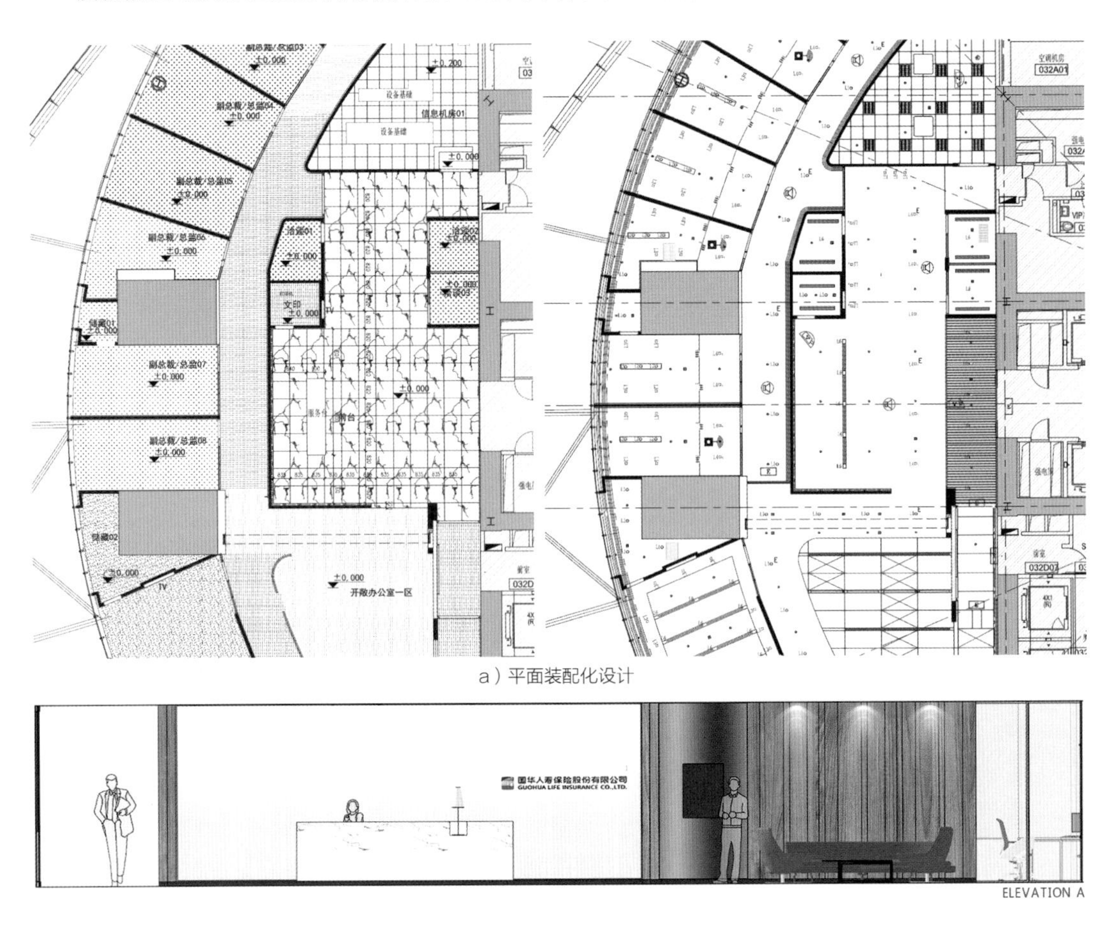


a）平面装配化设计

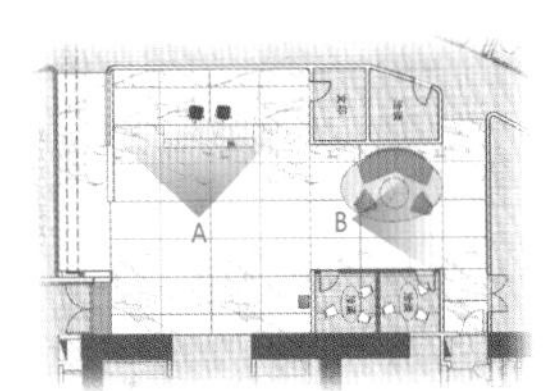

b）立面装配化设计

图70 按功能区域及部位进行装配化分解的平面、立面设计

办公区主要材料为轻质隔墙、玻璃+木组合隔断、石材、微孔铝板、热转印铝格栅、玻璃、地毯、石膏板等。

| 系统名称 | 图例 | 系统描述 | 厚度 | 自重 | 计权隔声量 | 耐火极限 | 最大高度参考 | 适用区域 |
|---|---|---|---|---|---|---|---|---|
| 隔墙1 | | 1层12mm普通纸面石膏板+114高隔声龙骨(内置12mm多功能高隔声板）+1 层12mm普通纸面石膏板 | 138 | 36 | 45* | ≥1.0 | 6.9 | 干区 |
| 隔墙2 | | 2层12mm普通纸面石膏板+114高隔声龙骨(内置12mm多功能高隔声板）+2 层 12mm 普 通纸面石膏板 | 162 | 53 | 48* | ≥2.0* | 7.6 | 干区 |
| 隔墙3 | | 1层12mm标准纸面石膏板+114高隔声龙骨(内置12mm多功能高隔声板+ 双层 50mm玻璃棉）+1层12mm标准纸面石膏板 | 138 | 40 | 50* | ≥2.0* | 6.9 | 干区 |

图71 办公区隔墙系统

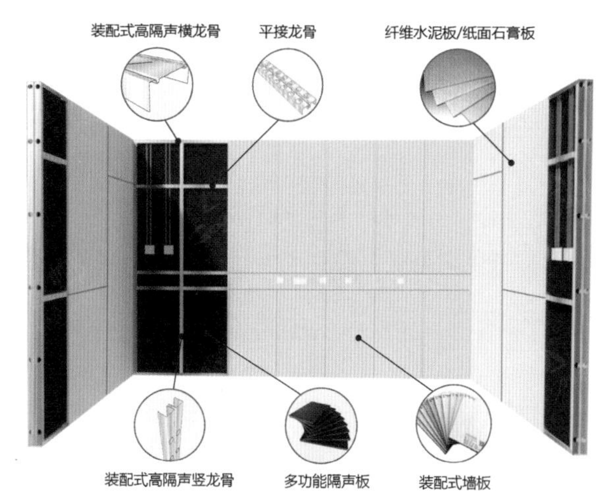

图72　采用高隔声轻钢体系、高强镀锌钢隔墙体系

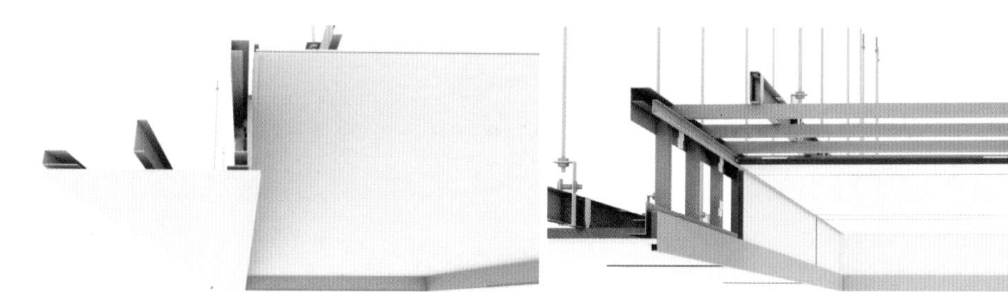

图73　吊顶石膏板及铝板的装配化设计

## 国华人寿总部设计效果：

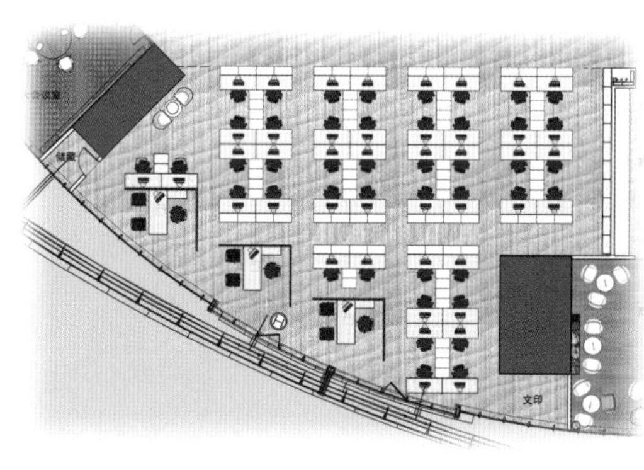

图74　开放式办公区

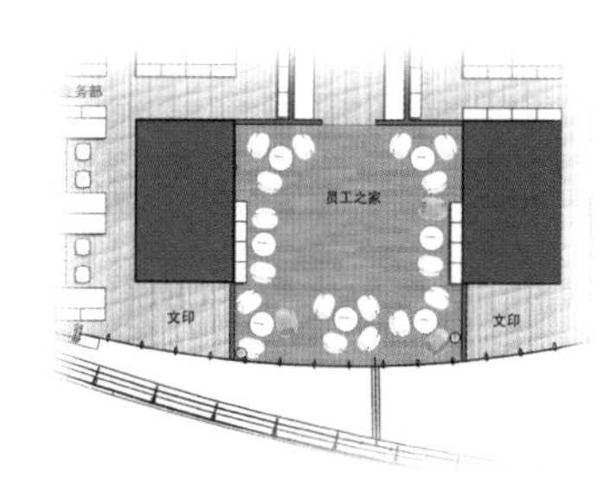

图75　员工之家区域

上海中心32层国华人寿总部完工效果：

图76 国华人寿总部完工效果图

### 3.2.3 异型造型的装配式实践

上海中心办公层的设计，如大堂层、空中花园层、标准层边角部位均有异型曲面等特殊造型。可借助三维扫描仪及BIM软件，根据建筑、装修、机电等专业图纸及装饰面材、末端点位的对应关系，进行装配化设计。

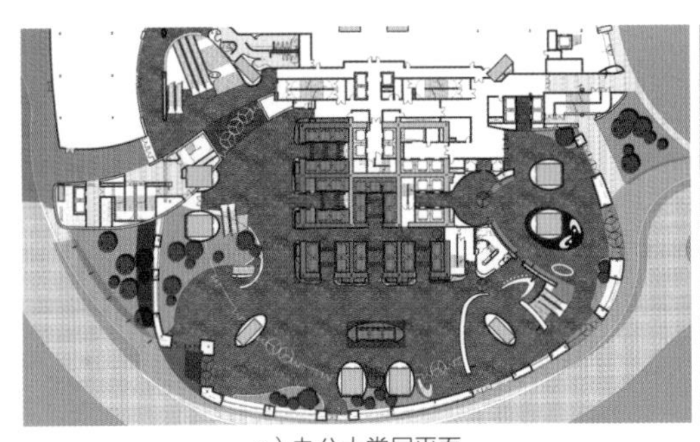

a）办公大堂层平面

b）办公大堂电梯厅

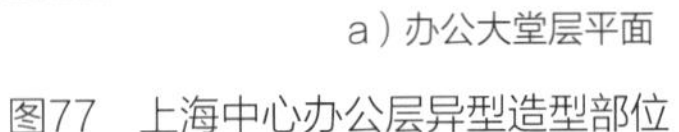

图77 上海中心办公层异型造型部位

办公大堂楼层的铜板吊顶，是比较典型的异型曲面。在前期用三维扫描仪进行现场扫描，并把点阵输入BIM建模软件（上海中心BIM软件以Revit软件为主），以保证模型的准确性，可以避免在加工生产、后期安装时才暴露问题。

以下是铜板曲面造型吊顶的装配式装修过程：

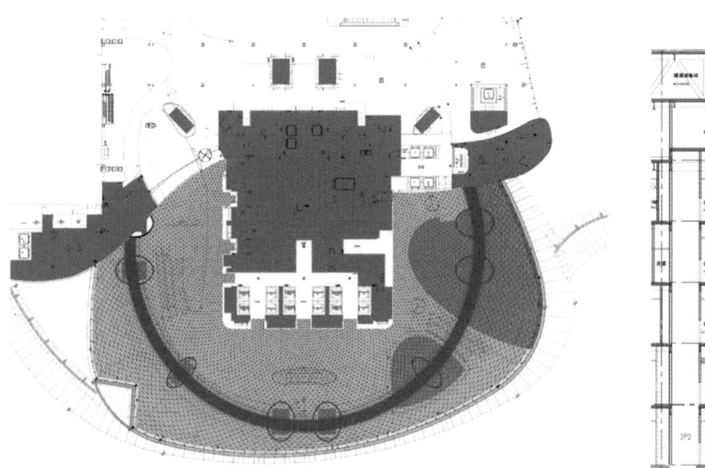

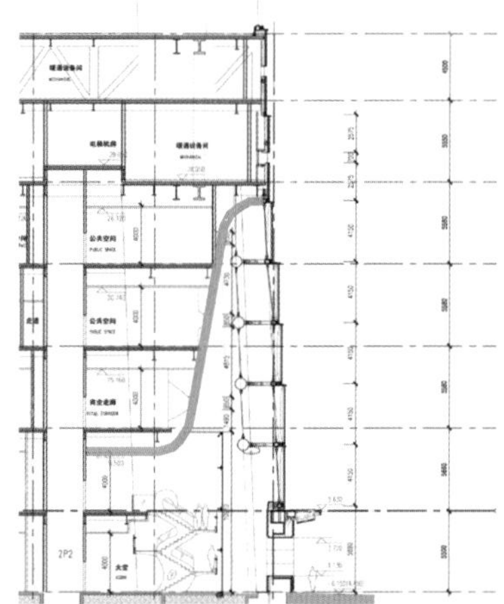

图78　双曲面造型数据分析

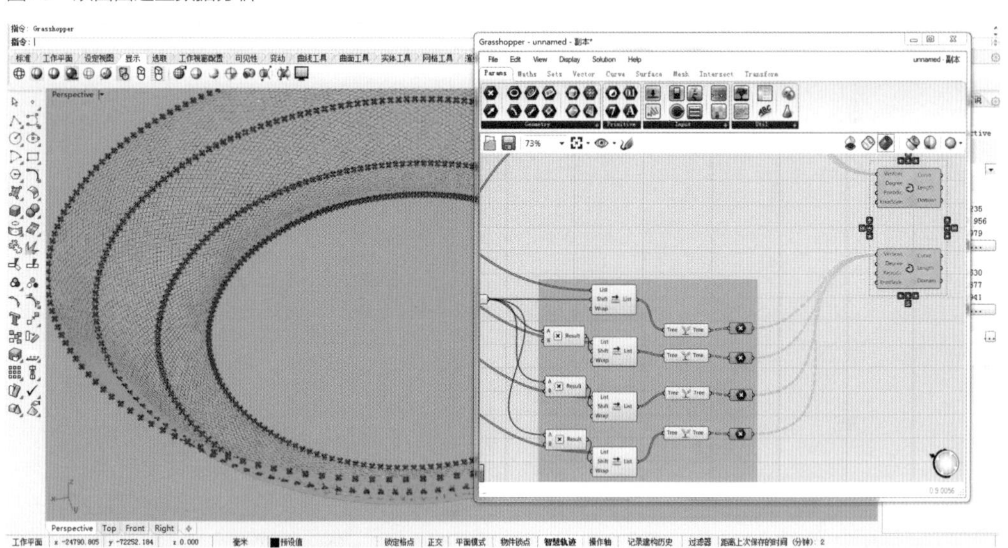

图79　参数化设计及下单，运用Rhino-grasshopper及Revit软件

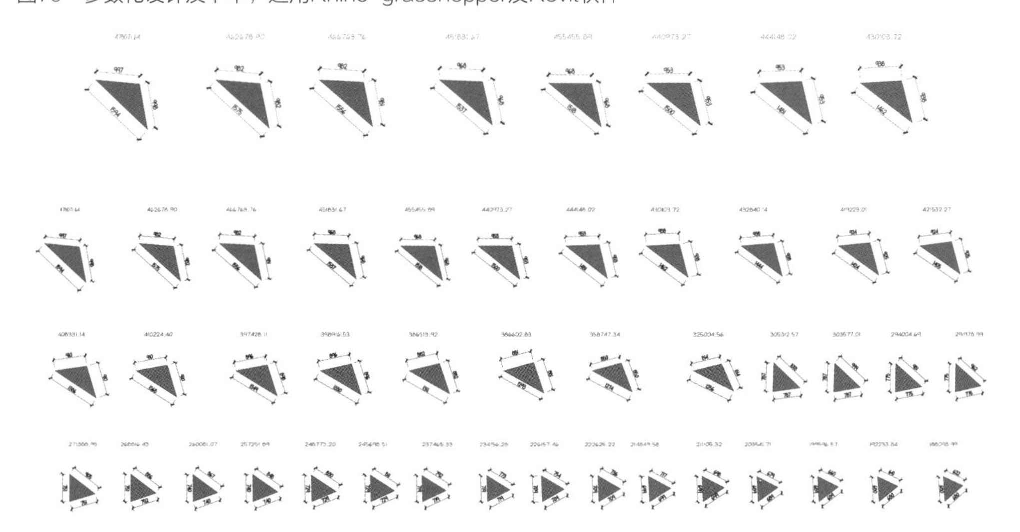

图80　双曲面造型的装配化设计—三角板板块分析

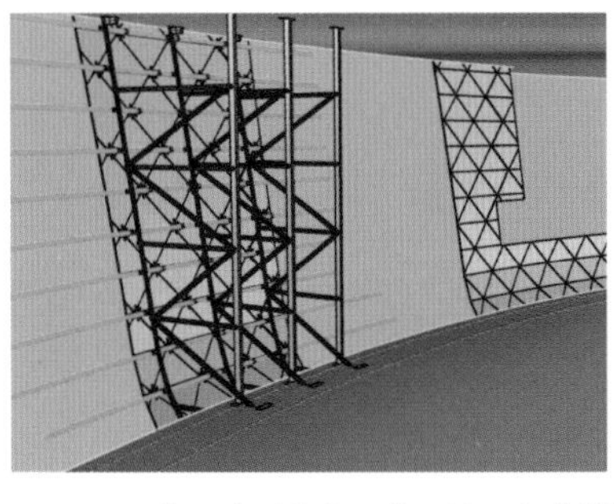
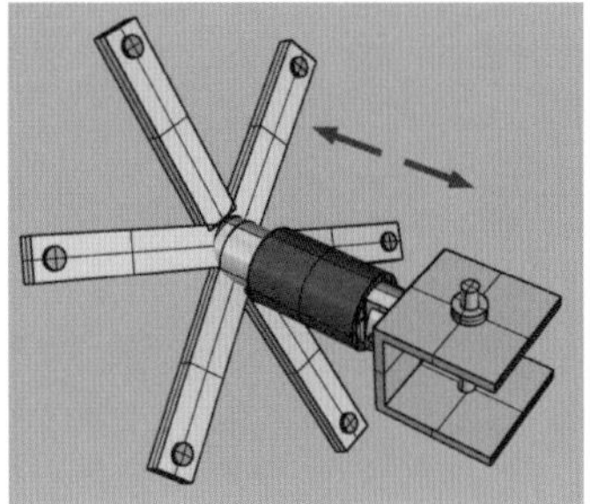
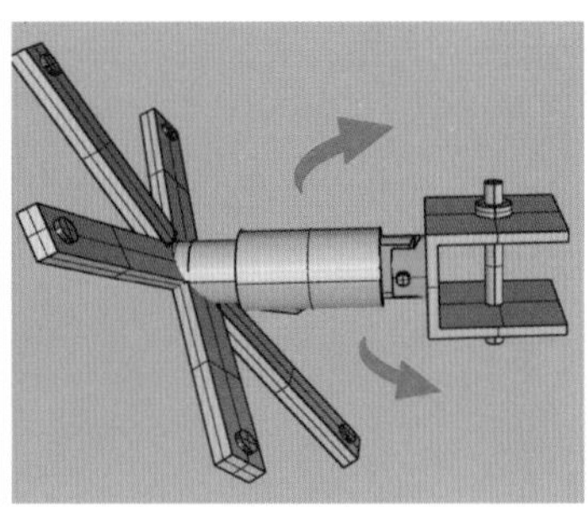

图81　双曲面造型的装配化设计—安装模拟

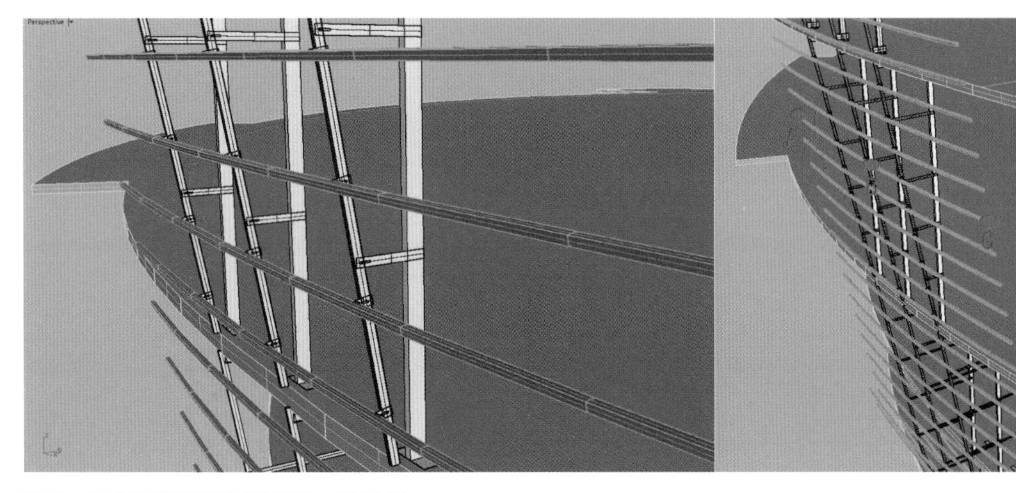

图82　双曲面造型的装配化设计—骨架排布

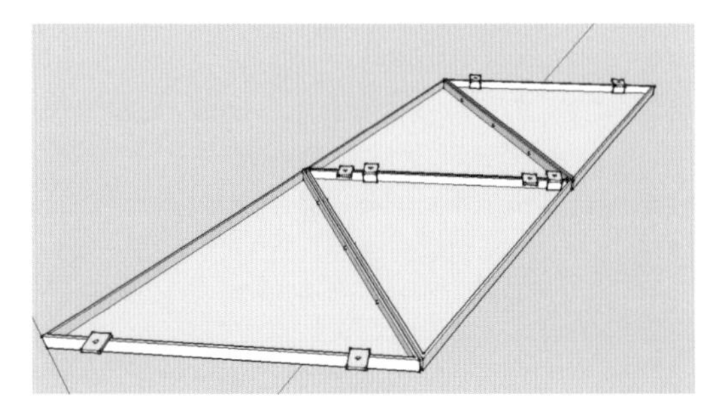

图83　三角形板块的角码错位排布

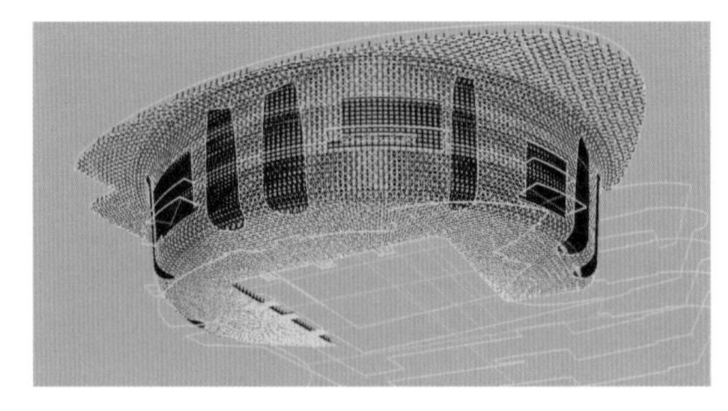

图84　犀牛软件辅助定位、输出加工

图85　样板安装

图86　双曲面造型现场装配

图87　双曲面造型最终效果

图88　办公大堂效果（吊顶为铜板双曲面造型）

上海中心大厦办公层中庭的水滴柱所在的区域，是办公、商业、会议中心的交汇之处。水滴的艺术形态从地面生长，延伸至吊顶。

图89　水滴柱效果（原方案和调整后的意向图比对）

以下从水滴柱的意向、效果优化、细部构造、样板制作、调整优化、装配安装等过程说明此造型的装配式设计、建造过程。

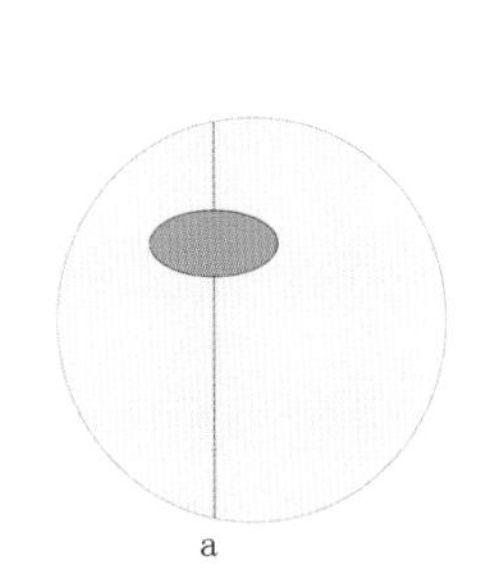


图90　平面/顶面图

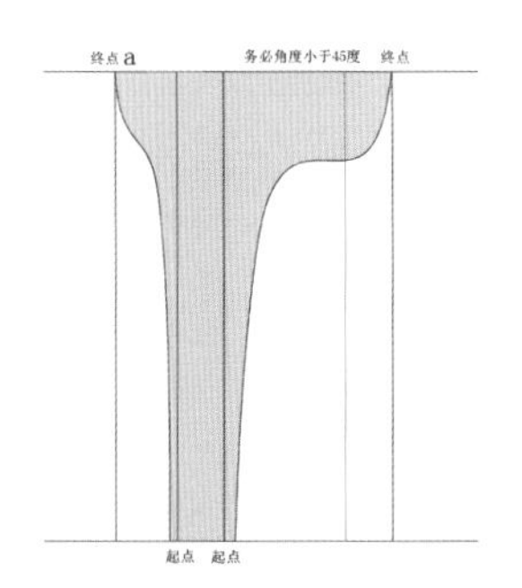


图91　原剖面方案

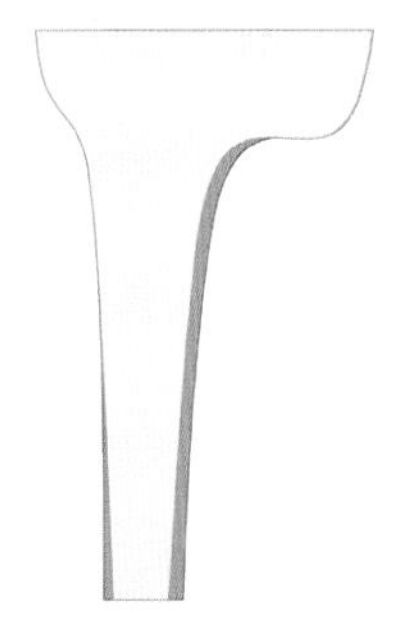

图92　保证喷淋角度而做的优化（蓝线）

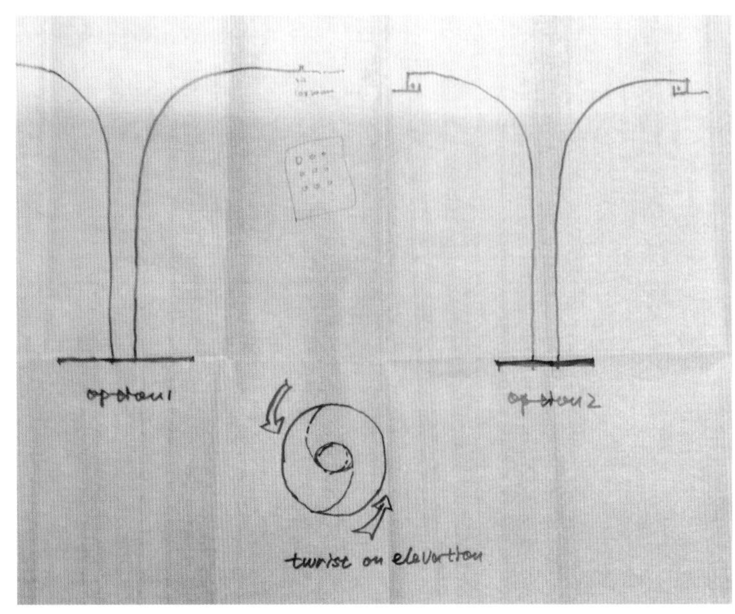


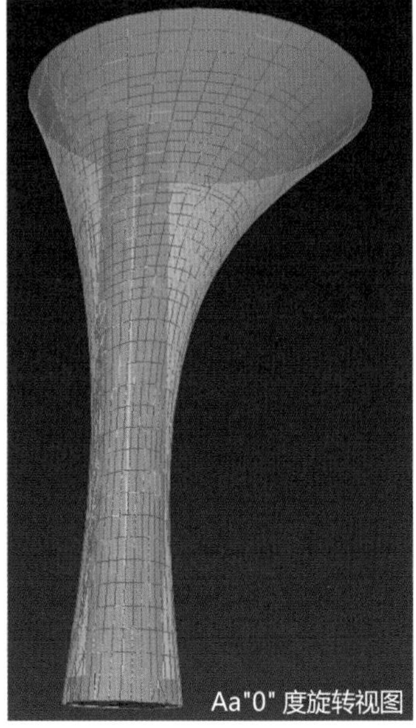


图93　考虑设计效果，继续设计优化、调整方案

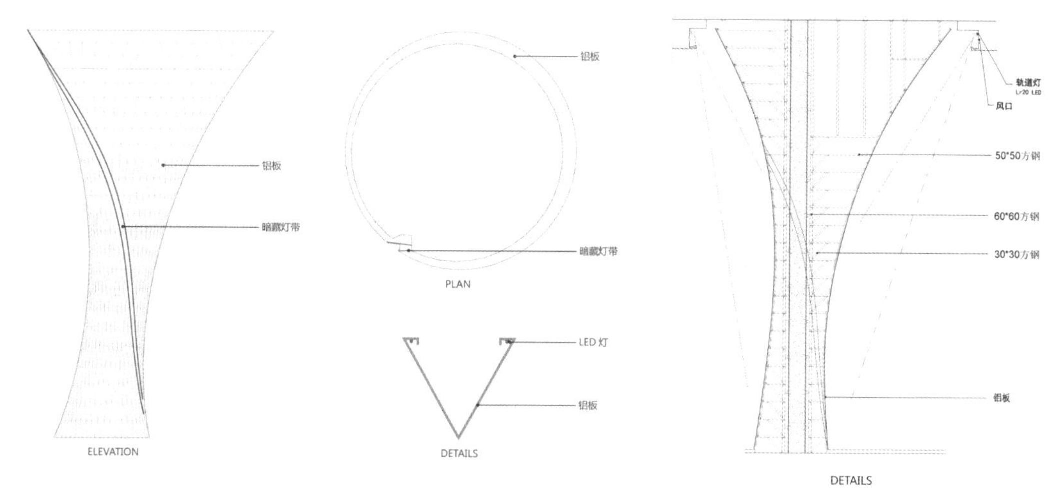


图94　与建筑呼应的水滴柱V型灯槽（立面扭转45度）

图95　水滴柱内部构造

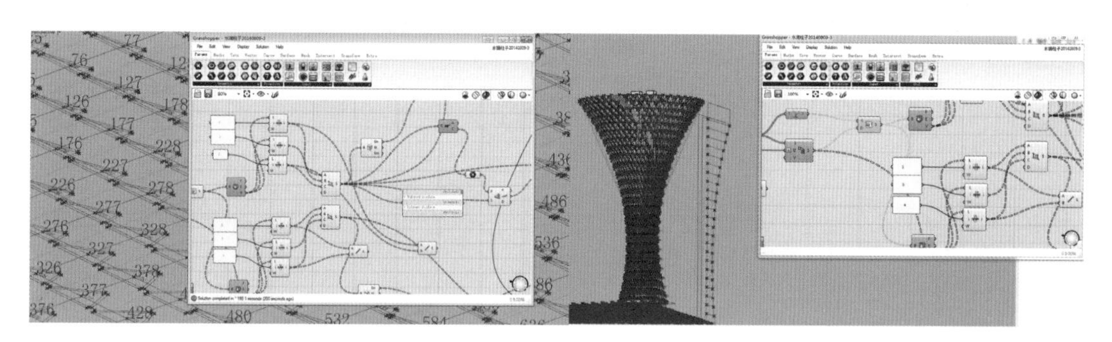

图96　用BIM软件进行排布方式论证，等距分块、等数分块，生成每一块金属板加工尺寸

图97　水滴柱样板

图98　水滴柱饰面板块装配过程

图99　铝板饰面水滴柱完工效果

运用Revit、Rhino-grasshopper等设计软件，对于办公区的异型造型能游刃有余地进行装配化设计。

### 3.2.4　装配式加工、现场装配

装配化设计，必须考虑落地性。首先从测量放线开始，3D扫描输入现场尺寸，以保证BIM图纸与现场的实施一致。

从装配安装单位的角度考虑，可以用532的工作方法：用50%的时间进行设计方案（多专业协调设计）的敲定、材料的确认、细节的深化和定制产品的下单（核心是装配标准化设计，即部品部件工艺设计），用30%的时间在配套厂内进行加工，最后用20%的时间进行现场组装。可直观感受在装配式的实施过程中，装配式设计的思路如何贯穿始终。

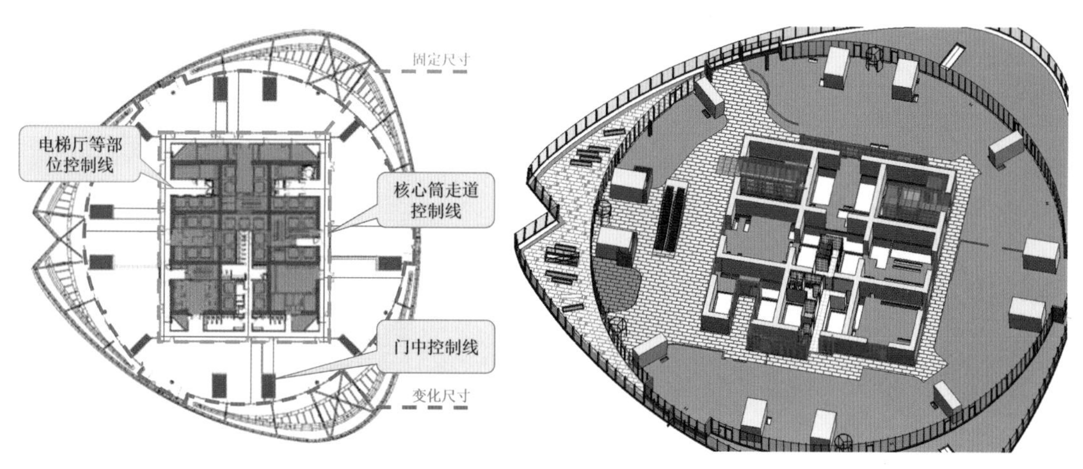


图100　放样控制线、轴线及三维模型

对于装配化部品部件，可在项目现场直接装配的具体产品，有效的产品质量管控需要经过以下阶段：外加工厂家的选择→样品制作→现场优化、加工图纸的确认→原材料控制→批量生产过程中的质量控制→成品出厂前的质量控制。

部分产品为半成品的部品部件，需要单独制作。因项目现场条件及运输限制，一般在外场设立后场加工中心。

半成品的部品部件，有隔墙龙骨、台盆架、门框架、暗门钢架、吊顶转换层、窗帘盒支架、墙柱面钢架等，均要考虑车辆及电梯运输尺寸的限制及组装便利性。

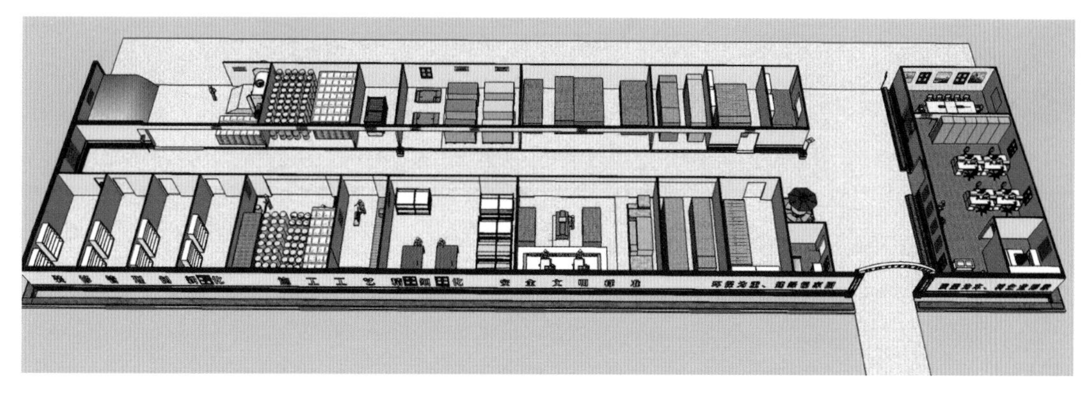

图101　独立的半成品加工区

图102 半成品加工区：基层产品模数化现场制作

图103 钢架基层用角码+强攻螺丝，钢骨架免焊接

金属板吊顶加工现场及现场样板：

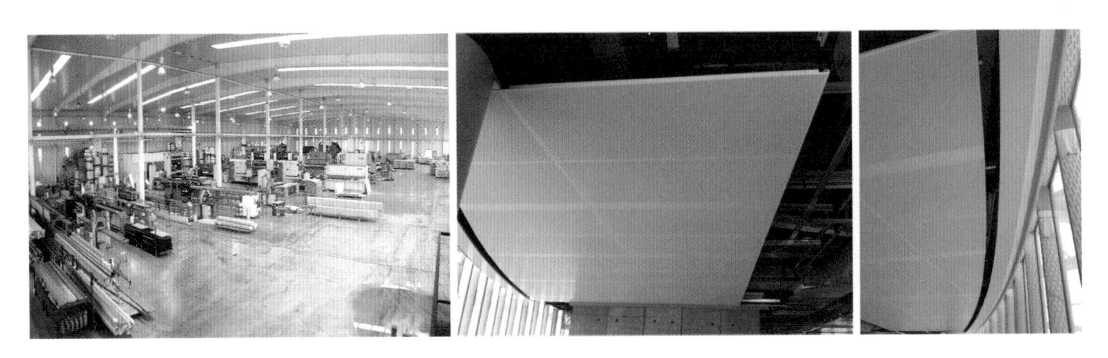

图104 金属板吊顶加工现场及样板

BIM图纸与样板实样比对，大面积加工时需重新优化。

上海中心的办公层装修在设计之初就考虑到与飞机、轨道交通等体现先进制造技术的产品充分结合，坚持贯彻工业4.0理念。一是考虑轨道交通产品的安全可靠、舒适美观，且具有通用性和互换性。车下先行试验、试装，并广泛采用了模块化设计，尽量减少在车上装配；二是所用材料和构造防火防腐、安全环保、重量轻、易于安装、可以快速批量生产；三是参照轨道交通产品欧盟EN45545-HL2风险等级中R7（外装）和R17（内装）的要求，对部品实行标准化作业，提高了加工精度，减小尺寸公差，不需要在现场切割研配，既提高装配效率又减少环境污染。经统计，通常超高层装修工程的用工超过1.2个工日/$m^2$，而本项目办公区域的用工不到0.9个工日/$m^2$。每个区的12层楼面同时施工，工人不到100个，大幅提升了施工装配效率（表2）。

图105　样板效果比对

上海中心办公层装修的装配率计算（具体计算过程略）　　表2

| 编号 | 计算项 | 最高计算值 | 实际计算值 | 装配化程度 |
|---|---|---|---|---|
| A | 内隔墙非砌筑 | 5% | 4% | 现场半装配 |
| B | 内隔墙与机电管线、装修一体化 | 10% | 9% | 现场半装配 |
| C | 干式工法墙面 | 10% | 10% | 现场全装配 |
| D | 板块集成吊顶、格栅吊顶 | 15% | 15% | 现场全装配 |
| E | 干式工法楼、地面 | 15% | 12% | 除了石材、水磨石地面，其余为现场全装配 |
| F1 | 开放式办公区 | 15% | 14% | 除了部分乳胶漆墙面，其余为现场全装配 |
| F2 | 独立式办公区 | | | |
| F3 | 会议区 | | | |
| F4 | 接待及其他功能区 | | | |
| G | 公共区（电梯间、走道） | | | |
| H | 卫生间、茶水间 | 10% | 7% | 除了地砖及防水材料，其余为现场全装配 |
| I | 机电管线与结构分离 | 5% | 4% | 现场半装配 |
| J | 内门、窗及套采用部品 | 3% | 3% | 现场全装配 |
| K | 固定家具采用部品 | 7% | 7% | 现场全装配 |
| L | 细部采用部品 | 5% | 5% | 现场全装配 |
| 整体装配率 | | | 90% | |

上海中心项目办公空间的装配化设计，是在建筑、机电、装修一体化的基础上实现了整体装配式的理念：机电管线减少了60%现场制作量，70%的管道实现预制，办公区通过优化设计的24种装配工艺取得了全面的创新和突破，办公层装修的整体装配率达到了90%。

办公区的装配式装修，最终实现了原定的目标——全面装配化设计及安装、高效节能的办公环境、艺术与自然充分地贯穿其中，达到了各方较为满意的效果。

上海中心BIM团队获得中国勘察设计协会BIM创新杯大赛特等奖。项目团队还取得多项体现超高层建筑装修特点的发明专利，是一次拥有自主知识产权的超高层装配式装修的创新实践案例。

# 4 展望

## 4.1 装配式思考

办公空间装配式，首先是办公建筑的装配式是否能达到一个新的发展阶段。建筑、装修、机电等更多专业的一体化、集成化才是最终的装配式。建筑装配式包括建筑结构系统、外围护系统、设备与管线系统、内装系统。

办公建筑装配式遇到的阻碍、技术瓶颈，在其他类型的建筑里也有所体现。相对于酒店、零售建筑来说，办公建筑通常更容易做到“装配式”。

图106 22squared广告公司坦帕办公室（ASD|SKY设计）

在异形空间、特殊造型及管线碰撞领域得到广泛运用的BIM系统，目前应用的程度还较为有限，仅仅是应用了其“三维+可视化”直观概念，对于BIM最核心的“信息”集成及应用方面还有很长的路要走。即使是基础的“三维+可视化”，也需要设计图纸的专业性并有足够的图纸深度，同时还应在设计阶段就确定好材料品牌、部品选型。

“装配式”作为一项系统集成的概念及技术，在国内的发展已有近20年的时间。与BIM概念相似的是，装配式也需要信息集成的概念，尤其不要等到施工阶段才发现现场与图纸差异很大、专业图纸不全、深度不够、部分材料及设备选型没有确定的情况。这样的问题越多，越会影响装配式的实施。然而在现实项目中，这样的情况比比皆是。项目还涉及成本、工期等压力，对装配式也是严峻的考验。但装配式并不意味着绝对的高成本，装配式的模数化、单元化、集成化的运筹帷幄思路，有利于降低工程总成本、提高项目管理水平、保证产品质量，因此需要我们持续的研究、探索、改进。

对于装配化率，有必要提到室内装修常用的干法施工、湿法施工。干法施工价格便宜、质量又好，还能缩短工期但它并不是万能良药；而湿作业也并非一无是处，抹灰、卫生间防水、油漆涂料是传统的湿作业，地面石材、墙顶面瓷砖安装也离不开湿作业，工艺成熟、质量有保证、成本也有优势。如何把这些湿作业提前在工厂加工阶段完成，是我们努力的方向之一。

## 4.2　装配式方向

办公室内空间的装配式，离不开办公建筑的装配式。办公空间的装配式，首先应是办公空间的装配化设计，而装配化设计又与室内设计方案、选材、部品部件的选用有关。其中人的因素和科技发展的因素最能影响室内设计最终效果，如目前追求的健康型、家庭化、休闲化的风格，跟人们的生活方式、生活态度的变化紧密相关。

办公空间设计与企业运营模式、人性化要求、装配化工艺的更替紧密相关，将进一步集成声

图107　Airbnb都柏林总部时尚、休闲风格的会议室（Heneghan Peng设计）

学、照明、AI技术。

与干法施工类似，科技的发展也不是万能的，现代科技发展的同时也约束了人的手脚甚至思维，机器还不能完全代替人。上海中心大厦的照明系统有很先进的“一灯一控”技术——根据人的感官要求以及不同的模式场景调节灯的照度；还能与智能窗帘进行互动，根据一年四季阳光照射量和角度的不同自行开合，实时保证遮阳、采光和通透性的最佳平衡。但是在节能及照明方面，该照明系统还有一些探索之路要走。人在开放式办公室随机出现或走动，是希望某个时刻及所在的区域亮一些还是暗一些、灯光色温高一些还是低一些、空气温度是暖一些还是凉一些，完全因人、因时、因地而异。最好的办法是人的大脑就可以直接控制那些机器设备，不需要说话，也不需要按开关就能轻松实现。

人们一直在创造更适合工作的环境。从以下两张图可以看出设计师对未来办公环境的探索，在2008年与2018年跨越十年的时间里，设计师的脑洞开得有多大。我们每个人自己日常的办公室和图中的办公环境相比，还有比较大的差距。图中的办公空间也都是装配式装修的典范。

办公空间装配式的多元化发展，景观空间、社交空间、第三空间等实验性、非常规的办公场所会越来越多地出现。人的想法多变，每个人的需求有所差异，应多关注个体需求。创造美好生活的同时，我们的办公环境也将更加舒适、宜人。

对于办公空间核心部分的办公区、会议交流区、休闲区、资料室、服务区等功能模块，随着人们生活方式、工作方式的转变，以及新材料、新工艺、新科技的出现，装配式装修也将会有新的突破。

图108　瑞士苏黎世谷歌EMEA工程中心，2008年（Camenzind Evolution设计）

图109　亚马逊西雅图The Spheres，2018年（NBBJ设计）

## 项目小档案

设　计　单　位：苏州建筑装饰设计研究院有限公司
合作设计单位：Gensler　上海同济大学建筑设计研究院（集团）有限公司
建　设　单　位：上海中心大厦建设发展有限公司
总包施工单位：上海建工集团
装饰施工单位：苏州金螳螂建筑装饰股份有限公司　上海市建筑装饰工程集团有限公司
幕墙施工单位：沈阳远大幕墙　北京江河幕墙
建设单位设计总监：葛　清　胡剑虹
主要设计人员：蒋缪奕　高超一　孙　劲　魏　然　陈尤新　王　栋　王烨锋　汪　洋
孙丹莹　涂　俊　陈　妍　赵　松　潘建洪　吴　昊　郭旭峰　杨　丰
摄　　　　影：胡文杰
整　　　　理：蒋缪奕　孙　劲　吴俊书

# 曹阳

（医疗建筑）

中国建筑设计研究院有限公司企业运营中心总监，中央美术学院设计艺术学硕士、高级工程师。曾担任中国建筑设计研究院有限公司室内空间设计院院长、北京国标建筑科技有限公司总经理。

中央美术学院硕士研究生导师、北京建筑大学建筑与规划学院毕业设计指导老师、中国建筑学会室内设计分会常务理事、《室内设计》编委、《城市建筑空间》编委、中国建筑装饰协会科技进步奖评审专家、中国建筑学会建筑设计奖室内设计专项奖评审专家。

从事室内设计、工程行业十余年来，主持参与大型公共建筑室内装修设计、装配式装修设计项目数百项，荣获1989—2019全国百名优秀室内建筑师等奖项。获得国际专利1项、国家级专利6项，发表多篇学术论文，参与主编《民用建筑室内绿色评价标准》《医院室内装饰设计指南》《医院装饰装修工程设计标准》《民生银行办公区域装修设计导则》《传染病医院设计指南》等关于设计规范、标准的专业书籍。主要代表作有：北京2022冬奥会延庆赛区场馆及奥运村、北京世界园艺博览会生活体验馆、长春市规划馆与博物馆、京东集团西南总部办公楼等。

通过对建筑空间一体化设计方法与工业化装配式装修的设计方法研究，创新性提出一种新时期室内设计的思维方式：产品化思维下的室内工程设计概念。

概念涵盖三个方面的基础内容：产品化强调了标准化、集成化与工业化；思维强调了前瞻性、系统性与方法性；工程设计强调了全过程、全专业与统筹性。概念区别于传统的“建筑/室内装饰设计”，它已经不符合当前社会的绿色发展价值观；区别于“室内/空间设计”，它在整个项目阶段中过于片段化；也区别于“装配式装修设计”相对局限的项目应用类型。它应该从属于建筑工程学体系下的重要组成部分与环节，也是对国家“十四五”发展战略提出的建筑工程绿色化、低碳化的一种具体反应。

# 基于工业化产品思维的医疗建筑装配式装修技术研究

## 1 综述

医疗建筑是专业性、综合性极强的大型公共建筑，建筑装修在医疗建筑室内环境中起着至关重要的作用，医疗建筑专业性极强的特点决定了其极高的装修要求。同时，进入新时代，医疗建筑的发展应紧密契合医疗健康领域的最新政策目标。此外，随着国家对于绿色、低碳发展的要求空前提高，医疗建筑的未来发展也应不断满足更高标准。

### 1.1 医疗建筑的高标准装修要求

基于医疗建筑专业性极强的特点，首先，医疗建筑需要具备良好的环境卫生和结构安全条件，以确保患者和医护人员的健康；其次，医疗建筑的使用周期长，需要装修具有较高的耐久性和易清洁性；再次，医疗建筑由于需要较长的使用年限，在全生命期中会有功能空间变化的特点，需要具有可更换性、易于维护性；最后，医疗建筑还需要满足安全防火、高隔音、抗菌防病毒等方面的性能要求。

### 1.2 国家在医疗健康领域的政策指引

2021年7月1日，国家发展改革委员会、国家卫生健康委员会、国家中医药管理局、国家疾病预防控制局四部门联合发布《“十四五”优质高效医疗卫生服务体系建设实施方案》（以下简称《方案》），《方案》对全国各层级医疗建筑的建设提出了全方位、体系化的要求，为医疗建筑的发展提供了明确清晰的战略指引。

《方案》明确，到2025年，基本建成优质高效整合型医疗卫生服务体系，重大疫情防控救治和突发公共卫生事件应对水平显著提升，国家医学中心、区域医疗中心等重大基地建设取得明显进展，全方位全周期健康服务与保障能力显著增强，努力让广大人民群众就近享有公平可及、系统连续的高质量医疗卫生服务。

公共卫生防控救治能力提升工程方面，《方案》指出，中央预算内投资重点支持疾病预防控制体系、国家重大传染病防治基地和国家紧急医学救援基地建设，推动地方加强本地疾病预防控制机构能力、医疗机构公共卫生能力、基层公共卫生体系和卫生监督体系建设，健全以疾控机构和各类专科疾病防治机构为骨干、综合性医疗机构为依托、基层医疗卫生机构为网底、防治结合的强大公共卫生体系。省级疾控机构原则上要有达到生物安全三级水平的实验室，具备省域内常见多发传染病病原体、健康危害因素“一锤定音”检测能力和应急处置能力。地市级疾控机构有达到生物安全二级水平的实验室，具备辖区常见传染病病原体、健康危害因素和国家卫生标准实施所需的检验检测能力。

公立医院高质量发展工程方面，《方案》提出，力争实现每个地市都有三甲医院，服务人口超过100万的县有达到城市三级医院硬件设施和服务能力的县级医院。到2025年基本完成区域医疗中心建设。遴选建设120个左右省级区域医疗中心，重点疾病诊疗水平与省会城市明显缩小。

中央预算内投资重点支持国家医学中心、区域医疗中心建设，支持脱贫地区、三区三州、中央苏区、易地扶贫搬迁安置地区县级医院提标扩能，加快数字健康基础设施建设，推进健康医疗大数据体系建设。将中医医院统筹纳入国家医学中心、区域医疗中心等重大建设项目。加快未能纳入中央预算内投资支持范围的市、县级医院建设，全面推进社区医院和基层医疗卫生机构建设。

### 1.3 绿色、低碳发展战略引发的行业变革

2013年国务院发布了《绿色建筑行动方案》，装配式建筑的发展需要已提升至国家战略层面。政府推进医疗建设领域高质量绿色发展，促进建筑行业转型升级。建造手段装配化以其绿色高效的方式逐步占领了工业时代建造行业的市场，2018~2021年我国装配式建筑市场规模已从460亿元增长至1790亿元。

进入新时代，国家明确提出了2030年前实现碳达峰的目标，而建筑材料占建筑领域碳排放总量的40%左右，装饰装修行业的绿色低碳发展面临着巨大压力和挑战。2022年1月，住房和城乡建设部印发了《“十四五”建筑业发展规划》，明确提出要大力发展装配式建筑，积极推进装配化装修方式。

基于以上需求导向和战略指引，以传统装修模式，甚至是传统建筑装配式模式（装配式集装箱模式、装配式PC构建模式、装配式材料内装修模式）建造的医疗室内空间已逐渐无法满足医疗建筑的高质量要求。同时，传统装修设计、传统装修湿作业及多现场加工的施工模式也存在着较多顽疾：

设计领域，存在着由于装修设计整体性差而导致与各专业缺乏协同，易出现现场返工的问题；同时设计统一性弱，不可复制，易引发与产品制造脱节，造成材料浪费等问题；

施工领域，则会出现装修施工质量、效率、效益过低的问题，具体表现为装修质量难保证、工期冗长、施工过程噪声大等；同时，无法进行全生命周期的运营维护，表现为装修难以拆改二次利用等。

为了解决这些问题，提高医疗建筑装修的质量和效率，提升医疗建筑空间可变的能力，亟需采用以工业化产品思维为导向的装配式装修技术，使之在医疗建筑领域逐步成为建筑新型工业化的高质量解决方案。

## 2 医疗建筑功能空间的装配式装修系统创新解决方案

从现代医疗行业的需求角度分析，与传统方式相比，采用工业化产品思维的装配式装修具有以下优势：工业化的生产方式可以确保装修材料和设备的质量和性能，提高装修效率，为医疗机构提供更好的医疗环境。在实现装配式装修的目标过程中，工业化产品思维强调标准化、模块化和流程

化的设计和生产方式，通过优化设计和生产流程，可以极大提高装修质量和效率。在装配式装修中，工业化思维可以使设计师和施工人员更好地协同工作，提高装修的一致性和可控性。

医院建筑根据医院的功能特点，一般可分为门诊、住院、医技三大功能区及其他附属功能区，门诊功能区占医院总面积的20%左右，重复率最高。医技功能区，如手术室、ICU、供应室、检验科等的建设已采用部分装配式建造，并且已获得业主认可，更倾向于装配式洁净板产品建造，各部件均为模块式的整体结构，工厂流水线生产、装配式安装，使得整体建设部品实现了工厂化、标准化、数字化、自动化流水线生产，部品质量可控，整体工艺水平高。住院功能区在医院的面积占比最大（一般占39%）且重复率也最高，医院重复率较高的门诊模块和住院模块总共高达59%，为医院实现装配式建造提供了基础条件，而在简单住院病房功能的建筑单体应用装配式主体结构建造是最合适、最经济的。

同时，在绿色低碳方面，与传统建筑及内装模式相比，装配式医疗建筑具备以下先天优势：

一、医疗建筑形式不断改变，装配式建筑更易评定绿建标准。

建造手段装配化以其绿色高效的方式逐步占领了工业时代建造行业的市场，从装配化的住宅、办公、医疗建筑类型逐步向更多的建筑类型拓展。结合《绿色医院建筑评价标准》GB/T 51153-2015的相关要求也可以发现，使用装配式墙体，有助于医院评定绿色医院建筑评价标准、申报LEED认证等绿建体系认证。建筑工地的污染几乎人所共知，工地扬尘、建筑垃圾等是每个城市在建设阶段带来大量污染的源头之一。而装配式建筑技术，把工地建造部品部件的工序搬到了工厂，大大减轻了扬尘污染，还能减少70%~80%的建筑垃圾；此外，装配式建筑一个较突出的优势便是大大缩短了建设周期。一般而言，相对于传统现浇建筑，装配式建筑可缩短施工周期25%~30%，节水50%~60%，节约木材约80%，降低施工能耗约20%。

二、契合国家战略，装配式医疗建筑助力低碳发展。

2022年3月住房和城乡建设部印发的《“十四五”建筑节能与绿色建筑发展规划》明确，到2025年，城镇新建建筑全面建成绿色建筑，建筑能源利用效率稳步提升，建筑用能结构逐步优化，建筑能耗和碳排放增长趋势得到有效控制，基本形成绿色、低碳、循环的建设发展方式，为城乡建设领域2030年前碳达峰奠定坚实基础。其中还明确了装配式建筑占当年城镇新建建筑的比例达到30%，并进一步推动装配式建筑项目落地实施。

## 2.1 独立的医疗功能空间模块，以“工业化产品”进行系统整合设计

医疗建筑由多种类型的医疗功能单元组成，包括急诊部、门诊部、住院部、医技科室、保障系统、行政管理和院内生活用房等。特定的医疗建筑室内空间已形成固定的平面布局形式，这些特定的医疗内部空间可视为独立的医疗系统模块，从工业化产品设计的角度，这个产品系统包含整体的内装修、内部设备和集成管线。将这种产品视为独立“工业化产品”进行专项研发，将提升系统空间产品的成熟度、稳定性和整体品质。

医疗建筑包含很多重复标准化的医疗单元模块，例如门诊区的标准诊室和病房区的标准病房。这些医疗单元模块的数量很多、标准性非常高，例如标准化诊室的平面布置几乎相同，包括开门方式、家具布置和相关设备点位。病房楼的病房标准层也可作为模块化组件，重复性高，具有统一

性，内部装修部品部件适合工厂标准化生产和现场装配，可以缩短建设周期，降低建设成本。通过研发医疗建筑的内部单元模块，将实现新型的装配式装修建设模式，通过对相同功能及模数的医疗模块产品、部品部件进行组合，实现不同的产品功能。

## 2.2 基于工业化产品思维的装配式装修系统

装配式装修是一种工业化程度更高的装修模式，与传统装修不同，它是中国推动的“新型建筑工业化”的重要组成部分。采用工厂化标准装修部件代替现场加工，通过干法安装处理室内界面，实现了更高工业化程度的装修工程形式。这种新型建筑工业化的方式是通过技术与管理的融合创新，实现了装修设计标准化、部件生产工厂化、施工装配化、装修协同一体化和管理数字化，从而形成专业化的分工协作产业链，全面提升装修工程的质量、效率和效益。

将装配式装修技术应用到医疗建筑中，将内装空间视为“工业化产品”，并以工业化产品的思维统领整个装修设计、生产和建造过程，将使医疗建筑装修的设计和制造过程规范化、数字化、流程化，提高空间内装产品的一致性和质量稳定性。通过采用整体系统的装配式设计，内装部品、部件在工厂按照设计转换的信息数据完成制造，然后在现场组装成统一的模块化单元，实现了以若干个单元模块组合成标准的装配式模块产品。这种装修方式既实现了医疗功能，又满足了医疗功能的实用性要求，并统一设计了医疗设备管线、末端与建筑空间之间的关系；同时，它也使得标准部品的规格统一、构造统一，部品单元具有通用性和可更换性，满足医院建筑全生命周期的运维需求。

## 2.3 产品化思维下的医疗建筑装配式装修技术解决方案

通过对医疗建筑的功能进行分解，可以将具有标准化特性的功能房间，如普通护理单元和标准诊室，作为一个基本模块产品进行针对性研发。通过对具有医疗独立功能系统的模块进行模块化分解，对医疗空间的关键设备和设施进行模块化设计研发，可以做到将医疗功能进行模块分组，形成统一的医疗功能建筑室内模块。通过统一的医疗模块化设计，可以将其运用到不同的医疗空间中，形成模块化装配式装修方式。

### 1. 室内分组模块

根据重点使用功能模块将医疗护理单元进行模块分组，将空间拆分为床单元模块、卫生间单元模块和储藏单元模块。床单元模块集成医气端口、电源、呼叫等医疗设备末端，满足病人的基本需求，给病人提供休息与治疗的环境；卫生间单元模块由快装的整体卫生间组成，满足病房淋浴、洗手、厕所功能；储藏单元由墙板、储藏柜体预制一体化集成，提供必要的储藏功能。

### 2. 装配式装修墙面、顶面、地面系统设计

根据建筑医疗空间的模块化特点，对医疗模块空间内的墙面、地面和吊顶材料进行系统性研发和分析，研发目标是形成具有统一尺寸规格的墙面、地面和吊顶产品，实现标准化设计、制造和安装的统一模块单元部品部件。通过对医疗建筑室内空间、隔墙龙骨系统、地面架空系统等常用系统

构造的研究分析，以及对医疗功能对室内装饰空间的要求进行分析，本模块化系统设计内含基础模数的支撑性骨架系统。饰面板选择金属抗菌板、树脂板和无极预涂板等规格材料，并将其确定为标准规格1200mm × 2400mm，实现标准模数化并降低综合部件成本。

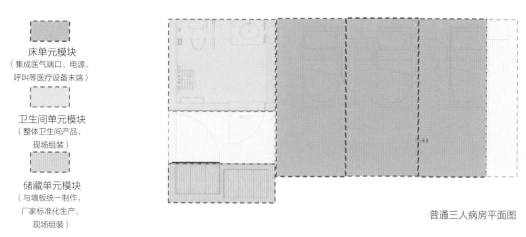


图1　医疗护理单元分组模块

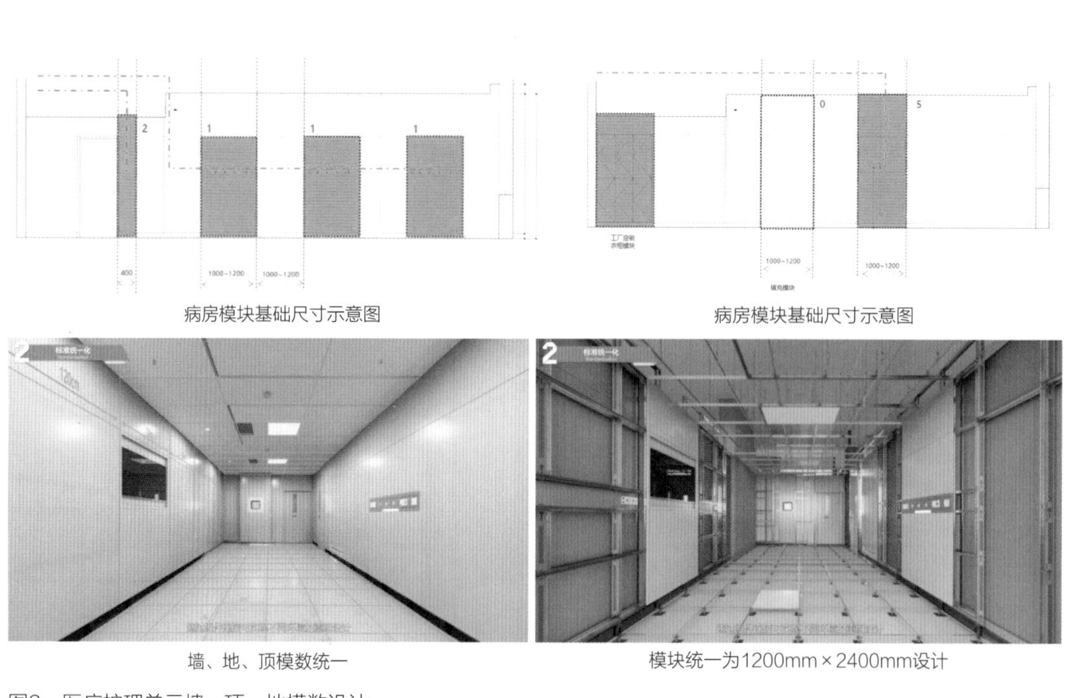


图2　医疗护理单元墙、顶、地模数设计

墙面、天花和地面模块采用定制金属配件连接，以实现快速安装。在医疗功能方面，常规医疗设备规格为160mm × 1200mm，可满足龙骨和板材的配套要求。诊室医用看片灯的构成是单联或双联，宽度尺寸均小于1200mm；病房单开门的尺寸为1200mm × 2100mm，诊室门的尺寸为1000mm × 2100mm，均满足1200mm模数设计要求。通过对医院空间的分析，医疗治疗带模块可以同时应用于病房、留观室、抢救室、ICU和需要医疗气体的医疗空间；看医疗片灯具模块可以应用于急诊室、普通外科诊室和阅片办公室等场所；洗手盆模块可以同时应用于诊室、办公室和卫生间等场所，通过将隔墙与医疗设备带、挂装电视、医疗看片灯具集成设计，可以形成可批量标准化加工的预制集成隔墙模块产品。

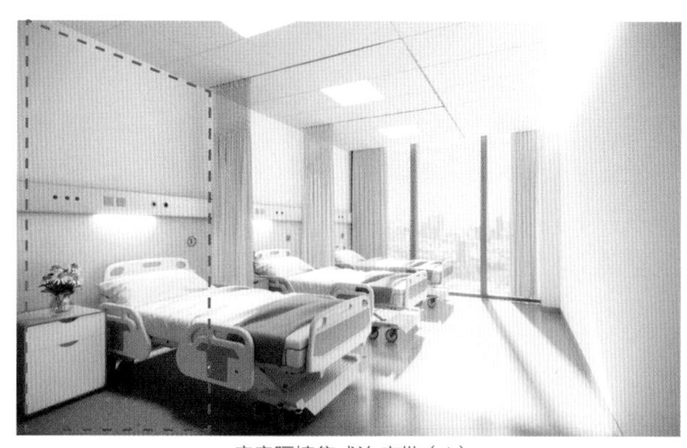

病房隔墙集成治疗带（1）

病房隔墙集成治疗带（2）

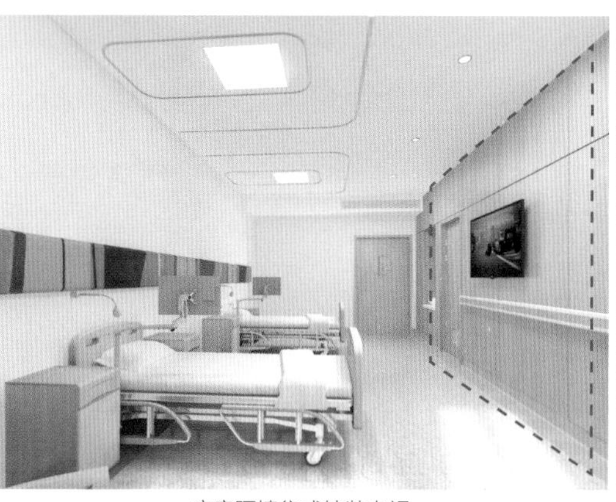

病房隔墙集成挂装电视

诊室隔墙集成医疗看片功能

图3　标准化隔墙集成设备设施带

3. 设备设施、管线、家具与装饰的集成系统化设计

设备设施、管线、家具部分，通过将模块内的设备管线与隔墙龙骨支撑体系一起进行预制，可以做到直接在现场进行拼接安装。管线敷设于隔墙空腔内，或敷设于吊顶、架空地板的架空层。设备管线与墙体骨架在工厂制作，并在现场进行快速组装和拼接，形成固定的连接方式并预留主管线接口。固定家具与墙体结构和墙面材料统一预制，并与室内装饰材料统一设计制造，具有通用性和互换性，便于施工安装和使用维修。设备末端与墙板统一设计集成，工厂加工，预留开孔，现场安装饰面板，大型设备预留固定空间及点位预留，形成统一模数，设备末端预留满足工程设计要求，整体室内空间系统的产品规格与设计风格统一，工厂统一加工生产内部构件与墙体结构形成固定搭接模式。

综上，通过新的技术手段，依靠工业技术的更新以及新技术的应用实践，将实现建筑装修行业从设计、建造到运维全生命周期的更新迭代，实现建筑行业的节能减排，距离实现建筑碳达峰与碳中和的目标更近一步。

# 3　基于工业产品化思维的装配式装修实践案例解析

昆山西部医疗中心项目全面应用了基于产品化思维的系统装配式装修技术，通过产品的系统化设计实现多技术集成、少装饰的简约美学室内效果，其效果如下。

门诊候诊区　诊区走廊

门诊走廊　标准诊室

医疗主街　住院护士站

图4　昆山西部医疗中心项目效果图

昆山西部医疗中心项目基于产品化思维，利用模块式系统装配式装修产品进行了工程实践，通过使用统一尺寸的不同医疗功能单元，形成了标准化的医疗功能单元，同时实现了不同功能单元之间的互换。在装配式医疗产品中，墙面、地面和吊顶部件被拆分成多个通用模数组件，通过组件的连接，可以实现不同功能需求和平面位置的重组设计。标准部品具有统一的规格和构造，部品单元具有通用性，可实现部品的拆装和替换，亦可根据病房的个性化需求进行局部更换。

依据昆山西部医疗中心项目医疗功能的需求分析，针对医院功能性重复的病房功能、诊室功能和走廊进行了模块化研发。结合对龙骨隔墙系统和挂件系统的研发设计，形成了基本的墙面单元设计。基础模块和医疗功能模块具有统一的规格，可以实现功能的互换。还设计了与墙面模块相匹配的吊顶功能模块，以及与墙面和吊顶模块相匹配的地面架空功能模块。根据实际需要增加了医疗空间功能或者互换医疗功能模块，同时设计地面架空功能模块，与墙面吊顶模块相匹配，最终通过墙面、吊顶、地面的组合搭配形成具有医疗功能的医院内部空间。

此外，标准功能单元的快装属性还可以提供更多的装修选择，提高了灵活性。功能单元通过标准构件不同配置的组合，能够实现一定程度的个性化需求定制。这些功能单元可以进行模块化设计，也可以根据不同的空间需求进行灵活组合和调整，以满足不同场景和功能的要求，还通过隔墙与各类设备、设施的集成一体化设计，形成了具有不同功能的单元模块。

标准模块单元按1200mm的模数进行内装部件设计和加工，并采用统一挂接方式。功能模块间在房间功能需求发生变化时，可进行快速的安装互换、移位，移位部件可拆分成多个通用模数组件，通过组件连接可实现不同需求的重组设计。通过墙面模块、吊顶模块及地面模块的不同组合组成不同的医疗功能空间，如：墙面治疗带模块+吊顶隔帘模块+地面PVC模块形成标准的病房功能，

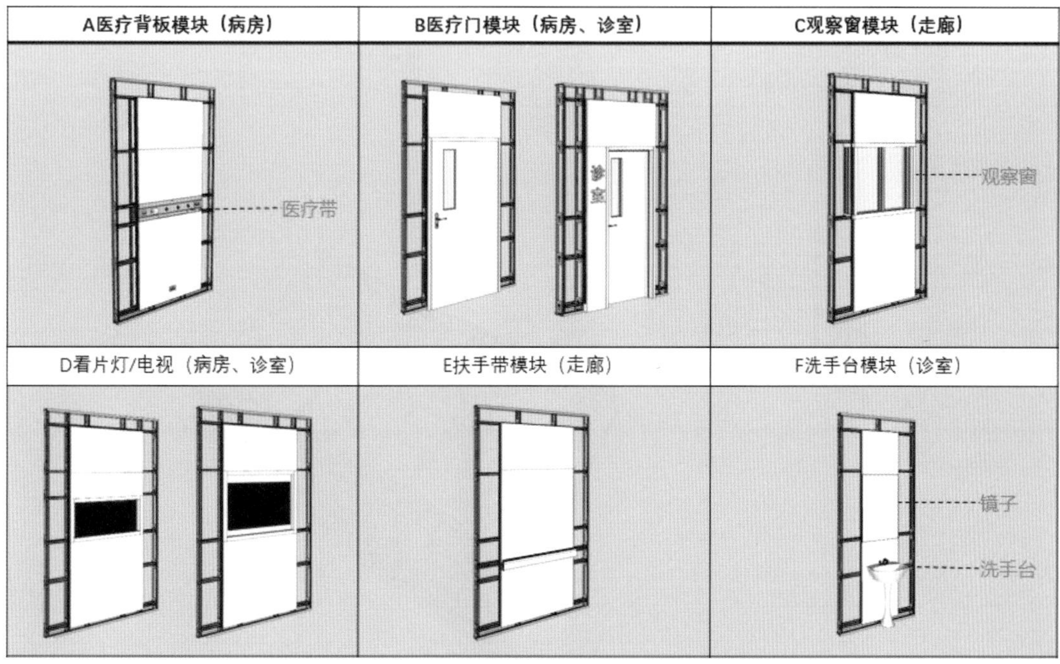


图5　装配式墙、顶、地单元模块

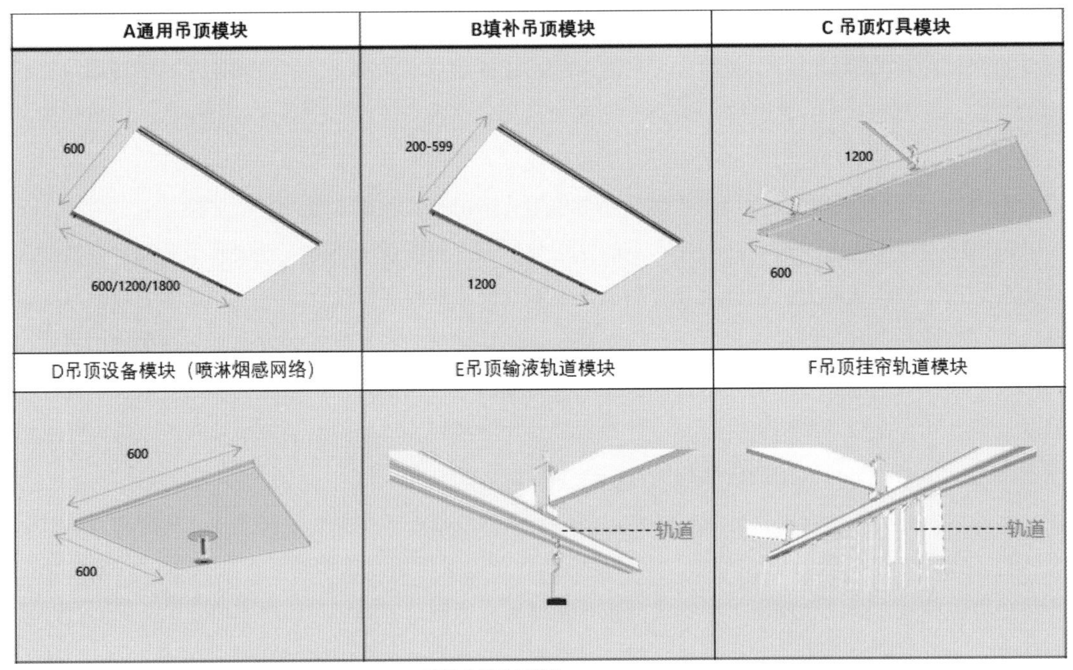


吊顶功能单元模块

| 支撑系统 | | | 地面系统 | | |
| --- | --- | --- | --- | --- | --- |
| | 图片 | 节点图 | | 图片 | 节点图 |
| 组件1<br>发泡水泥填充 | | | 组件1<br>PVC整体卷材 | | |
| 组件2 | | | 组件2<br>地板地砖 | | |

地面功能单元模块

图5 装配式墙、顶、地单元模块（续）

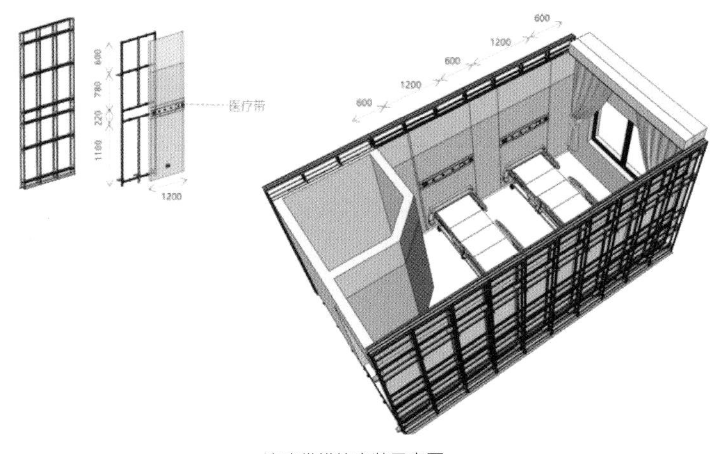


治疗带模块安装示意图

图6 集成设备、设施隔墙一体化模块

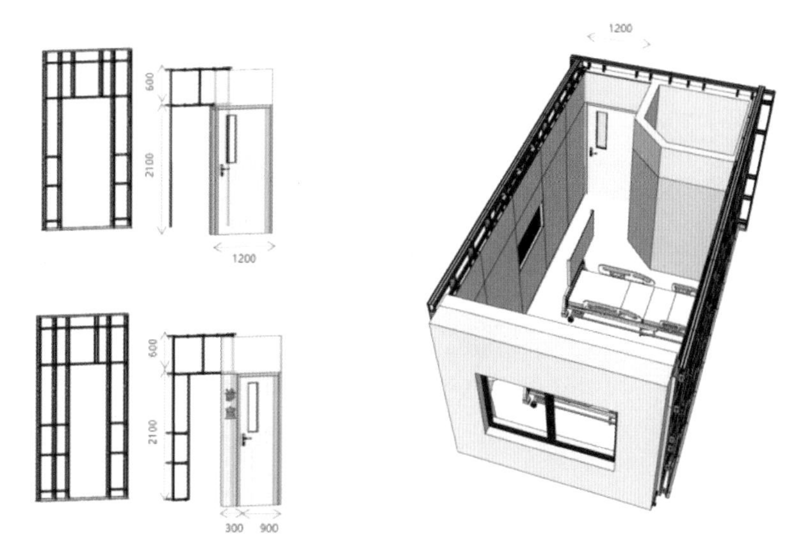


病房门/诊室门模块示意图

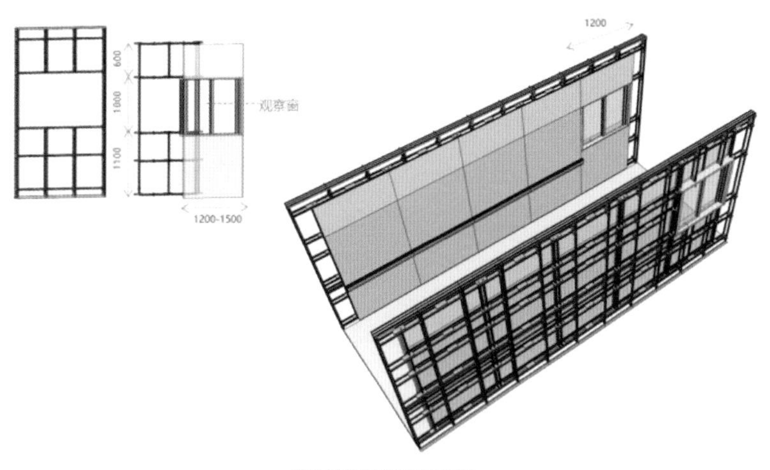


走廊观察窗模块示意图

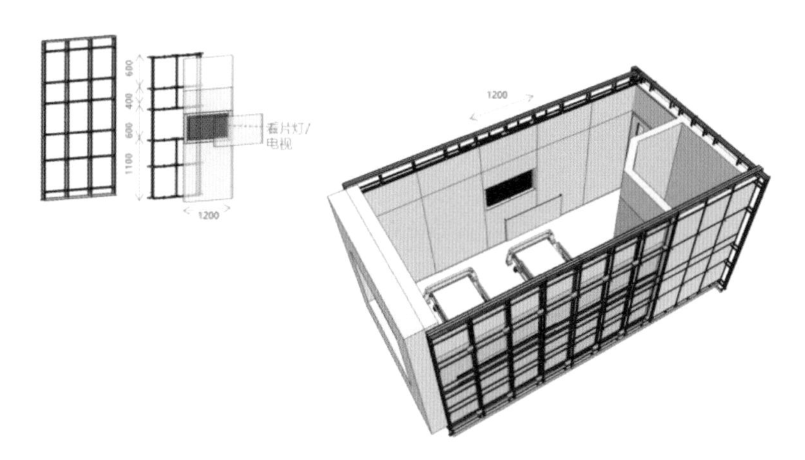


病房电视/诊室看片灯模块示意图

图6　集成设备、设施隔墙一体化模块（续）

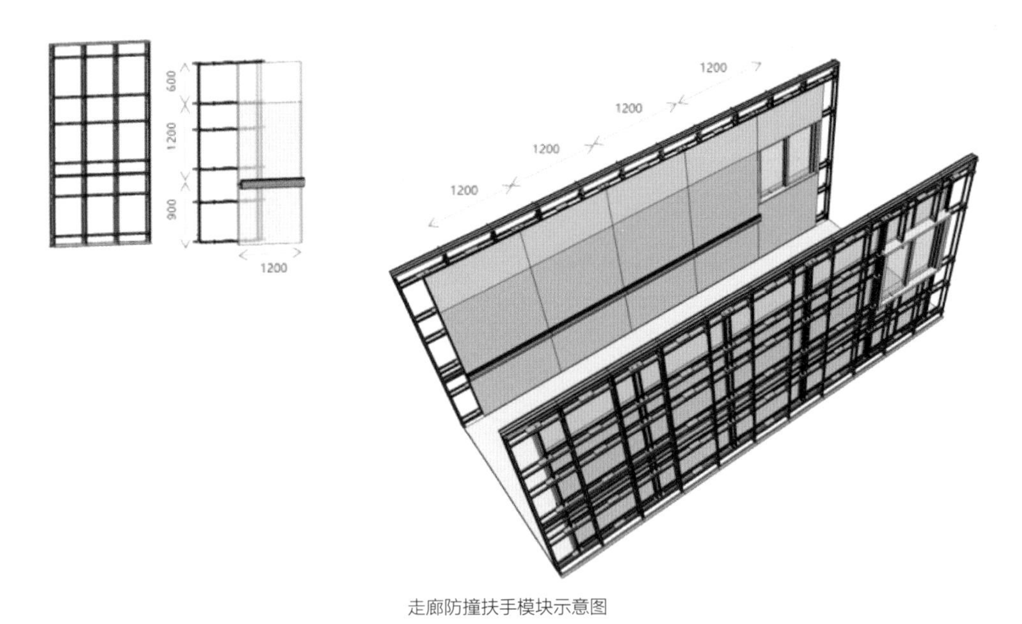


走廊防撞扶手模块示意图

图6　集成设备、设施隔墙一体化模块（续）

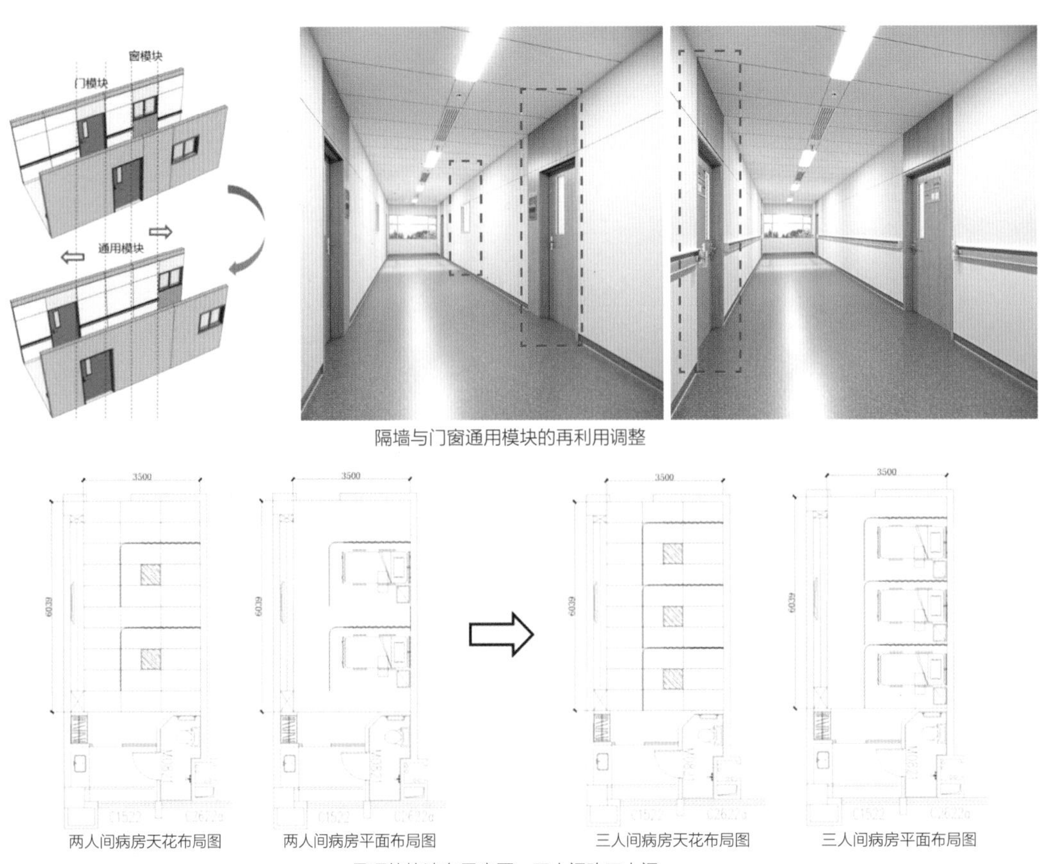


隔墙与门窗通用模块的再利用调整

吊顶的快速布局变更—双人间改三人间

图7　室内隔墙与顶面的模块再利用调整

墙面看片灯模块+墙面洗手盆模块+基础吊顶模块+地面PVC模块形成标准的诊室功能，医疗模块的标准化设计可以清单化地组成特定的医疗功能，模块内部的集成轻钢龙骨体系可以通过不同的组合满足不同的建筑空间使用需求。

# 4 展望：未来装配式医疗建筑产品应满足的条件

在常规集成化装配解决方案的基础上，增强医疗功能系统设计，实现建筑部品与医疗功能的有机结合；以医疗建筑全专业装配产品化为出发点，创造系统性医疗建筑解决方案；医疗建筑模块实现标准通用型医疗功能单元模块，统一接口，实现快速更换；注重拆装的可逆性，可对单个医疗功能模块实现个性化需求（如专科医院）进行局部医疗功能更换；部件可拆分成多个通用模数组件，通过组件连接可实现不同环境的重组设计，包括医疗方舱、野外医院等；医疗辅助功能模块，区别于采购的储物家具，实现装配化储物柜与墙板集成为一个完整的整合系统，维护更换方便，一体化程度高，能与医疗功能模块组成系列产品；优化室内物理环境，增强隔声、消防安全、光环境等物理性能，营造良好的医疗治愈环境；满足绿色低碳、现代智慧医院建筑要求，不断优化预约诊疗流程，不断提升患者就医体验，构建医疗、服务、管理“三位一体”的智慧医院系统。

未来智慧医院建筑，实行结构、围护、内装和机电四大系统协同设计。

以内装医疗功能为核心，建筑主体以框架为单元展开，实现统一部品尺寸，功能单元设计及功能布局协同设置；以建筑内部结构布置为基础，在满足医疗功能的前提下优化空间布置，满足工业化内装所提倡的医疗功能空间布置要求，同时严格控制造价，降低施工难度。

以工业化和内装部品为支撑，通过内装模块化设计集成医疗功能，保证满足医疗功能适用、安全、耐久、防火、保温和隔声等性能要求，推动医院建造方式创新，推广装配式医疗功能单元模块化、部品化，为实现装配式医院提供成套技术。

通过标准化设计、工厂化生产、装配式施工、一体化装修、信息化管理、智能化应用，促进医院建筑产业转型升级。采用创新集成医疗单元模块化设计，以国际先进的装配式建筑系统集成为基础，统筹结构系统、外围护系统、设备与管线系统、内装系统，推行一体化集成设计，推广模数化、标准化、通用化的设计方式，积极应用建筑信息模型技术，提高建筑领域各专业协同设计能力。

基于装配式技术的不断成熟完备及医院使用方对装配式医院建筑设计理念的认可，装配式医院建筑将成为实现智慧化医院建设和医院可持续发展的重要承载形式。

最终通过新的技术手段，依靠工业技术的更新以及新技术在建筑行业的应用与实践，实现医疗建筑行业从设计、建造到运维全生命周期更新迭代，实现建筑行业的节能减排，达到碳达峰与碳中和的目标，为医疗卫生服务体系改革发展营造良好建筑空间，为就医病患提供优质就医环境。

整理人：刘强、孟继轲

# 张宗军

（文化、卫生建筑）

正高级工程师，现任中国建筑国际集团有限公司助理总裁兼副总工程师，中海建筑有限公司董事长、中建海龙科技有限公司董事长。

深耕港澳及内地装配式建筑业务20余年，拥有147项专利，主编、参编国家、行业及地方标准15项，发表论文23篇、专著1部，获评“中国建筑工匠”、《建筑》杂志社“引领装配式建筑发展十年百人”等荣誉称号。

## 设计理念

以推动建筑业转型升级，实现低碳绿色发展为最终愿景。

# 模块化集成建筑及案例

## 1　综述

建筑工业化的提出是一个划时代的理念，其中的装配式建筑更是行业人津津乐道的话题，模块化集成建筑（MiC）的提出和实现是建筑走向产品化、模块化、标准化的重大成果，也是建筑业朝着工业化、信息化、智能化发展的重要方向。

自2020年疫情暴发，国内对病房、医院、隔离区的建设需求大量增加，具备快速建造、可拆卸、可搬运特点的装配式建筑在国内被广泛使用并受到重视，大量的MiC模块化集成建筑渐渐进入大家的视野，MiC模块化集成建筑所具备的批量化、集成化、预制化、工期短、绿色低碳等优点让其在近几年的城市化建设进程中得到快速发展。

### 1.1　模块化集成建筑概念与特征

模块化集成建筑（Modular Integrated Construction，简称MiC）又译为“组装合成建造法”，是指在方案或施工图设计阶段，将建筑根据功能分区不同划分为若干模块，再将模块进行高标准、高效率的工业化预制（包括装饰装修、五金洁具、设备安装等），最后运送至施工现场装嵌成为完整建筑的新型建造方式。

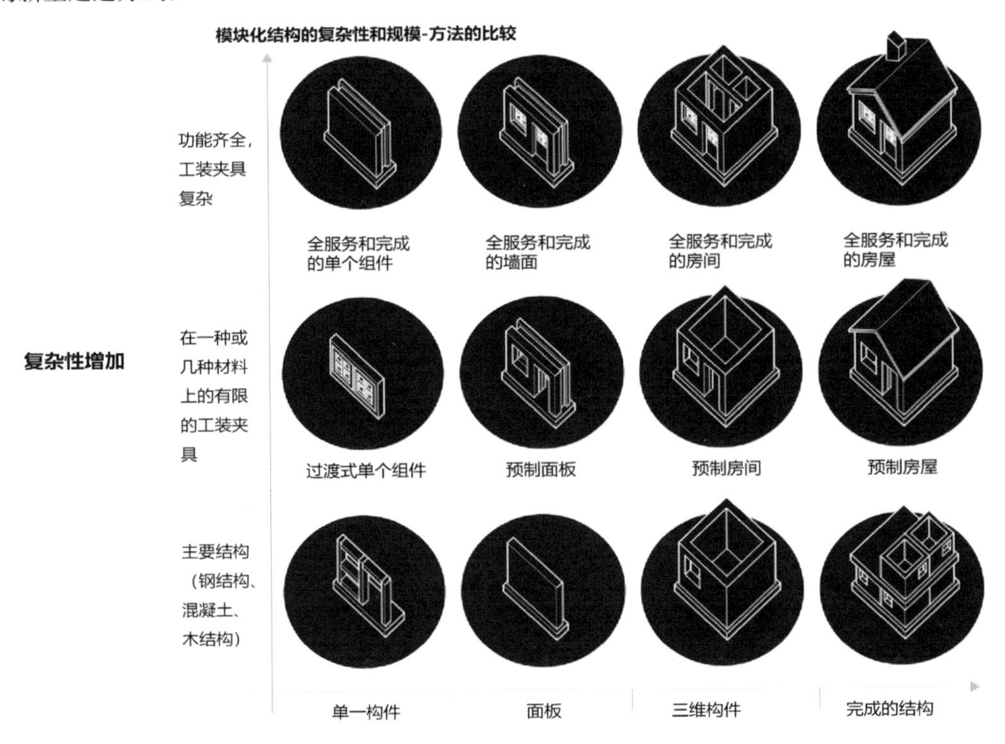


图1　模块化结构复杂性比较

广义的来说，模块化集成建筑是指场外工厂生产结构的标准化组件，然后在现场组装。诸如场外施工、预制和模块化施工等术语可互换使用，并涵盖了一系列不同的方法和系统。这些系统根据被聚集在一起的元素的复杂性而有所不同，最简单的是使用标准连接和接口将单个元素连接起来。

模块化集成建筑从根本上打破了传统建筑业层层分包、劳动密集、粗放作业的模式，让复杂的施工关系简单化。MiC快速建造在建筑项目的设计、生产、建造及拆除后循环利用的全生命周期中，展现出高效率、高质量、绿色低碳、节材省工四大优势，成为助推新型建筑工业化和建筑业低碳转型升级，实现建筑业高质量发展的关键利器。

钢结构MiC具有可拆卸专利，重复利用率高，可利用临时用地建造永久建筑，大幅减少因拆迁、重建造成的巨量碳排放，为城市规划预留充足的发展空间。

## 1.2 模块化集成建筑技术的难点与瓶颈

虽然模块化集成建筑具有"施工时间缩短""成本降低""建筑质量提高""工地安全水平提升""减少人力"和"促进可持续性"的好处，但其在实施过程中也面临多方面的挑战与限制。模块化集成建筑技术在发展的过程中，仍然面临客户市场认知度不高、传统管理方式限制、单一建设模式制约以及较高产业配置要求等方面的难点。

首先，在市场推广方面，当前仍有大部分人对其概念、分类存在误解，将其简单理解为"盒子住宅""集装箱住宅"等，并且对该技术的设计要点、应用范围、相关标准等缺乏了解。这导致模块化集成建筑在市场的认可度下降，且阻碍了其正常发展。

其次，在项目层面，当前针对模块化集成技术的设计方法、商业模式以及流程监管等仍缺乏统一的技术体系，这导致在项目落地过程中，出现了诸多不配套的问题，进而造成建造成本的增加。

再次，传统项目开发流程中经常采用的"先设计、后采购、再建造"的流程模式，与模块化集成技术的流程要求相矛盾。线性的流程模式导致每一工作环节相对孤立，这会引发各环节之间的沟通失效、效率降低以及成本增加的问题，使得建筑的建成质量下降。

最后，模块化集成建筑具有较高的技术门槛，其需要从业人员具备足够的专业技能和丰富的项目经验。模块化建筑产业化需要较高数字化设计能力作为先决条件，并要求工厂具备柔性化制造的必要条件、高度集成化的生产组织管理能力、自动化生产线设备的硬件投入与长期持续性技术研发支撑，这些都需要较多的资金投入。

## 1.3 项目基本情况

预制建筑在20世纪90年代才逐渐开始从朴素、廉价、大规模生产的形象中重新解放出来，这主要是由于在设计和生产过程中使用了计算机操作的程序。

2023年中国进入后疫情时代，城市的街道又恢复了昔日车水马龙的繁忙景象，全国经济进入复苏阶段，装配式建筑进入新的历史发展时期，越来越多的政府性项目采用装配式建筑方式，如医院、学校、安居房，政府出台相关政策鼓励推动这一绿色、低碳、低能耗的建筑方式。

龙华樟坑径地块项目是国内首个高度近百米的MiC模块化保障住房项目，由深圳人才安居集团有限公司规划建设，中建海龙科技有限公司及中海建筑有限公司作为EPC总承包单位。项目采用中建海龙科技自主研发的“混凝土箱模技术体系”，该体系不但抗震性能等同于现浇，还能够实现结构、机电、装修集成化工厂生产，可大幅缩短建设周期，是集高装配率、高舒适度、高耐久性、高抗震性能于一体的新型建筑工业化建造方式，具有十分成熟的市场应用价值。

项目位于深圳市龙华区樟坑径地块，规划建造5栋28层、99.7m高的人才保障房，总建筑面积为17.3万$m^2$，预计提供2740套租赁住房。项目采用中建海龙科技最新研发的“海龙模方”混凝土结构MiC技术建造。

项目实现“三个一”：全国第一个混凝土MiC模块化高层建筑，全国第一个保障房建设速度最快项目，全国第一个BIM全生命周期数字化交付MiC项目。

龙华樟坑径地块项目作为国内首个高度近100m的混凝土模块化集成建筑，建造工期不到一年，而按照传统建造方式则需要两到三年才能完成。项目的快速建造得益于中建海龙科技的装配式4.0时代核心技术——MiC建造技术。数字化、智慧化贯穿项目建设全过程，作为全国首个BIM全生命周期数字化交付的MiC项目，其在建造方式上融合了混凝土MiC集成建筑体系、屋顶机电房DfMA

图2　深圳市龙华区樟坑径地块项目

快建体系、装配式地下室快建成套技术体系，并深度应用标准化设计、工厂化生产、智慧化物流及信息化运维等高新技术。另外，项目还实现了标准化立体模具批量生产，每个模块单元的内装、管线等一次性在智慧工厂完成，施工现场不使用模板和支撑，大量减少了施工工序。

项目共使用6028个混凝土MiC模块单元，采用现浇混凝土剪力墙与连梁+混凝土MiC快建技术突破高层混凝土MiC建造难题，并在抗震、隔音、防火、防潮等方面都有显著优势。通过全过程正向绿建设计，每个混凝土模块单元的楼板采用多层不同材料，相较于传统现浇楼板，可有效减噪3~5分贝。另外，模块单元外墙由混凝土轻质隔墙和混凝土薄壳+保温板的剪力墙组成，相较普通混凝土材料外墙可有效改善房间保温隔热性能。不仅如此，对比传统钢结构和预制构件，混凝土MiC在耐久性、舒适性等方面有着绝对的优势，对该项目具有极高的适配性。

项目通过全过程应用绿色建造技术，在废弃物、材料损耗、碳排放、能耗、水耗、污水、扬尘等指标上取得绿色低碳的显著成效，其中项目单位面积建筑废弃物产生量将不高于150吨/万$m^2$，碳排放强度相对基准建筑将减排25%以上。另外，项目还在建筑固废和工业尾矿的资源化利用方面专门成立专家课题小组，在经过多次实验后，将施工现场产生的废弃混凝土和尾矿颗粒经过破碎、筛分处理后得到的再生骨料和尾矿粉等环保材料，制成可用于室内外装修的无机人造石装饰材料，该材料对比天然石材不仅具有绿色环保、耐老化、应用场景多元等特点，还具备更好的成本效益。

长圳片区预制式学校EPC项目作为光明区首批模块化学校类建筑之一，是光明区城市更新项目重要的教育配套设施。该项目位于深圳市光明区玉塘街道长圳社区东长路与同仁路交汇处，总建筑面积25363.62$m^2$，建成后可提供1890个小学学位以及360个幼儿园学位。项目秉承“可拆卸、可周转、可重复利用”的绿色建造理念，采用MiC模块化建造技术，通过搭建高标准、可循环使用的装配式校舍，短期内大幅提升学位供给能力，有效缓解片区义务教育学位压力。

项目以实现快速建造、优质建造、绿色建造和智慧建造为目标，综合运用MiC模块化建造技术、干式连接螺杆套筒连接系统、装配整体式框架结构体系、装饰机电一体化施工等大量先进的装配式施工技术，大大缩短了工程的建造周期。基于工业化管理体系的智慧信息平台和数字化交付技术，项目结合BIM技术、C-SMART智慧工地系统、工厂生产管理MES系统、自动化产线技术等先进技术，实现智能化生产和数字化交付。

教室单元均由基础模块组合而成，工厂预制、吊装组建，基础模块可灵活拼合为各类教室、办公会议空间等，重新定义教学空间，真正实现“像造汽车一样造学校”。教室内部装饰装修材料采用绿色低碳、节能环保材料，外部采用装饰一体化景观围墙，设计新颖，为学校师生提供安全、环保、绿色的教学环境。此外，项目创新开发校园数据管理平台，建成后将成为光明区首个标准化、模块化、数字化的学校示范项目。

中海海龙将持续深入践行“科技引领 绿色低碳”的发展理念，积极推行与新型建筑工业化相适应的装配式建造方式，加大智能建造新技术、新产品在项目建设领域应用，培育全产业链融合一体的智能建造产业体系，全面提升项目建设综合水平，为建筑业转型升级聚势赋能，以科技手段推动绿色低碳可持续发展。

# 2　创新策略

## 2.1　标准化设计是模块化集成建筑的核心

模块化集成建筑（MiC）的特点为工厂预制，批量施工，快速装配，绿色低碳，而高效模块化需要依靠标准化的设计和工艺才能达到品质好、工效高、成本优的设计目的，因此标准化是模块化集成建筑（MiC）的核心要素，其实质是用一套完整的几何控制系统将装配式建筑各层级系统和要素整合，包括结构系统、维护系统、机电系统、内装系统，并形成一个具备模数协调关系的有机整体。

## 2.2　模块化集成建筑体系

模块化集成建筑是预制程度最高的一种建筑结构体系，预制程度高达85%~95%。其将结构按照房间为单元进行分解，并在工厂预制形成具有一体化使用功能的单元，所有模块既是一个结构单元又是一个空间功能单元，可根据不同功能需求划分成不同功能空间，配置不同办公、生活、辅助设施以适应建筑设计方案要求，组合形态多变，实现功能与造型多样化。

模块化集成建筑按照不同的结构与功能，可以分为以承重单元为代表的主结构单元、走廊单元、楼梯单元和以非承重单元为主的卫浴单元等。

图3　主结构单元

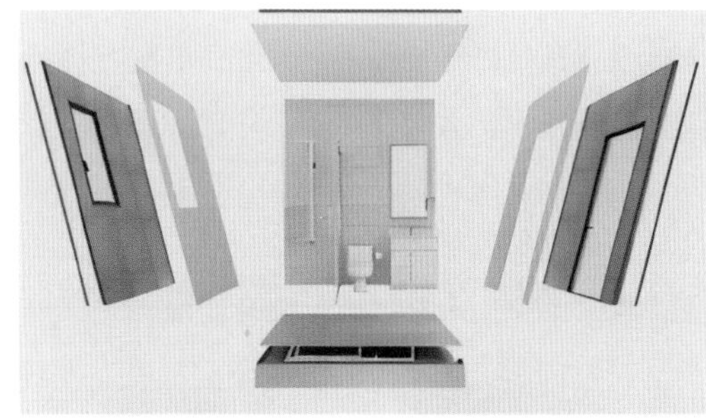

图4　卫浴单元

图5 楼梯单元

## 2.3 建筑、结构、机电、围护、内装一体化集成技术

与传统建筑相比，模块化集成建筑采用工厂预制生产方式，不受气候条件、环境条件限制，可以24h作业，能大大缩短建设周期，只需要传统建筑的1/3甚至更少。其采取高度集成化、标准化、流水线式的先进制造模式，90%以上的工作在工厂完成，包括结构、建筑、水电、设备安装、装饰装修、固定家具等，而现场工作则是少量的基础施工以及模块结构之间、设备管线之间的连接，实现像造汽车一样造房子。

模块化集成建筑可以从结构系统、围护系统以及模块化集成房屋系统三个维度进行划分，整体提升装配式混凝土建筑在建筑、结构、机电、装饰及部品等方面的一体化程度，建立起基于一体化技术的创新产品体系、高效生产和安装施工的BIM技术体系。

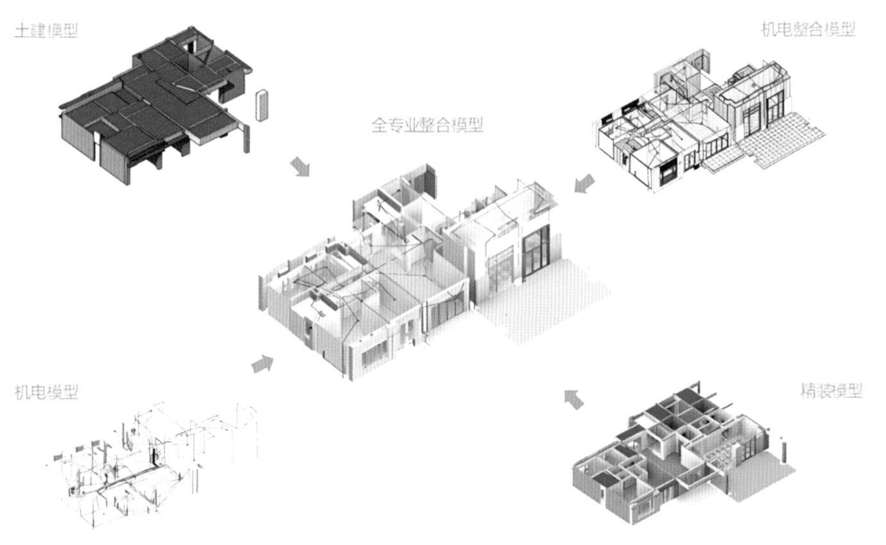


图6 BIM正向设计

## 2.4 钢结构箱式模块化建筑

钢结构MiC的模块结构由钢柱、钢梁、顶部钢板以及混凝土组合楼板组成，钢柱、钢梁之间采用焊接的方式，并于压型钢板上现浇混凝土制成混凝土压型钢板组合楼板，从而形成钢结构MiC的主体结构。外围护结构一般采用轻钢龙骨墙体或波纹钢板，轻钢龙骨墙体安装便捷，且外装饰面可以灵活设计；波纹钢板可增强主体框架刚度，防止吊运过程产生较大变形。

通过连接节点和适用高度不同，钢结构MiC又可以分为低多层钢结构MIC和高层钢结构MiC。低多层钢结构MiC采用纯干式连接，模块单元可拆卸二次利用，现场吊装速度可以达到每天2-3层，适用于24m以下的低多层建筑。以坝光国际酒店为例，运用了低多层钢MiC技术，实现了深圳市首个多层永久MiC建筑以及全国第一个7层永久模块化建筑，多层酒店的建造速度全国第一，先行两栋多层建筑仅用44天建成。

高层钢结构MiC则采用后灌浆式连接，满足刚接的性能，强度和刚度等同于传统钢结构，精度要求高，安全可靠，适用于100m以下的高层建筑，现场吊装速度仍可以达到每天1-2层。以山东烟台莱山区滨海健康驿站项目为例，采用高层钢结构MiC技术，项目总面积11.75万$m^2$，项目高度为78m，为全国最高的MiC项目。

图7 深圳市坝光国际酒店

图8 山东烟台莱山区滨海健康驿站项目

钢结构MiC适用于低多层或高层的学校、公寓、医院、展厅、办公、酒店等具备快速建造需求和装配式建筑要求的民用建筑。

图9　钢结构MiC应用场景分类

## 2.5　混凝土箱式模块化建筑

混凝土MiC根据其适用高度以及结构形式可以分为低多层混凝土MiC以及高层混凝土MiC。其中低多层混凝土依据其结构形式又可分为C-L01a、C-L01b和C--L02三类。C-L01a的模块结构由混凝土柱、梁、顶部混凝土楼板组成，无底板，外围护结构采用轻钢龙骨墙体或轻质材料隔墙，适用于9m以下低多层建筑、临时建筑等；C-L01b则为六面体框架结构，包括框架柱、框架梁、结构顶板、结构底板、围护墙体、水电、装饰装修等，适用于15m以下的低多层建筑；C-L02为五面体框架结构，包括框架柱、框架梁、结构顶板、围护墙体等，适用于24m以下的低多层建筑。而高层混凝土的模块则由上下顶板与四周墙体围合而成，呈现为六面体单元。模块仅作为功能性单元，不占据现浇结构空间，不参与受力，主体结构仍为完全现浇，适用于150m以下的高层建筑。

低多层混凝土MiC体系主要用于新农村住宅、临时用房、低多层公共建筑以及低多层独栋住宅、办公楼、公寓、酒店、学校等民用住宅。

图10 混凝土MiC应用场景分类

模块化集成建筑系统从具有高度集成性的模块化集成建筑系统入手，针对模块化整体卫生间、模块化紧急防疫隔离中心、模块化住宅等建筑体系，对其结构连接、设备管线集成、装饰部品应用等技术作了系统研究，利用复杂工序工厂制作、简单工序现场安装的理念和思路，大大提高了装配式建筑的预制率和装配率，真正实现了速度快、环境好、质量高的建筑体系。

## 2.6 烟台莱山滨海健康驿站项目

项目位于烟台市莱山区观海路东侧，规划建造2栋20层、78m的钢结构模块化建筑。项目总建筑面积约11.7万$m^2$，共设有1044个房间，兼具防疫隔离和日常居住办公的双重功能。

作为海龙S系列产品——钢结构MiC高层模方的代表项目，烟台莱山滨海健康驿站共使用352个钢结构MiC模块单元，预计建设工期14个月，而按照传统建造方式则需要3年才能完成。项目采用目前建筑工业化程度最高的装配式4.0时代核心技术——MiC技术建造，每个模块单元的装修、水暖、机电等90%以上的工序在自动化工厂完成，变高空作业为平面流水作业，实现工厂与现场并行。

在绿色低碳方面，项目凭借中建海龙科技有限公司（以下简称“中建海龙科技”）MiC技术，在建造过程中可有效减少80%的施工垃圾、约700吨的固体废弃物以及20%的材料耗损。施工现场可实现免焊接工艺，大幅减少施工用电量和用水量，同时噪声、粉尘等排放也显著降低。

在科技创新方面，该项目运用中建海龙科技自主研发的新型模块化建筑灌浆连接节点技术，实现了MiC模块单元之间的刚性连接，突破了过去钢结构装配式建筑因连接节点问题导致的高层建造技术瓶颈，建成后将成为国内新型建筑工业化的标志性项目及模块化建筑技术示范项目。

根据施工计划，MiC模块单元运输至施工现场后，平均1.5天可完成一层楼的单元吊装，实现像“搭积木”一样盖房子。烟台莱山滨海健康驿站项目通过快速高效、绿色低碳、智慧集成的建造方式，不仅推动了生态环境保护，更助力城市加快形成与新发展理念相匹配的产业结构、工业生产方式，提高城市绿色发展水平。

图11　烟台莱山滨海健康驿站项目

# 3 模块化集成建筑项目案例

## 3.1 中建海龙科技有限公司MiC 项目综述

中建海龙科技有限公司共完成学校、医院类MiC项目25个，其中医院MiC项目19个，学校MiC项目6个，建筑面积113.3万m$^2$，模块数量56220个（表1）。

中建海龙科技有限公司医院学校项目总表　　表1

| | 建筑面积（万m$^2$） | 模块数量（个） |
|---|---|---|
| 医院MiC项目 | 104.8 | 55,063 |
| 学校MiC项目 | 8.473 | 1,157 |
| 合计 | 113.273 | 56,220 |

中建海龙参建的医院、学校MiC项目获得香港卫生署、香港建筑署等业主一致好评，并获得国内外多项大奖，如中国建设工程鲁班奖（境外工程）、2021年欧洲医疗健康设计奖、DFA亚洲最具影响力设计大奖、英国皇家屋宇设备工程师学会香港2021年度大奖——新冠防疫建筑成就奖。

## 3.2 北大屿山医院香港感染控制中心

北大屿山医院香港感染控制中心是香港第一家运用MiC技术建造负压隔离病房的项目，更是全球首家MiC负压隔离病房传染病医院，中建海龙公司负责MiC箱体的生产及运输工作。

北大屿山医院香港感染控制中心坐落于香港亚洲博览馆西侧，医院占地面积约3万m$^2$，建筑面积约44,000m$^2$，共提供136间病房、816张负压隔离病床及配套医疗设施。

项目既需满足香港永久建筑设计标准，又要严格遵循香港特区政府部门质量要求，但最重要的是保证项目工期，将原本需要3-4年的建设流程缩短至不到4个月。项目共计524个MiC箱体，其中医疗箱408个、功能箱46个、楼梯箱70个。

2022年年中，随着疫情的多点爆发，国内对医院类、学校类、宿舍类具备快速建造特点的建筑的需求量剧增，在深圳市工务署和中建海龙科技有限公司的共同推动下，制作了以钢结构MiC为模块单位的单体功能模块技术手册，其中形成了包括标准病房的设计装修标准、家具选型标准、隐蔽工程标准等多个功能模块的标准化设计方案和MiC解决方案。

## 3.3 深圳市坝光国际酒店

项目总工期124天，总建筑面积25.65万m$^2$，包括6栋7层酒店、1栋7层宿舍、4栋18层高层酒店、1栋18层宿舍和独立配套用房。中建海龙采用以MiC技术为代表的新型建筑工业化建造技术和

图12　北大屿山医院香港感染控制中心

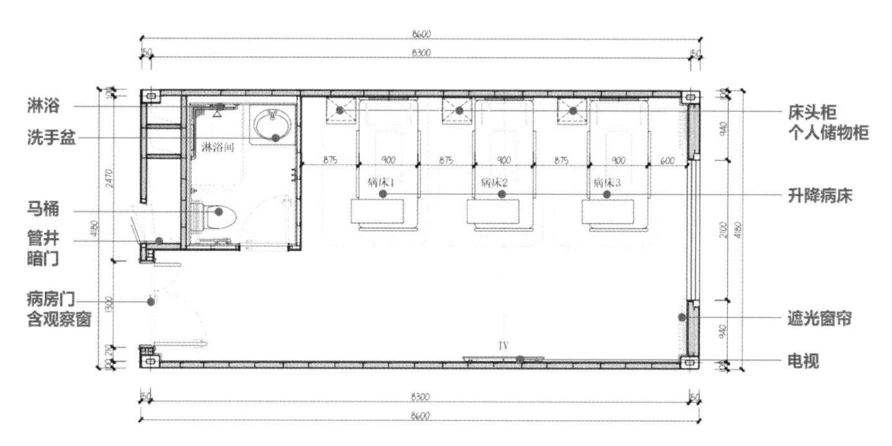


图13　标准化病房MiC平面方案

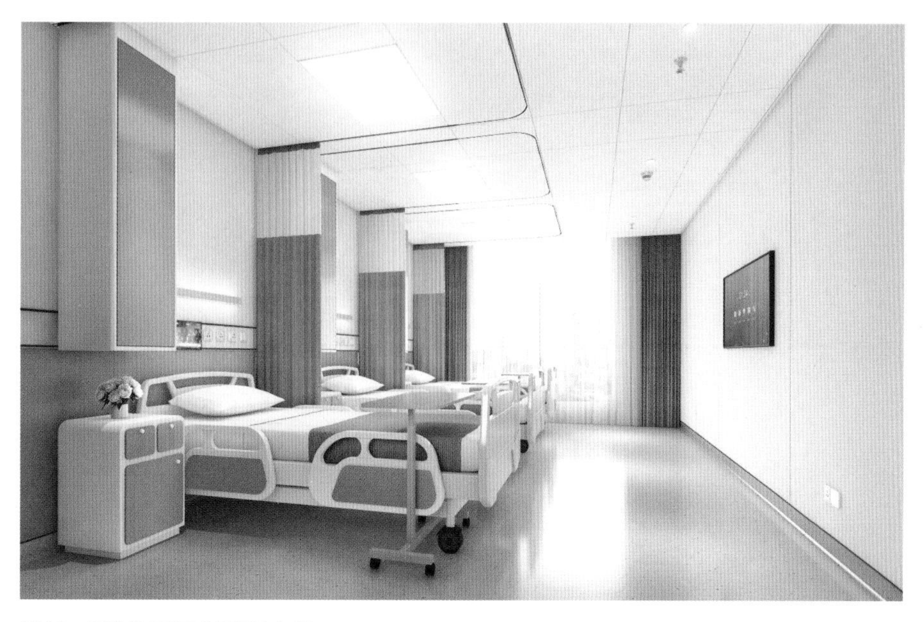

图14　标准化病房MiC设计方案

智能化建造技术，在44天内完成2栋7层“平疫结合”的酒店建设，实现了我国MiC技术由低层向多高层的突破。

DfMA（Design for Manufacturing and Assembly）是指在产品设计阶段，充分考虑产品制造和装配的要求，使得产品具有很好的可制造性和可装配性。本项目地下室机房、公区管线、屋面机房均采用工厂预制DfMA模块。

项目基于DfMA设计理念，以“参数化设计、构件化生产、智慧化运输、装配化施工、数字化运维”为导向，在项目5个阶段、36个应用场景中采用BIM技术。同时结合C-Smart智慧工地系统，与工厂生产管理MES系统有序衔接，实现了工厂和现场一体化。项目将按“平疫结合”功能转换，未来作为海洋大学学生宿舍。

该项目的落成，对于中建海龙具有非同寻常的社会意义，对深圳的抗疫事业也具有重大意义。尤其是在2022年3月的深圳疫情中，深圳坝光国际酒店成为深圳的重要大型隔离场所，优质的居住环境保障了隔离及防疫人员的身心安全。在深圳果敢的抗疫政策下，这波疫情得到了快速有效的遏制，成为全国的抗疫榜样，而深圳坝光国际酒店在疫情期间也起到了不可磨灭的作用。

坝光国际酒店项目源于国内疫情暴发时期，彼时国内因为疫情而大量增加了对隔离、医护和人员治疗的需求，全国各地因此以快速建造的方式兴建了大量以隔离、暂住为目的的酒店和医护场所。

装配式建筑因其独有的技术优势，能在确保工期的前提下，最大限度地满足建筑功能，设计师应用设计标准化的理念大幅加快了项目整体的设计、建设、施工过程，精简了设计中所涉及的各类结构构件、幕墙构件、装饰材料、部品部件等的型号规格，从工厂大规模制造品控的需求出发，提高生产效率，降低了成本。

图15　深圳市坝光国际酒店

图16　深圳市坝光国际酒店大堂设计方案

图17　深圳市坝光国际酒店MiC客房设计方案

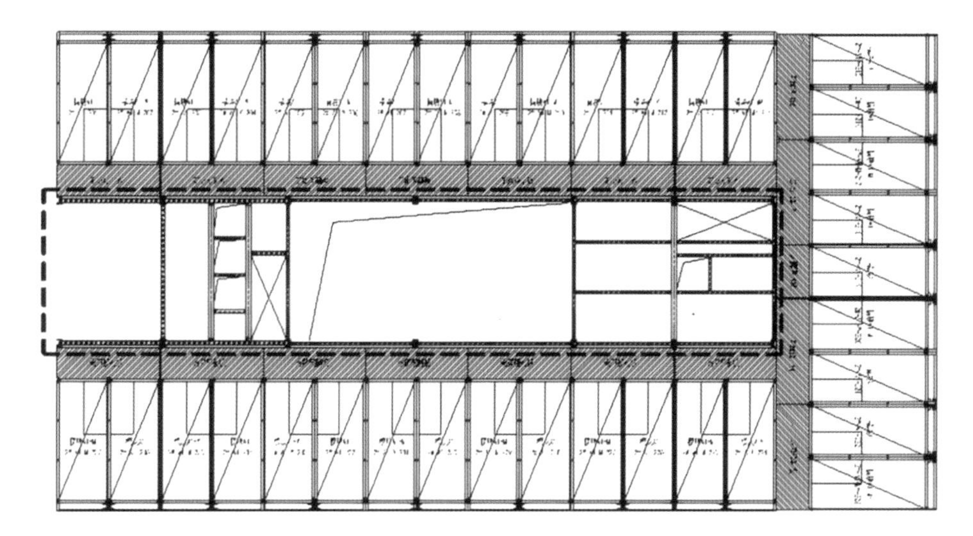

图18　坝光酒店模块布置图

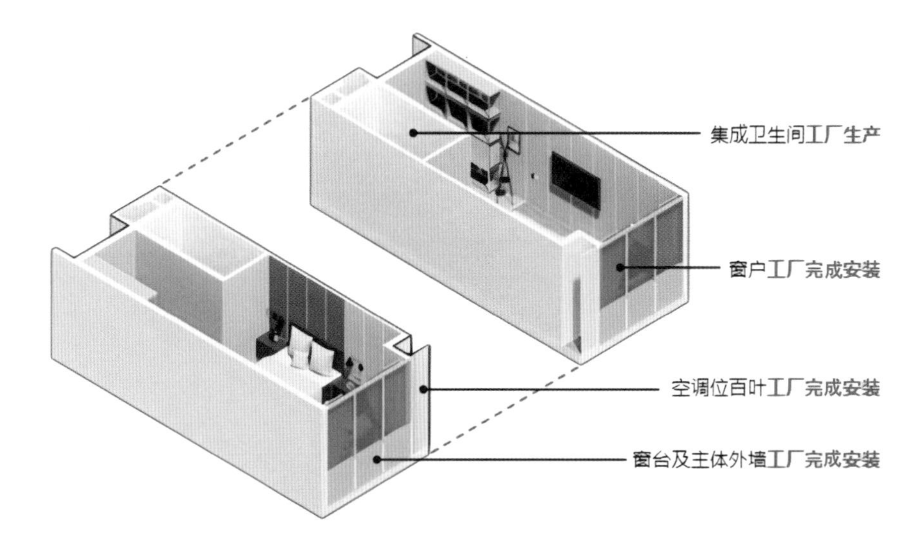


图19　模块+一体式单元幕墙工厂生产

### 3.3.1　防疫酒店的设计理念

酒店内装整体设计理念遵循“以人为本”“绿色低碳”和“平疫结合”，选材在遵循安装便利、快速周转、便于替换等原则的基础上，实现最优品质和风格设计。在装修风格和配色方面，汲取现代欧式和新装饰主义的精华，为住客营造一个低调、高雅、现代的居室环境。

### 3.3.2　防疫酒店建筑的平面功能

根据相关意见，酒店单体平面设计每栋楼均为独立防疫隔离单元，在一楼大堂设置卫生通过区，按照洁区、半污染区、污染区“三区两通道”布置，同时满足建筑功能分区及防疫流线要求。隔离人员通过污区电梯到达隔离客房，服务人员经一更、穿衣、缓冲区入场服务，再通过缓冲、脱衣、淋浴出场。

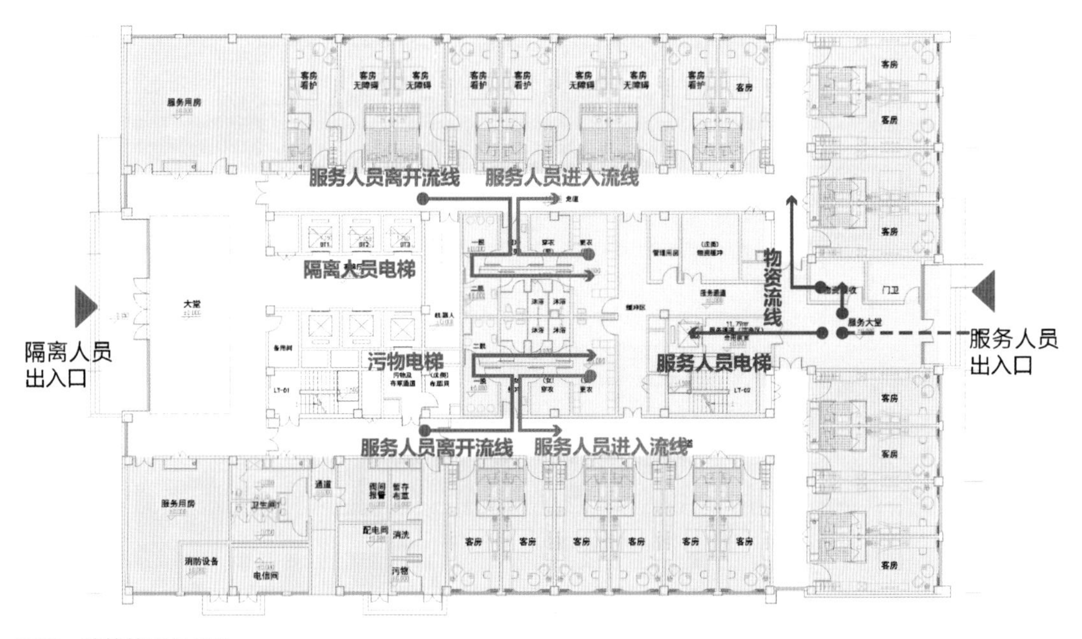


图20　建筑首层平面图

酒店内采用简明及高效的空间规划：隔离客房平行地分布于酒店大楼外侧，两层中空玻璃窗充分提高进入客房内天然阳光和提供景观。病房中间区域则为人员、物资通过区、服务用房及机电配套等，特设置机器人房，可避免服务人员与隔离人员的直接接触。餐食和各种洁净物资供应都是从“服务出入口”物资入口运入酒店内。而用过的物资、一般废物都会暂存于“污区”暂存间，并从污物电梯运出。

酒店内导引标识设计充分考虑平疫结合的顺利转换，疫情期间专用的流线标识系统，采用投影灯或可替换模块的方式满足疫情期间的使用需求，避免后期拆卸损伤墙体；标识形象充分考虑住客体验，传达温暖舒适的宜居感受。

A6号首层设置综合医疗门诊部，包含门诊、急诊、基本医疗用房及一间CT室，满足基本医疗需求。酒店入口位于首层西侧，门诊入口位于南北两侧中部，服务人员入口位于首层东侧，医护人员入口位于首层东北角。物资流线分为清洁通道和污染通道，清洁通道与东侧服务人员入口合用，

图21 人性化的标识形象

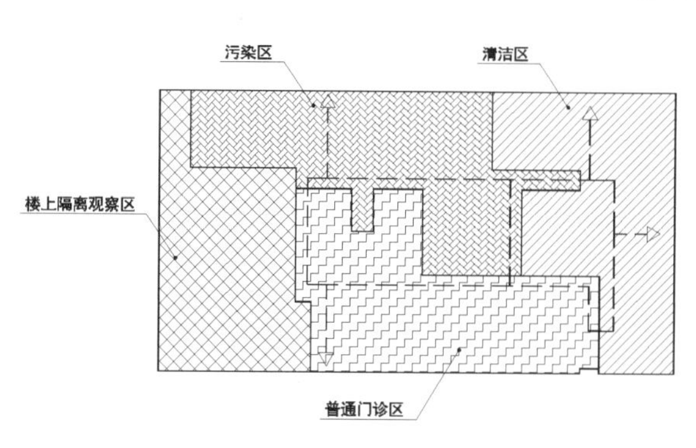


图22 A6号综合门诊防疫分区

污染通道位于西北角和东南角，确保洁污分流。

酒店标准客房尺寸为开间3.6m，进深9m。酒店双人间、套间占比约10%，均置于酒店低楼层（多层酒店1-3层，高层酒店1-7层）便于服务管理。客房设计充分体现人文关怀：（1）无阳台，窗开启宽度小于15cm；（2）床头柜上方增加小阅读灯；（3）尽量无玻璃、无尖角家具，无可搬动家具；（4）极简家具，留出足够活动、锻炼的空间。整体设计风格素雅，打造舒适、愉悦、安全的生活空间，为了呈现品质和效果，在材料选型上选择了更有纹理和质感、易清洁、易消毒的材料。酒店单元在疫情后可经过部分家具替换，转换为大学宿舍，每间可提供4个床位。

### 3.3.3 防疫酒店的装配式内装

在坝光国际酒店内装设计的材料使用和工法上，设计师采用了全装配式装修的设计理念，在装修中遵循安装便利、便于替换的原则，采用干法施工工艺、管线分离以及采用环保无污染装修材质等一系列新型的设计思路和先进理念及做法，来满足快速建造及应用的使用要求。

选择装饰材料和家具材质时，设计师结合室内声环境、光环境、热环境及空气环境等要求，同时考虑到作为防疫隔离单元，在空间使用时人居时间较长，同时定期的消毒将会对饰面材料造成损

图23 坝光生态国际酒店主装饰材料

坏或与之混合后产生有害物质，故材料应满足绿色环保和耐毒、耐腐蚀的物理性质。

墙面：客房墙面选择硅酸钙板基层PP膜面层的集成墙板，公共区域选用中晶板，观感、质感得到保障。固装柜及入户门选择了免漆覆膜材料，减少木饰面油漆工序，节约成本以及缩减生产工期。

地面：客房玄关处地面及防火要求高区域使用柔光地砖，客房及公共区域地面使用地胶，便于清洁、消毒，同时对成本比较好控制，施工速度快。

天花：使用可耐福高耐板，是一种高强度高密度的石膏板，涂料可以直接在这种材料面层实施，减少腻子这道工序，既能让天花更整体，又能减少湿作业，从而达到保证效果的前提下又控制成本和施工周期。

## 3.4　深圳福田第九高科技预制学校

为配合加快推进教育优质均衡发展，着力完善基础公共服务供给，2019年福田区立足区情，积极探索高密度城市发展下的教育项目建设新思路，提出“双十工程”：通过5年内建设10所高科技预制学校及10所永久学校，预计新增学位逾31000个，以彻底扭转教育学位紧缺态势，多渠道扩充教育资源。

项目在深圳市福田区，在加快推进教育优质均衡发展、着力完善基础公共服务供给背景下，由中建海龙科技建造的高科技预制学校，采用“海龙模方”钢结构MiC技术建造。

学校总建筑面积约5656m$^2$，由137个MiC模块单元组成，教学楼的主体呈“回”字形，按照18个班、810个小学学位的规模建造。项目在设计阶段充分考虑小学生好动的性格特点和项目地形，创新采用钢结构MiC模块化的建造技术，将底层架空，充分保障了学生室外活动空间最大化。同时，项目通过工厂预制模块单元，90%的工序可在自动化智慧工厂完成，施工现场只需要“像搭积木一样”组装拼接，可实现灵活拆卸、异地建造，具有重复利用价值。学校按永久建筑标准建造，相比普通校舍7级抗震的建造要求，项目抗震性能可达8级。另外，项目在绿色环保方面也具有明显优势，建造过程中所使用的全部MiC模块单元均在海龙智慧工厂完成生产，可减少约25%的材料浪费，并显著减低施工现场的建筑废料、噪声、粉尘等污染。

在设计中建筑师充分考虑了单元模块的生产建造要求，以对青少年教学生活的标准化单元的研究为基础展开设计。利用模块的不同组合方式适应各个不同地块，在标准化营建的前提下充分考虑每处学校的在地性设计，创造富有特色与个性的活动场所，提供激发青少年成长潜能的学校空间环境。

项目首先确定基本模块，通过模块组合变化进行不同用地的适应性设计，形成丰富、个性化的活动空间，同时又有统一的空间逻辑和设计语言。通过建筑体块围合，形成隔绝周遭嘈杂环境的独立庭院，环以趣味围廊，充分利用架空空间，打造充满活力的活动聚落。

得益于中建海龙科技MiC快速建造技术，项目实际建设周期仅约100天。目前，福田区第九高科技预制学校已投入使用，并获得广大师生的一致好评。

图24 福田第九高科技预制学校

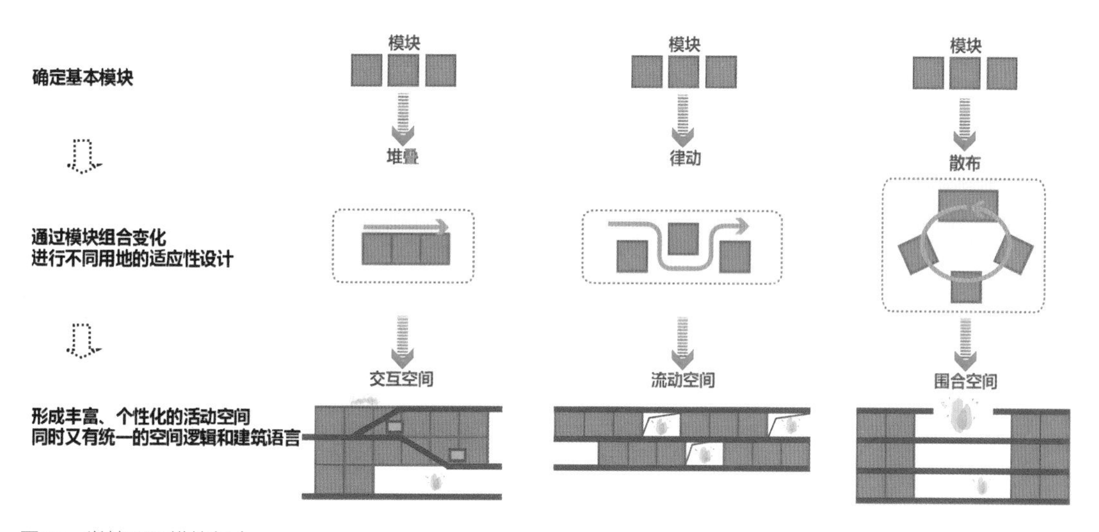


图25 学校项目模块组合

### 3.4.1 学校建筑的设计策略

深圳第九高科技预制学校项目有以下几个特点：（1）项目用地集约，体量为单一整体建筑，在单体建筑内满足教学、办公、服务配套等功能；（2）深圳福田区建筑工务署要求建设周期短，能尽快投入使用；（3）用地位于福田中心城区，周边存在住宅，要求绿色施工，减少工地现场湿作业，减少施工噪声；（4）基于碳达峰、碳中和的政策背景，福田区率先探讨高密度城市环境下教育项目的建设新思路，最终达到先进示范作用。

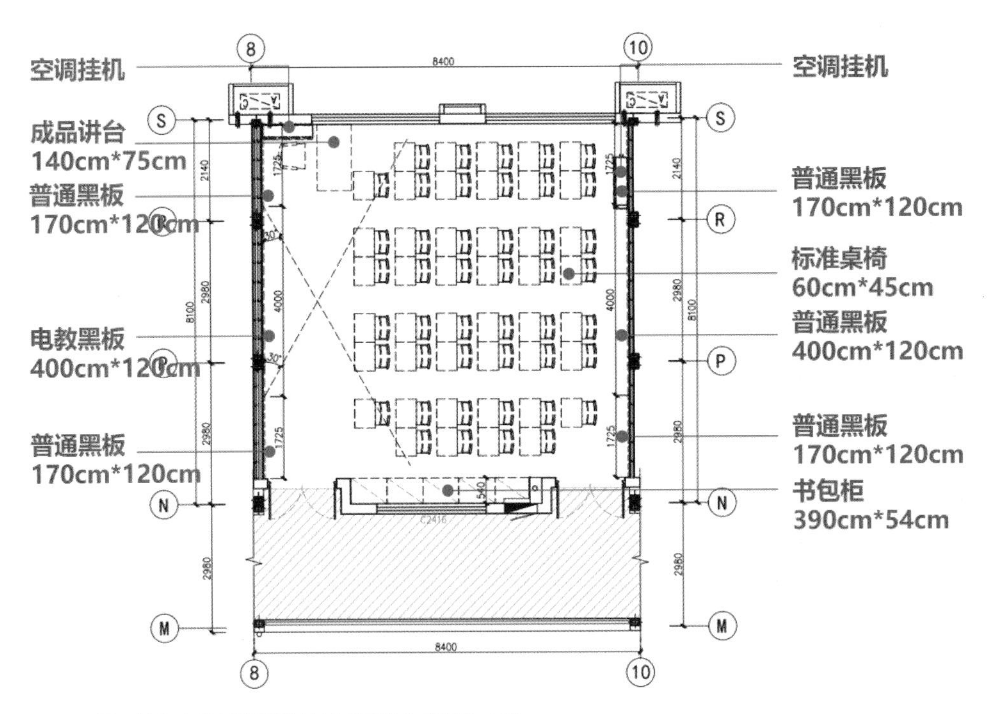


图26 福田第九高科技预制学校MiC标准教室设计方案

图27 福田第九高科技预制学校MiC标准教室

### 3.4.2 学校建筑的平面设计

进入学校后人流通过内廊进行疏解，另外利用中庭及一层架空层作为学生的活动场所，根据建筑柱网布置静态活动场地，并做好相应防撞措施。竖向交通通过四个角落楼梯间及电梯进行疏解。消防车通过东侧出入口驶入学校中庭，并通过内庭进行回转。

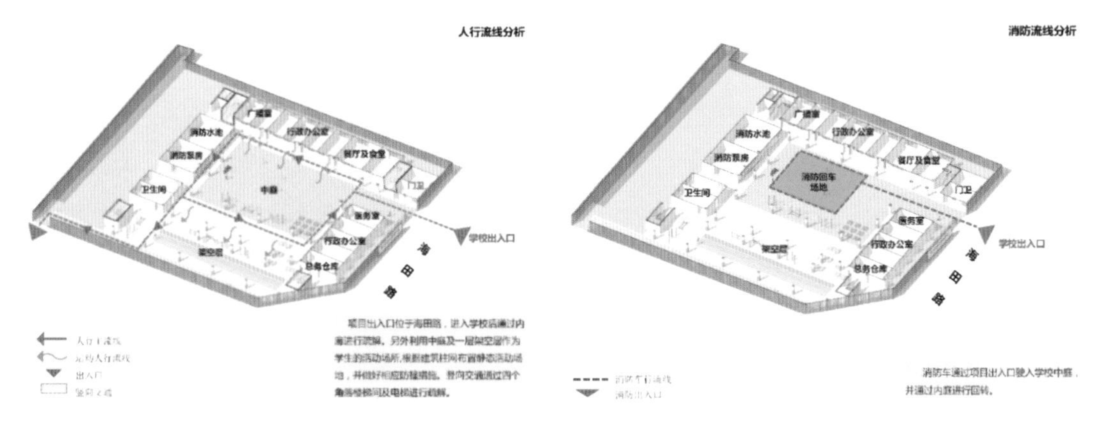


图28　人行流线分析

图29　消防流线分析

第九高科技预制学校整栋楼的总建筑面积5656m$^2$，防火等级为二级，每层为一个防火区，最大允许建筑面积2500m$^2$，整栋楼共有3个防火分区。小学按18班、每班45人、教职工50（校方要求）进行设计，各层疏散宽度符合规范要求。

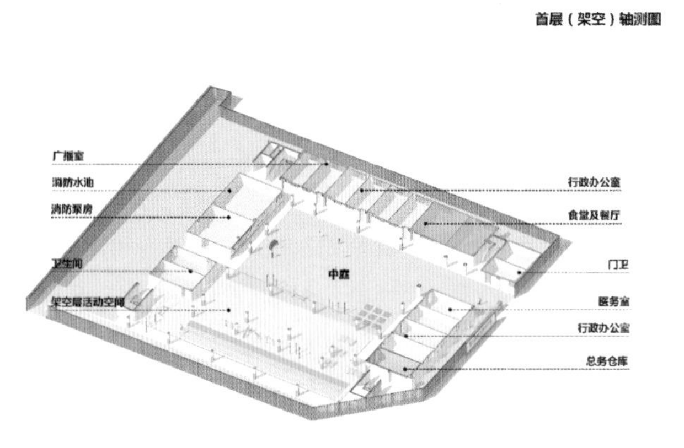


图30　首层轴测图

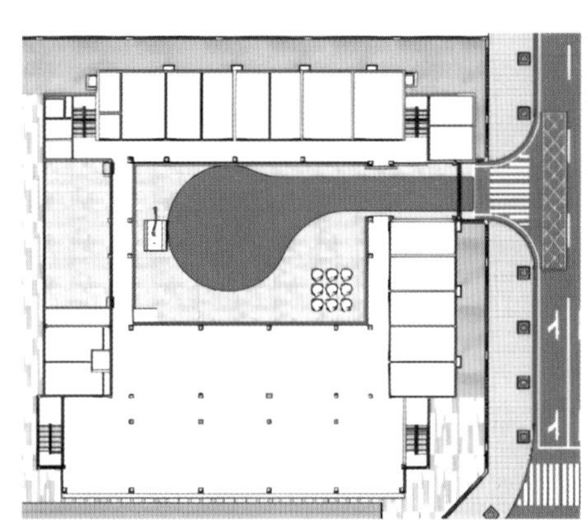

图31　首层平面图

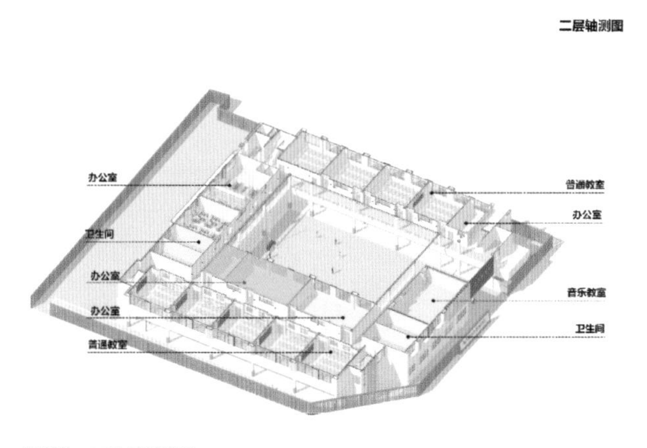


图32　二层轴测图

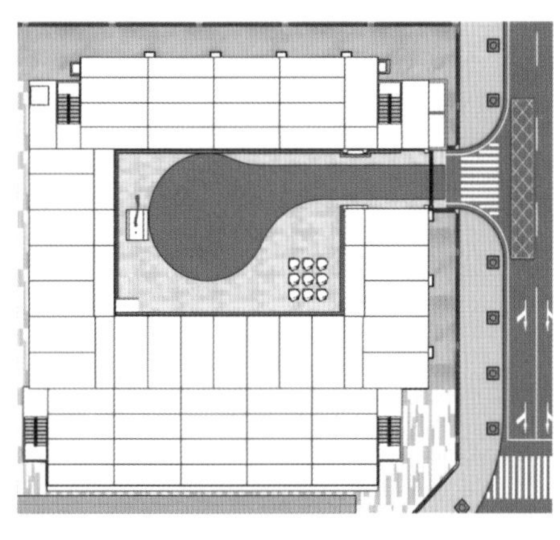

图33　二层箱体布置平面图

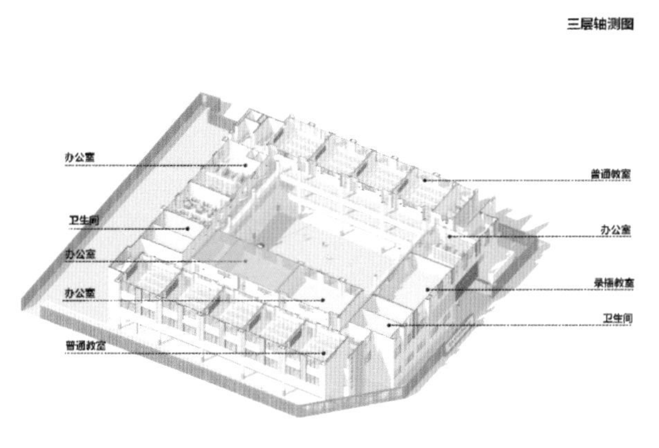


图34　三层轴测图

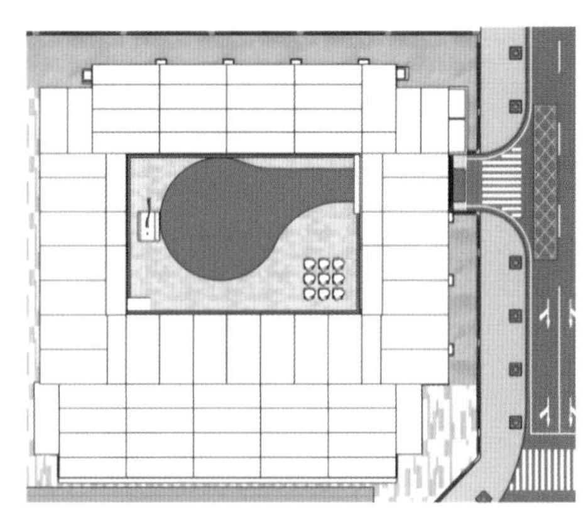

图35 三层箱体布置平面图

### 3.4.3　学校建筑的内装设计标准化

在项目前期策划阶段，内装就提前介入，与建筑设计同步进行，设计过程中与建筑、结构、机电各专业相互协调、配合，以符合现行国家标准《建筑模数协调标准》GB/T 50002-2013和《工业化住宅尺寸协调标准》JGJ/T 445-2018的规定对项目进行装配式装修的统筹与设计。根据项目需求，划分标准教室模块及专业教室模块，通过统筹建筑设计模数提高通用性，采用标准化的构造节点及统一的连接方式，极大地简化了工厂装修施工的做法及管理流程，提高了工作效率。

### 3.4.4　学校建筑的设计选材标准化

内装材料选型上采用易安装、易清洁、无棱角的收口材料，可以防止意外磕碰的伤害，同时降低了后期运维的难度；为了配合MiC钢结构快速装配式的特点，在材料的选用上也大量使用可装配式的材料和成品预制材料，例如拼装式墙板和天花，最大限度地减少现场湿作业产生的工期和工作量，综合考虑材料特性、观感、造价、产能、周期等因素选取符合项目特点的装饰材料。

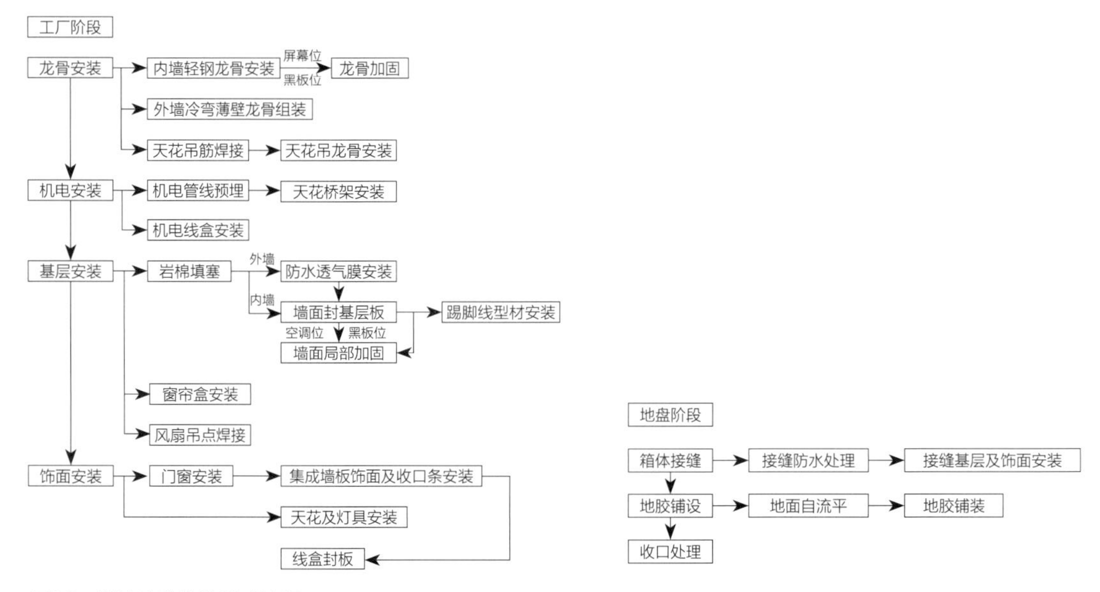


图36　学校建筑的装配式流程

### 3.4.5　学校建筑的装修施工装配化

装配式内装以工厂化部品部件应用为基础，全面实现施工装配化，90%工序都在工厂预制完成，在现场处理的大多是MiC箱体接缝处的拼接工艺。在各类饰面的技术工艺上，大部分材料都是高装配化的材料，铝扣板、集成墙板都是纯干法施工饰面，只需要依赖天花龙骨、石膏板基层就可以快速安装，收口也有配套的专用收口条，减少了人为加工产生的瑕疵和质量不稳定的情况。这是装配式建筑和装配式内装的应用结合。

本项目中所有隔墙都采用轻钢龙骨体系，利用龙骨空腔，填充岩棉，起到防火、隔音、保温的功能。龙骨空腔同时作为水电管线的通道，机电管线主要敷设在吊顶及部品轻钢龙骨墙体的空腔内，不占用多余的空间，面板、线盒及配电箱等与墙体部品集成设计，符合装配式建筑评价标准“管线分离”的设计理念。

图37　工厂内预制整体轻钢龙骨隔墙

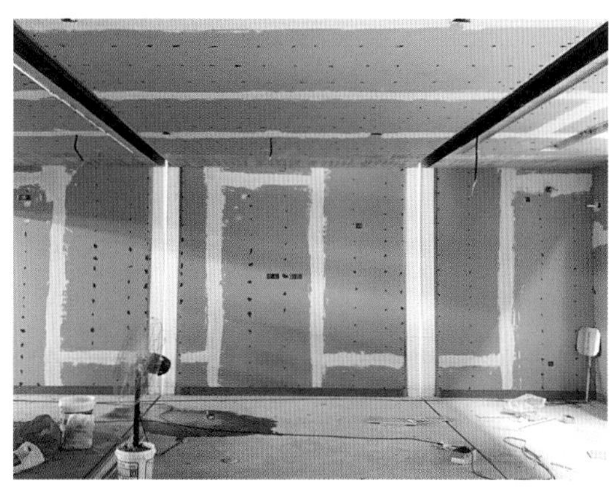

图38　工厂内预制完成的箱体照片

### 3.4.6　学校建筑的装配式内装

普通教室是学校建筑最重要的构成，也是学生日常活动的空间。教室使用集成墙板作为主要墙面饰面材料，其特点是绿色环保，不含甲醛，整洁美观，并且充分体现了装配式内装快速拼装的特点，安装过程中不含胶水，不含腻子；集成墙板具有完整的收口条系统，阳角处使用成品圆角收口条收口，既安装简便，又美观安全；天花系统使用铝扣板天花结合同样尺寸的平面灯，同样是呼应、符合MiC建筑的快速装配式理念，安装过程同样不含胶水和腻子，且易拆易装，十分便于使用过程中可能存在的管道和设备检修需求，运维便利；地面系统使用地胶卷材，其特点是防滑、防水、耐污、易于清洁，并且有一定缓冲力，确保学生意外滑倒时不易受伤，该类材料常用于医院、学校空间，具有一定的抗菌能力，明亮宽敞的空间效果非常符合教室的日常使用场景。

图39　现场组装完成的箱体照片

卫生间空间的设计以私密性和安全性为主

要出发点，墙地面砖采用薄贴工艺。男女卫生间墙面两种配色的瓷砖，确保防水、耐污、防滑等基本功能以外，可以为儿童提供相应的色彩引导；地面采用高防滑的瓷砖，为学生在卫生间中的活动提供安全保障；天花采用铝扣板搭配扣板灯，便于拆卸和检修，安装快捷便利。

设计项目中的其他内装空间基本依照前面提到的安全性、便利性和快速装配原则来选材，并且在大多数空间采用地胶、集成墙板和铝扣板的组合。部分空间考虑其功能的特殊性，采用相应特殊材料，例如舞蹈教室采用运动地胶，更加柔软、回弹力更强，可以有效保护关节防止摔伤；计算机教室为了方便线路预留和维护，采用架空地板地面；美术教室、科技教室根据其使用需求，设置了水池等。

# 4　模块化集成建筑技术展望

## 4.1　模块化集成建筑技术展望

近年来，随着新型建筑工业化的发展，国家出台了一系列政策支持装配式建筑的发展，而模块化集成建筑是装配式建筑中装配率最高、工业化程度最高的一种形式，作为工业化、绿色化、智能化的集大成者，具有快速建造、绿色低碳、可回收利用等技术优势，是未来建筑业发展的必然方向，也是建筑由单一定制化服务转向规模化大生产、建筑业思维转向制造业思维的重大变革。

虽然模块化集成建筑在我国起步较晚，但随着国内老龄化速度加快以及绿色建造需求提升，模块化集成建筑发展加快，近年来在防疫医院、学校、酒店等建筑领域的市场占有率逐步增加。但是模块建筑仍具有成本过高的问题，这也限制了其发展。目前模块化集成建筑成本仍远高于钢筋混凝土剪力墙结构以及传统钢结构。一体化集成技术是装配式建筑发展的必经之路，而未来随着模块化集成建筑市场的进一步发展，模块化集成建筑将进一步向工业化、产业化发展，形成更多标准化产品，进一步推动户型、构件以及部品的标准化，提高制造效率，降低生产成本，在充分发挥自身生产周期短、产品精细化、装配一体化优势的同时，发挥价格优势，提高在同类产品中的竞争力，使之更广泛地应用于酒店、公寓、办公、医院、学校、商场等建筑，尤其酒店、公寓等室内装修标准化高的建筑。

图40　酒店立面效果图

为了使模块化钢结构建筑适用更多场景和环境，根据建筑特征可集成不同创新技术于模块单元，按需自由组合，形成强大的拓展适应能力，形成适用于不同建筑功能的标准化产品。同时进一步与绿色建造相结合，采用光伏一体化技术，实现全生命周期节能减碳，实现绿色建造。

图41　光伏一体化示意图

图42　标准化室内装修图

我国最新版的地震动参数区划图已取消了不设防区，抗震设防需做到全覆盖，这也对模块化集成建筑节点的抗震性能提出了更严格的要求。但是，内地模块化建筑起步较晚，尚未形成完善的体系，在节点抗震性能设计以及混凝土模块化建筑体系等方面存在诸多不足，目前只是较多地应用在低层建筑当中，尚不具备在高烈度区高层建筑中使用的条件。未来我们将进一步加深对模块化集成建筑节点及体系力学性能与抗震性能的研究，形成标准完善的设计方法，为设计施工提供理论支撑和技术指导，扩大其适用范围。

## 4.2 后疫情时代下的应用场景和展望

随着疫情的缓解，后疫情时代随之到来。改革开放四十多年，我国其他门类工业都发生了根本性变革，现代化水平越来越高，唯独建筑建造方式基本没有改变。当前建筑业普遍存在资源消耗大、污染排放高、生产效率低、安全风险大、质量通病多等问题，与新发展理念和“双碳战略”的矛盾突出。建筑业要摆脱成本高、污染重、治理难的现状，就必须在生产方式上进行变革，利用好工业标准化、规模化的优势和数字化高效连接、打破边界的优势，构建一套新的生产方式，实现建筑业整体的转型升级和高质量发展。

相比于传统建筑，模块化集成建筑技术对地方或区域发展以及实现建筑业低碳转型有着如下直接好处和推动作用：

首先，是促进建设业节能减排的有力抓手，也是实现建筑业“双碳战略”的有效路径。模块的工厂生产可最大限度降低材料损耗，能源与水的利用更加节约高效，让工地“脏乱差”成为历史，有效减少建造过程的空气、噪声污染与垃圾排放，让城市绿色宜居。以混凝土装配式建筑为例，相比传统建造方式可减少建筑垃圾排放70%，节约木材60%，节约水泥砂浆55%，减少水资源消耗25%。

其次，是促进当前经济稳定增长的可靠措施，也是推行新旧动能转换的良好选择。模块化集成建筑更加有利于催生新型产业，包括部品加工、专用设备生产、数字化服务等，促进产业再造和增加就业；有利于拉动投资，扶持产业集群投资建厂，凭着建设“一片区域”，引入“一批企业”，打造“一批项目”，形成“一系列增长点”。2020年全国新开工装配式建筑面积6.3亿$m^2$，拉动社会投资4.5万亿元，2021年增长到7.4亿$m^2$。

最后，是提升住房品质和居民消费需求的有效举措。我国居民住房支出占收入比重大，传统建造方式质量通病严重、投诉量高，人们对住房质量的期望和现实落差越来越大。2020年全国消协组织受理房屋建材类投诉31,084件，同比增长10.78%。而模块化建筑的工业化可以实现毫米级误差的质量管控，以及可定制装配式装修、集成厨房和卫生间、四新技术的应用等升级换代技术，有助于拉动居民消费需求。

因此，在后疫情时代，新型建筑工业化是建筑业低碳转型升级的唯一路径，而模块化集成建筑技术也可以为城市打造低碳品质人居新样板。

## 4.3 建筑师在标准化设计中的角色

“建筑不是一个单纯的物质产品，它是一个文化系统的体现，除了物质功能外，还具有精神品质，对一个社会的兴衰起着预示、反映和总结的作用。”建筑的本质虽然是物质性的人类庇护所，但同时也具有较强的非物质性，这些非物质性包括历史、文化、艺术等与人类意识形态和精神相关的内容，以建筑和空间的材料、建构等物质实体来承载，通过空间组合、材料搭配和建构方式来实现和表达。

建筑师在设计过程中需要对模块的多样化、设计要素的大数据拓扑、建筑结构形制的参数化控制、客户喜好需求统计、标准化样本归纳、流体行为的模拟等进行思考，但综合模块化集成建筑（MiC）的技术特点，在高复制性和标准化的发展趋势之下，建筑师在关注作品的非物质性特征表现时，同时更应该从模块化集成建筑（MiC）的物质性特征出发，重点研究其物质系统各组成要素之间的建构关系。

建筑师在模块化集成建筑（MiC）中所参与的标准化设计部分和在传统设计中的工作流、角色定位和思维模式都会有所不同。在传统建筑的设计中，由于是先有结构、建筑再有内部装修，空间尺寸、功能布局、设计流线都已经有了一定的预设，且考虑结构和建筑本身的条件，设计将被外部条件所限制；而在标准化设计中，各专业建筑师是协作关系，各专业都可以为其他专业提供条件与便利，也将更加注重美观、设计、应用、材料、工艺上的模数标准化。作为最终对项目施工效果直接负责的末端建筑师，其工作重点包括从建筑建构阶段到最终统筹整合设计、生产、施工、运维，以确保完成效果。

总体来说，建筑师将不再是以美观人文为唯一出发点的设计人员，而是具备设计能力、施工工艺知识、专业沟通能力的协调者。建筑师将承担起所有传统施工工序打乱重组后，在制作施工过程中对结构、围护、机电、装修、装配等穿插作业“并联”总装的综合把控职责。

## 4.4 建筑师在模块化集成建筑领域的关注点及挑战

建筑师要引领建筑科技创新和发展，在当下大多数的建设项目中，建筑师仅对设计蓝图负责，很少关注建造工艺和施工过程；也很少有执业建筑师具备从设计阶段管控到建造完成交付使用全过程的能力。如果仅满足于形式上的创意和想象力，建筑师将退化为“造型师”和“绘图员”，不再具有参与建造过程的策划和优化项目推进的功能，在设计和建筑全过程中的作用将被淡化，价值也将被低估。这正是当代建筑师乃至整个设计行业所面临的重大挑战。

如今，虽然疫情大潮已经过去，但在后疫情时代下，模块化集成建筑（MiC）依然在全国各地开花结果，在这重大的科技与产业革命之下，建筑师也应当开始考虑如何将自己的专业与模块化技术相匹配，积极参与变革，适应时代的洪流，抛弃蓝图思维，树立产品思维，将建筑和设计思维置于一个系统和体系中思考，而非只是梳理各自专业的内容；要将设计与建造的链接紧固，使设计对结构构成、施工装配、建筑构筑都形成具备规范和指导的使用价值。只有将单纯设计思维转变为项目思维，建筑师才能有眼光、有远见地迎接时代变革下的新机遇。

# 和静

## （住宅建筑）

北京市建筑设计研究院股份有限公司第十建筑设计院院长，装配式建筑研究院院长，正高级工程师，国家一级注册建筑师，北京市装配式建筑专家委员会委员、北京市保障性住房专家委员会委员、北京市房地产业协会保障性住房分会专家组长、保障房产业创新联盟专家等。

2001年进入北京建院，在居住、商业、酒店、学校、办公等多种类型建筑领域均有所建树。2015年来，主要从事装配式建筑设计、一体化集成、策划咨询方向的研究、技术推广和项目实施，主持“十三五”国家重点研发计划“绿色建筑及建筑工业化”重点专项科研课题——《高层装配式混凝土关键技术工程示范应用研究》；探索研究装配式建筑技术与绿色建筑、近零能耗建筑、装配式装修、BIM等技术集成应用，主持设计的多个项目被评为国家装配式建筑科技示范工程、国家标准《装配式建筑评价标准》范例项目，并入选“2020全国装配式住宅建筑设计作品”。

## 设计理念

全周期，全流程，高质量一体化。

建筑学是一项专业涉及面极广的学科，如今的建筑设计需要多专业、全周期和全流程的一体化组合。建筑师应该打破专业之间的界限和由于操作流程带来的专业壁垒，形成一体化贯穿式的设计建造模式，真正做到“无界设计”。

# 基于建筑性能的装配式一体化集成（设计）应用

## 1　综述

20世纪70年代中后期，以北京市前三门大街高层住宅的集中建设为标志，迎来了高层居住建筑的建设高潮。随着我国城镇化的发展，集约节约利用土地的提出，城市居住建筑基本以高层建筑为主，在大大提高了人们的居住面积、改善了居住条件的同时，高层居住建筑在城镇居住建筑中也占有较高的比例。近年来，随着经济的发展，人们对居住条件的需求也从满足基本的生存生活需要，发展到了多样化、高品质的物质、精神双重需要。但在住宅的日常使用维护和二次改造更新中，传统装修在噪声污染、环境污染、资源消耗等方面，突显了越来越多的不适应。

### 1.1　居住建筑传统装修存在的不足

现阶段，居住建筑一般采用的是传统装修形式，在其全生命周期使用过程中，人们面临的是日常使用维护和二次改造更新遇到的各种问题。

一是在日常生活中，因设备故障的小毛病给人们的生活带来大麻烦，常常面临找谁来修、怎么修、是否好修、维修成本、维修是否及时等一系列的问题，给生活带来诸多不便。

二是室内更新改造，由于人们在不同阶段对居住需求的变化、建筑装饰装修的老化、新住户对居住环境的需求不同等原因，需要对房屋进行二次装修。在传统装修的二次更新中，普遍存在以下问题：

（1）室内承重隔墙多，难以满足空间灵活改造的需求，甚至存在为扩大空间盲目拆除承重墙，危害整栋楼结构安全的现象。

（2）噪声污染严重，对邻里生活环境、身心健康造成严重影响，干扰正常的生活秩序。

（3）建筑垃圾排放量大，可循环应用建材比例低，造成大量资源能源的浪费。

（4）施工周期长，房屋空置时间长，增加了人们的周转成本，降低了房屋全生命周期的使用价值，并给生活带来诸多不便。

五是装修材料有害物质排放的“叠加效应”和缓释，对人体健康在较长时间内产生不良影响。

### 1.2　新型建筑工业化指引了装饰装修发展方向

20世纪50年代中期，国务院提出了发展以设计标准化、构件生产工厂化、施工机械化“三化”为特征的建筑工业化，同步提出加强设计工作，把设计工作作为又多、又快、又好、又省完成国家基本建设计划的重要条件和重要措施。[1]

2016年，国务院办公厅出台大力发展装配式建筑的指导意见，指出“一体化装修”是装配式建

1　《国务院关于加强和发展建筑工业的决定》《国务院关于加强设计工作的决定》，于1956年5月8日国务院常务会议通过。

筑的基本特点之一，要推进建筑全装修，推广标准化、集成化、模块化的装修模式，促进整体厨卫、轻质隔墙等材料、产品和设备管线集成化技术的应用，提高装配化装修水平；倡导菜单式全装修，满足消费者个性化需求。

2020年，住房和城乡建设部等九部委提出，以新型建筑工业化带动建筑业全面转型升级，指出装配式建筑作为新型建筑工业化快速推进的代表，明显提高了建造水平和建筑品质。同时进一步明确指出，要推进装配化装修方式在商品住房项目中的应用，推广管线分离、一体化装修技术，推广集成化、模块化建筑部品，提高装修品质，降低运行维护成本。

## 1.3 聚焦装配式建筑，探索研究提出新理念

早在“十二五”“十三五”时期，我们就以北京市建筑设计研究院有限公司在装配式建筑专项领域的科研成果、技术研发和实践经验的积累，研究打造全生命周期服务于人、为使用者提供安全、健康的使用环境、满足使用者的需求、给予使用者美好体验的建筑产品，探索并提出了基于建筑性能的装配式一体化集成设计理念：

对标制造业，聚焦建筑产品的集成与创新，形成一种装配式建筑技术与装配式装修技术、绿色建筑技术、超低能耗建筑技术、信息技术等集成应用综合解决方案，发挥设计对建筑全生命周期的引领作用，系统化前置性地解决了设计、生产、施工、装饰装修、运营维护中可能存在的问题，为装配式建筑的高标准高品质实施提供保障，提升建筑产品全生命期的综合效益。

理念提出后，在朝青知筑、燕保 · 台湖家园等多个装配式居住建筑项目中进行了实践应用，取得了良好的综合效益。

朝青知筑项目，是基于建设单位对于高端商品住房建筑性能和创新发展需求，采用装配式混凝土建筑结构、可变大空间设计、管线分离和装配式装修技术的集成应用，打造全生命周期一户型多场景的可持续发展产品。

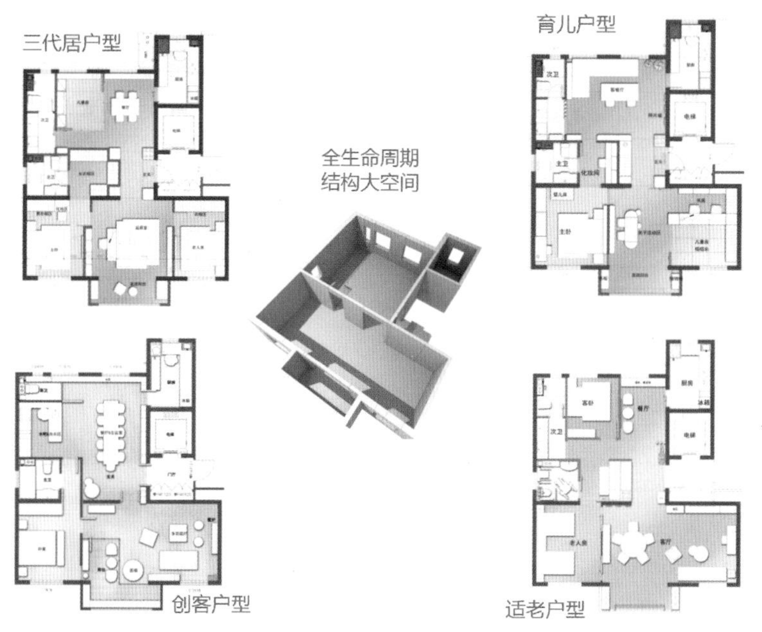


图1　大空间及四种适用场景方案

燕保·台湖家园项目，采用建筑、结构、设备管线、装配式内装修一体化集成协同设计，形成标准化户型、楼型下的多样化外观效果，以及标准化设计下的预制构件、装修部品少规格，户内空间完全采用装配式装修，满足建设阶段穿插施工需求和运维阶段的快速更新。

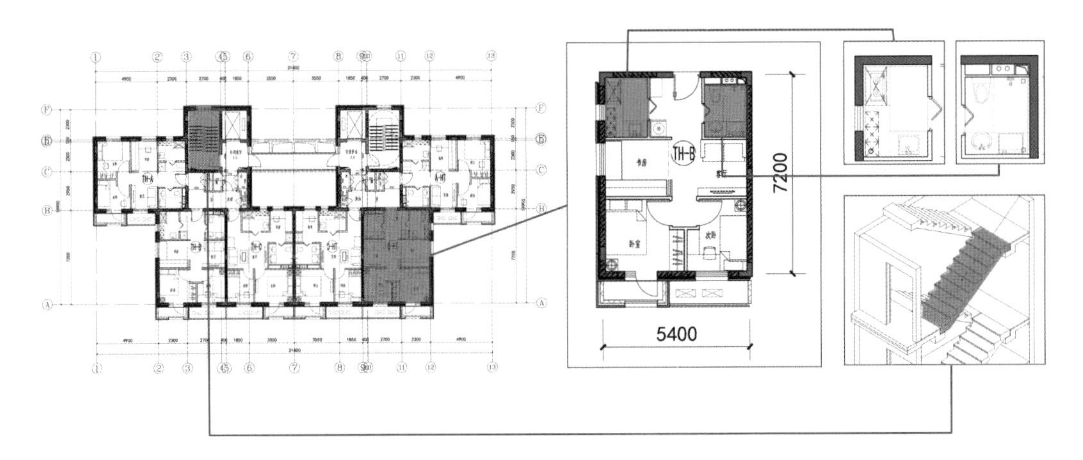


图2 标准化功能模块

# 2 创新理念

## 2.1 建立装配式居住建筑设计体系

针对装配式居住建筑，利用系统工程思维，分析其组成系统与逐级细分领域，统一接口的标准化，保持组合多样化，形成一套完整的体系架构，建立统一的标准化体系，作为装配式居住建筑设计与实际工程案例遵循的基础逻辑。

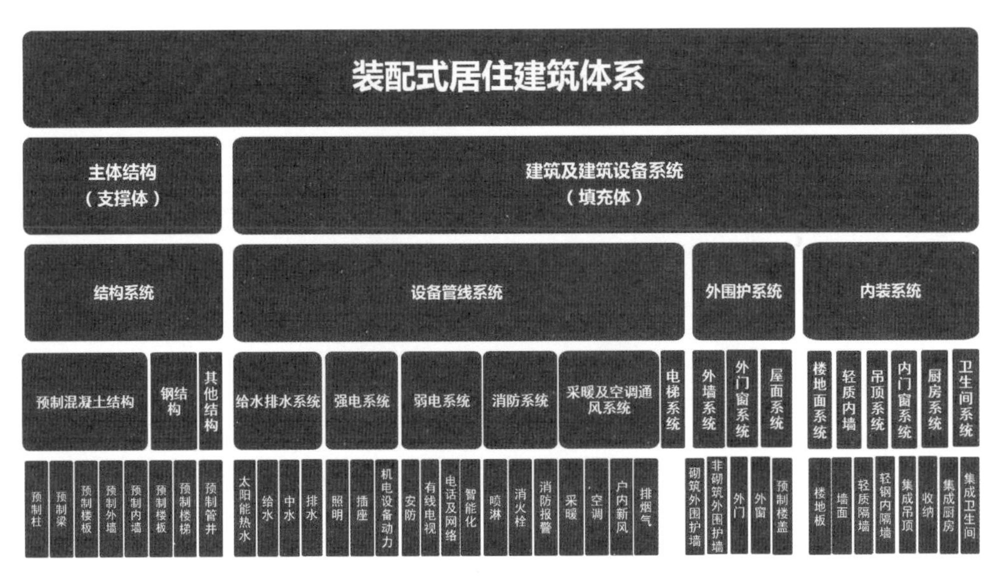


图3 装配式居住建筑体系构成示意图

## 2.2 建筑工业化设计

建筑工业化是对标现代制造业，通过现代化的制造、运输、安装和科学管理的生产方式，替代传统建筑业中分散的、低水平的、低效率的手工业生产方式，它的主要标志是建筑设计标准化、构配件生产工厂化、施工机械化和组织管理科学化。

建筑工业化的设计方法，包含如楼栋、套型、厨卫空间及其他空间、建筑立面等的标准化设计与多样化组合，以及诸如建筑模数、结构布置、用水空间集约等与工业化相关的设计控制原则。

### 2.2.1 设计原则

#### 1. 标准化原则

标准化不是单一化，标准化研究的核心是模数协调——统一模数——优化模块——选择模式。

从标准化家具入手，协调建筑、装修模数，实现尺寸的配合，使建筑部品具备通用性和互换性。通过一定的设计逻辑控制变化原则，由功能标准化房间模块到标准化套型模块、由标准化套型模块到多变的楼栋，实现“少规格多组合”，最终形成高层装配式混凝土建筑的设计方法，实现标准化的通用性与适应性，从而推进房屋从粗放型手工建造转化为集约型的工业化装配。

因此，多样性是结果，标准化是方法和过程。

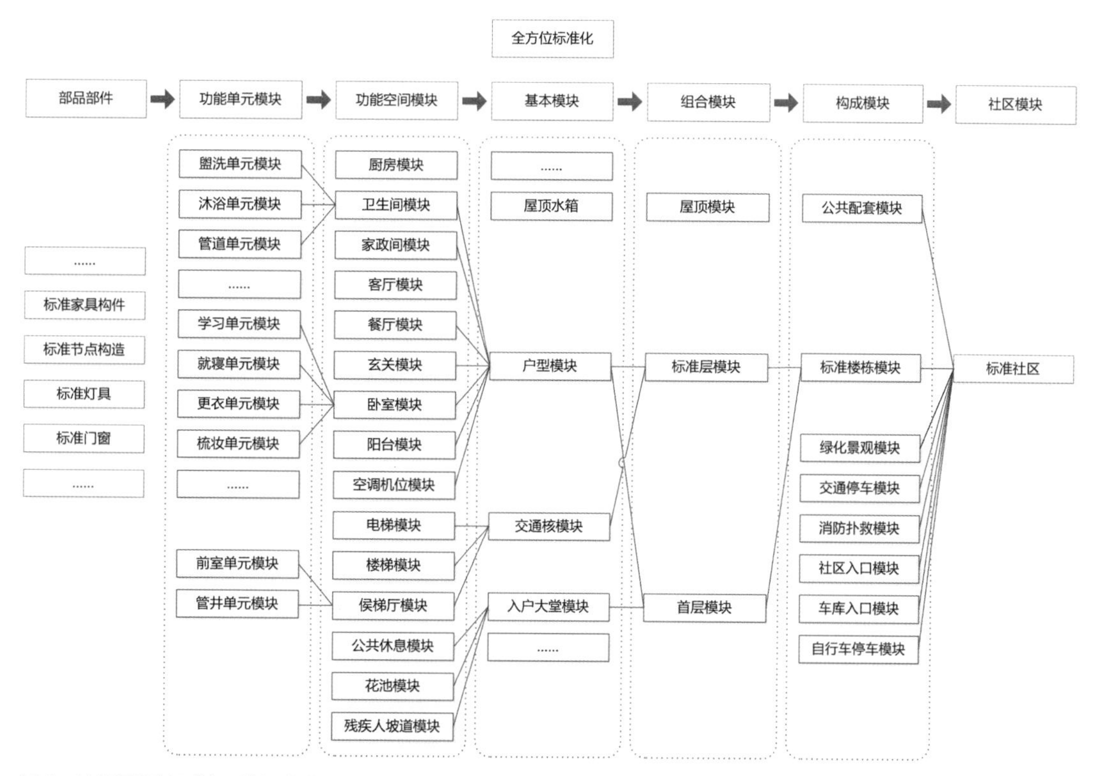


图4 从部品部件到社区的标准化设计

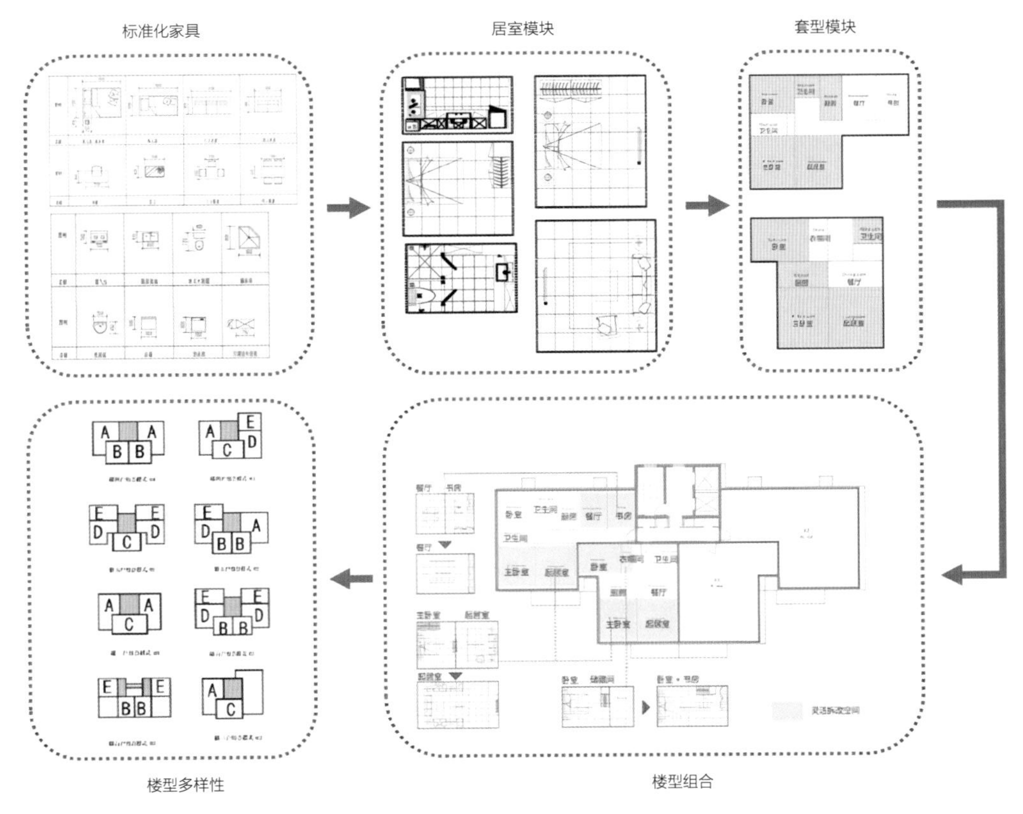


图5　标准化与多样化的协调

2. 一体化集成原则

装配式建筑设计的核心，是基于全产业链协同的建筑设计、生产、施工一体化集成的工程设计，统筹产品策划、构件生产、建造过程适用技术的应用，满足建造全过程以质量、效率为目标的设计—服务一体化。

在建筑设计阶段将建筑功能条件前置性集成设计，在部品生产阶段统一进行建筑构件上的孔洞预留、管线预敷设、装修面层固定件预埋等，在装修施工阶段避免打凿、穿孔等作业，管线安装、墙面装饰、部品安装一次完成到位，既保证了结构的安全性，又减少了二次更新改造的施工噪声污染和建筑垃圾。

3. 经济性原则

装配式建筑设计阶段，要统筹考虑全产业链各环节成本。

对于构件生产和运输，设计阶段控制外墙板种类、水平板、外挂构件的种类，减少复杂构件，提高模板使用效率，降低侧模数量，降低运输风险和成本，统一外窗尺寸，降低内模数量。

对于构件吊装施工，控制外墙板、水平板、外挂板的数量、重量，对现浇节点进行标准化设计，降低吊装成本，提高吊装速度，减少现场钢模的数量和种类。

应用信息技术，通过BIM技术在设计、生产、施工、管理中的一体化应用，提高效率，优化成本，实现技术资源集成、生产过程可控和社会效益、经济效益双赢。

### 2.2.2 模块设计

#### 1. 功能空间模块

住宅各功能空间的尺寸和面积主要由“家具和设备”“人体尺寸”以及“操作活动”三部分所需空间组成。在户型平面的设计中，套内各空间的尺度与面积应整体协调，分级设置，合理分配，以形成紧凑、经济的布局形式。

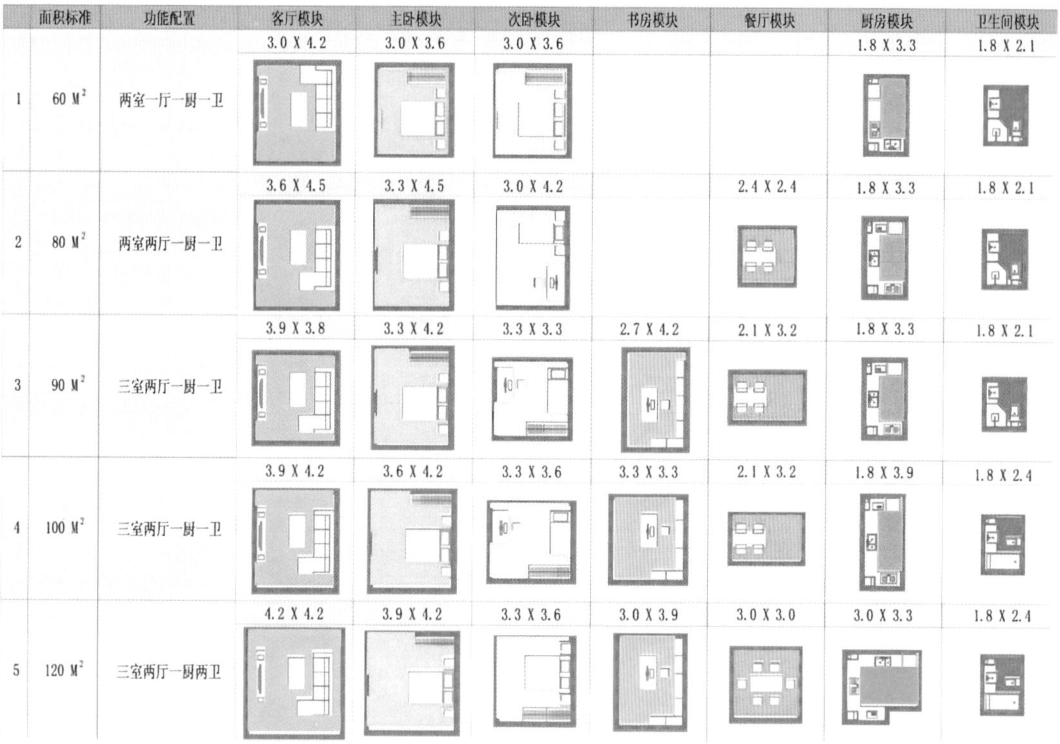

| | 面积标准 | 功能配置 | 客厅模块 | 主卧模块 | 次卧模块 | 书房模块 | 餐厅模块 | 厨房模块 | 卫生间模块 |
|---|---|---|---|---|---|---|---|---|---|
| 1 | 60 M$^2$ | 两室一厅一厨一卫 | 3.0 X 4.2 | 3.0 X 3.6 | 3.0 X 3.6 | | | 1.8 X 3.3 | 1.8 X 2.1 |
| 2 | 80 M$^2$ | 两室两厅一厨一卫 | 3.6 X 4.5 | 3.3 X 4.5 | 3.0 X 4.2 | | 2.4 X 2.4 | 1.8 X 3.3 | 1.8 X 2.1 |
| 3 | 90 M$^2$ | 三室两厅一厨一卫 | 3.9 X 3.8 | 3.3 X 4.2 | 3.3 X 3.3 | 2.7 X 4.2 | 2.1 X 3.2 | 1.8 X 3.3 | 1.8 X 2.1 |
| 4 | 100 M$^2$ | 三室两厅一厨一卫 | 3.9 X 4.2 | 3.6 X 4.2 | 3.3 X 3.6 | 3.3 X 3.3 | 2.1 X 3.2 | 1.8 X 3.9 | 1.8 X 2.4 |
| 5 | 120 M$^2$ | 三室两厅一厨两卫 | 4.2 X 4.2 | 3.9 X 4.2 | 3.3 X 3.6 | 3.0 X 3.9 | 3.0 X 3.0 | 3.0 X 3.3 | 1.8 X 2.4 |

图6 功能空间模块尺度

#### 2. 交通核模块

核心筒设计在高层住宅设计中十分重要，合理规划楼梯、电梯布局，有效控制走廊、管井尺寸，优化入户方式，在保证舒适度前提下可有效提高使用率。根据现行规范，总结工程设计经验，将核心筒模块拆分为楼梯、电梯、前室及走道、公共管井4个部分，各部分采用模数化设计，满足多样化组合要求，达到标准化设计的目的。

楼梯是现浇施工中最复杂的部位之一，楼梯的预制包括梯段、梯段+平台、梯跑，可以减少施工难度、提高建造效率，楼梯也是现阶段最好实现标准化的构件之一。统一楼梯梯段设计，双跑楼梯可以根据需要设计成带休息平台和不带休息平台的标准楼梯构件，剪刀梯则宜取踏步阶段进行标准化设计，通常一种建筑类型项目只需设计一个楼梯模具就能满足预制要求。

## 2.2.3 平面设计

### 1. 楼型平面

楼型体型系数小，绿色节能，楼栋形态规整、节地，规划层面经济高效，户与户朝向要体现均好性。楼型平面尽量选择类长方形，交通核规整方正，户型模块化，便于灵活组合，实用性强（表1）。

不同楼型平面对比分析 表1

| 核心筒形式 | | 特点 | 规范相关因素 | 总结 |
| --- | --- | --- | --- | --- |
| 1梯2户 | | 私密性好，公摊少<br>面宽大进深小，层数低 | 受到属地化宽厚比限制<br>拼接情况视属地化规范而定 | 得房率高<br>对容积率贡献小 |
| 1梯3户 | | 比较容易满足属地规范<br>尤其是对于宽厚比的要求 | 户型品质相对较低<br>公摊较小，总面宽较好控制 | 面宽可控，可拼接<br>公摊较小，户型面积较灵活 |
| 1梯4户 | 集中式 | 户型面积灵活<br>得房率高，但中户不能南北通透 | 总面宽可控<br>公摊较小，总面宽较好控制 | 对容积率贡献大，中户90刚需户型<br>出量大符合70.90相关政策 |
| | 分置式 | 中户可南北通透，属高品质高层产品<br>新规条件下，得房率低 | 容易满足疏散规范要求<br>标准层户型、户数灵活 | 总面宽灵活<br>可做高品质高层产品 |
| 结论 | | 可以选择标准化模块进行灵活组合，以满足特定的规划条件 | | |

### 2. 户型平面

户型的模块化设计是平面标准化的重点，户型模块是基于对目标客户的需求分析，确定户型的面积和细部设计要求，最后进行功能模块的合理组织而确定的，户型应方正，便于组织功能，紧凑高效，视觉干扰小。它与核心筒模块组合后成为标准楼型，用于指导设计。

（1）基本遵循

户型平面的设计，依据家庭人口的构成、生活习惯、室内活动特点以及人体工程学等因素进行配置，户型设计主要遵循五点：明确的功能分区、有机的动线组织、合理的面积分配、紧凑的空间布局和良好的通风采光。根据户型面积确定功能尺寸，合理控制房间的空间比例，在户型模块的设计中严格遵守由户型面积决定的功能模块的尺寸，保证户型的舒适性和实用性。套内尽量减少走道或尽量让走道空间多用途，减少空间浪费。

（2）户型模块逻辑

根据基本功能家具布置需求，确定模数合理的基础模块，尽量使用相同尺寸的基础模块，组合不同居室数的户型，组成基础户型模块。根据面积递增原则，调整相应的户型逻辑。同时预留可变空间，打造全生命周期住宅。

在住宅设计中，常见户型平面标准化设计范围是40～140m$^2$，功能模块的组合，根据南向开间个数、楼型组合模式、交通核形式等要素，将基本户型模块分为以下类别（表2）：

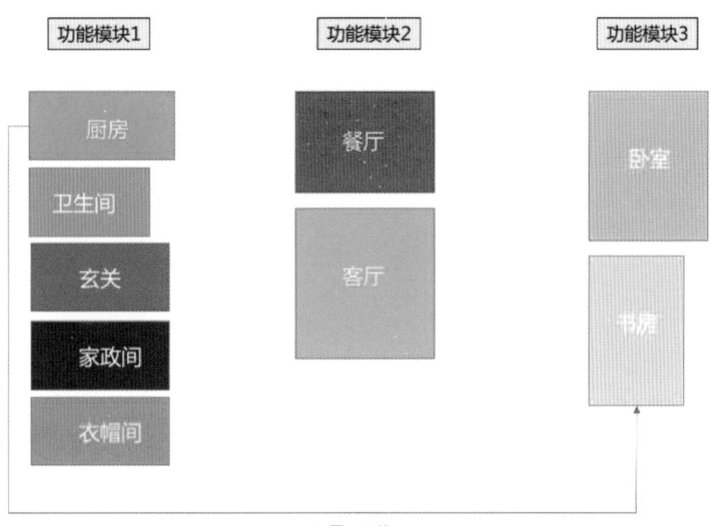


图7　功能模块关系示意图

基本户型模块类别特性　　表2

| | 面积区间 | | 南向面宽 | 楼型组合 | 居室数 |
|---|---|---|---|---|---|
| A | $40 \leqslant S \leqslant 60m^2$ | A-01 | 1.5面宽 | 1T6中户 | 0居 |
| | | A-02 | 2面宽 | 1T6边户 | 1居 |
| | | A-03 | 2.5面宽 | 1T6边户 | 2居 |
| B | $80 \leqslant S \leqslant 90m^2$ | B-01 | 2面宽 | 1T2 | 2居 |
| | | B-02 | | 1T2 | 3居 |
| | | B-03 | | 1T4中户 | 2居 |
| | | B-04 | 2.5面宽 | 1T4中户 | 2居 |
| | | B-05 | 3.5面宽 | 1T3中户 | 2居 |
| | | B-06 | 1面宽 | 1T4边户 | 3居 |
| C | $90 \leqslant S \leqslant 120m^2$ | C-01 | 2面宽 | 1T2 | 3居 |
| | | C-02 | | 1T3边户 | 3居 |
| | | C-03 | | 1T4边户 | 3居 |
| | | C-04 | 3面宽 | 1T2 | 3居 |
| | | C-05 | | 1T4中户 | 3居 |
| | | C-06 | | 1T4边户 | 3居 |
| D | $135 \leqslant S \leqslant 140m^2$ | D-01 | 3面宽 | 1T2 | 4居 |
| | | D-03 | | 1T4边户 | 4居 |

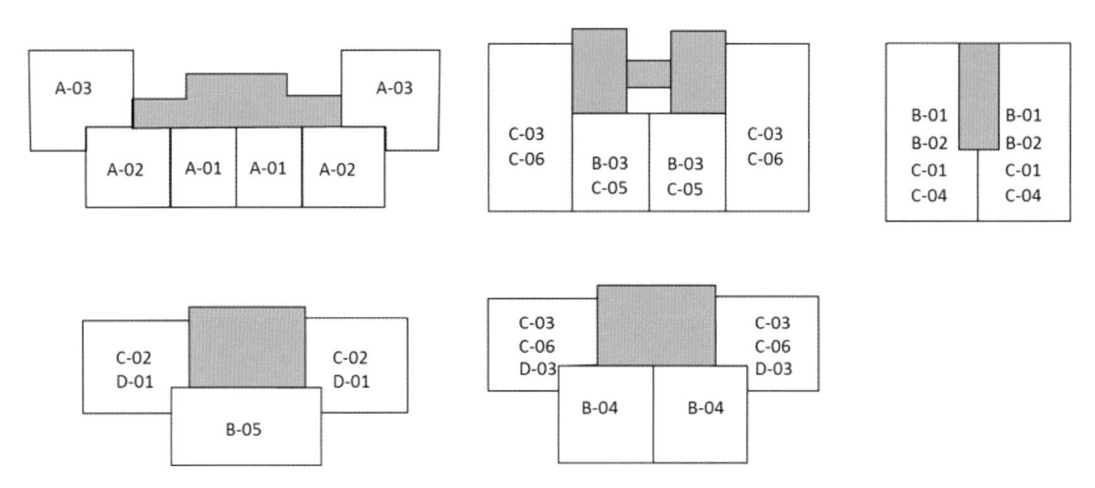


图8　基本户型模块组合楼栋平面示意图

（3）户型面积调整逻辑

在标准化功能空间、户型模块的基础上，针对户型面积的不同需求采用不同的技术方案对功能空间进行调整。

户型面积增加3～5$m^2$：功能空间结构不变，加大主要功能空间舒适度（扩大客厅、主卧等南向面宽或者主卧进深）。

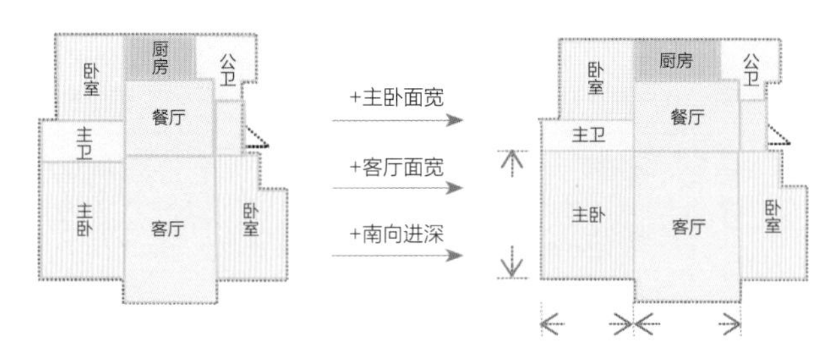


图9　户型面积调整逻辑示意图1

户型面积增加10～15$m^2$：增加主要房间配套，如主卫、衣帽间、家政间、西厨等，同时扩大客厅、主卧等南向面宽或者主卧进深。

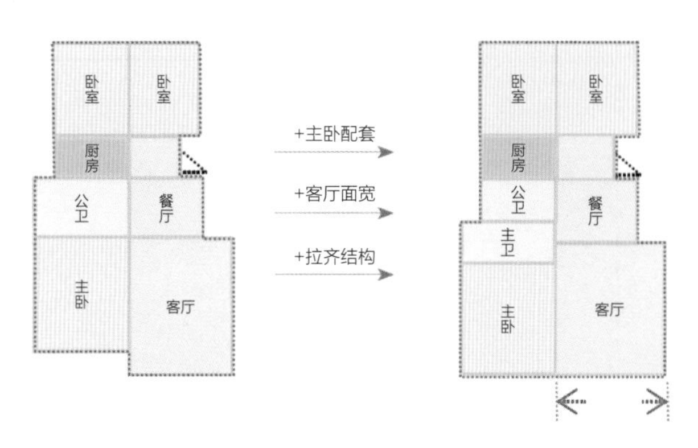


图10　户型面积调整逻辑示意图2

户型面积增加30～40m$^2$：增加开间数量，增加主要功能房间数量，如增加整条面宽所涵盖的功能空间，且保证户型逻辑。

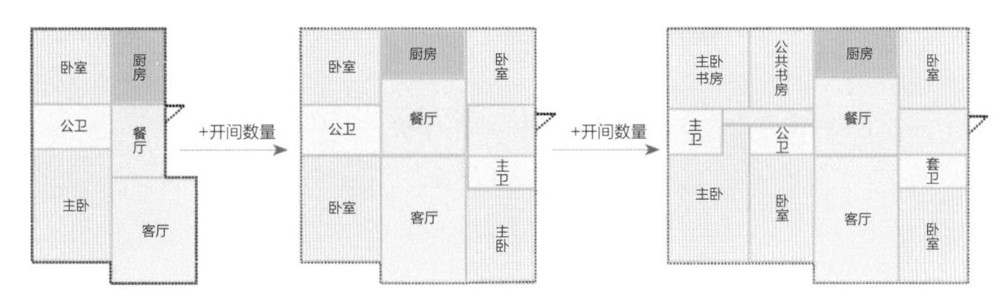


图11　户型面积调整逻辑示意图3

（4）可变空间设计逻辑

采用大空间结构体系，套内空间灵活可变，打造适应不同家庭需求、全生命周期多使用场景的产品。主要技术路径为：

- 餐厨空间可变——中西厨可任意转变
- 主卧空间可变——主卧与书房可增设套房
- 客厅空间可变——客厅与书房关系灵活，客厅宽度任意变换
- 书房空间可变——与卧室创造独立办公空间

适应未来装配式住宅的模块化使用功能空间：

模块一：主卧＋主卫　　可变程度：☆
模块二：次卧＋卫浴　　可变程度：☆☆☆
模块三：次卧＋家政　　可变程度：☆☆☆
模块四：客厅＋门厅　　可变程度：☆☆☆
模块五：餐厅＋厨房　　可变程度：☆☆

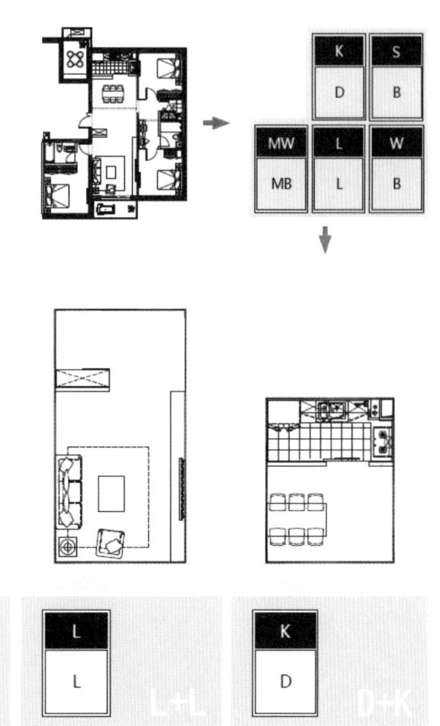

图12　可变空间设计逻辑示意图

### 2.2.4 立面设计

#### 1. 立面层次构成

装配式建筑的外墙由各类预制构件和部品构成。立面设计标准化，不仅能提高各部位部品构件的经济性，同时能于立面之上体现工厂化生产和装配式施工的典型特征。在满足标准化的基础上实现立面形式的多样化，这也是装配式建筑外立面设计的主旨。装配式建筑构成外立面的元素，可分为三个大的层次，即主体结构层、主体外饰面层、装饰层，每个大层次又各包含多种影响立面的元素。

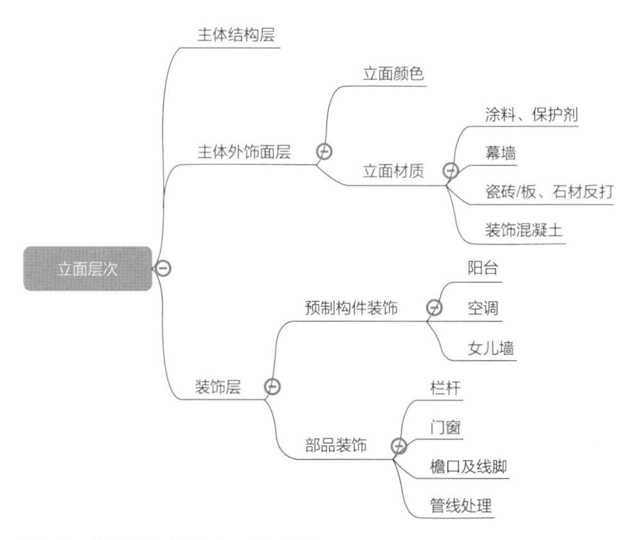


图13 建筑立面层次构成示意图

不同的立面层次，体现在装配式建筑立面中的设计重点与原则也有所不同。主体结构层作为立面标准化最主要的控制因素，着重通过结构主体构件的组合，形成整体性强而富有规律性的立面，同时优化立面构件的类型与数量。主体外饰面层是主体结构层的直观视觉效果表达，通过对结构主体外表面的色彩、质感、纹理、凹凸、实施工艺的选择与控制，达到兼顾立面标准化与多样化的效果。装饰层则是构成立面多样化最核心的元素，着重在满足标准化前提下，不同类型的装饰构件、部品的多样化组合。

#### 2. 立面设计目标

（1）文化创意层面

装配式建筑并非意味着千篇一律，除了承载产业化必要的技术支持之外，更多的体现在建筑对于适用人群的关注，而这一关注主要体现在使用和文化精神层面。使用感受主要指室内空间布局，文化精神层面则是贯穿建筑内外的灵魂。小区的规划、建筑的形体组合、室外空间场所的营造，包括建筑立面的构造与表皮处理都是建筑外在与使用者精神交流的媒介，而设计者正是通过这些媒介将其充分整合融入不同地域、不同人群的文化需求，如百子湾公共租赁住房项目规划设计采用“山水城市”理念。

图14 百子湾公共租赁住房项目效果图

（2）部品组合层面

部品组合作为装配式建筑立面的重要组成部分，对其灵活运用是实现不同项目立面特色的关键。装配式建筑立面设计的标准化与多样化是两个密切相关的问题，标准化是基础、前提，多样化是手段，立面设计关键是掌握标准化前提下实现多样化组合的方法。通过了解部品标准化和多样化两个层面的特性，对设计控制点加以诠释，在立面设计时平衡两者之间的关系，有所取舍，同时权衡技术难度以及工程造价。通过项目的经验积累来指导设计，通常所说的装配式建筑前期策划正是一种有效的途径（表3）。

外墙风格比较 表3

| 外墙风格 | 产业化 | 施工难度 | 造价成本 | 特点 | 实现策略 | 选用条件 | 优势 | 劣势 |
|---|---|---|---|---|---|---|---|---|
| 现浇现代风格 | × | 易 | 低 | | 涂料、金属装饰板、幕墙 | | | |
| 现浇装饰风格 | × | 易 | 一般 | | GRC、涂料、真石漆 | | | |
| 装配简约现代风格 | √ | 较易 | 一般 | 变化较少，强调秩序感，装饰构件少 | 装饰混凝土、清水混凝土、质感涂料 | 经济型社区 | 成本低 | 变化少 |
| 装配复杂现代风格 | √ | 一般 | 较高 | 不对称感较强，外饰面强调品质感 | 幕墙、金属装饰板 | 高品质社区 | 变化丰富 | 成本高 |
| 装配简约装饰风格 | √ | 一般 | 较高 | 三段式，对称模式平屋顶，简约装饰线条，色彩变化少 | GRC、装饰混凝土、质感涂料、真石漆 | 经济型社区 | 成本适中 | 独特性差 |
| 装配复杂装饰风格 | √ | 较难 | 高 | 三段式，对称模式复杂屋顶，多复杂装饰线条及壁柱 | GRC、金属装饰板、XPS板、面砖反打、石材反打 | 高品质社区 | 品质高 | 成本高 |

### 2.2.5　集成设计

装配式居住建筑实践中，系统集成已经成为一种发展趋势。系统集成的方法很多，比如在住宅系统中，将寿命较长的结构系统与寿命较短的填充体系统分离；将设备管井空间公共化、集成化也是趋势。集成设计方法是基于居住建筑标准化体系，以提升居住建筑的性能和体验为目标的技术与系统集成，如可变空间技术、整体卫浴技术、同层排水技术、立面一体化技术、智能家居等的集成；通过分析产品定位与市场需求，选型合适的系统集成技术，形成对应产品的集成系统（表4）。

集成设计主要技术一览表　　表4

<table>
<tr><th></th><th>主要技术</th><th>形成的产品优势及卖点</th></tr>
<tr><td>建筑方案</td><td>· 装配方案建筑全系统协调<br>· 标准化与通用性统一技术<br>· 装配式建筑外立面装饰技术<br>· 预制混凝土应用<br>· 装饰混凝土应用</td><td rowspan="4">· 获得优于传统建造形式的产品质量<br>· 改善装配式建筑外立面单一的缺点，提升建筑效果<br>· 立面造型与结构同体，增强了立面的耐久性<br>· 节能防水等重要性能可靠，提升产品品质<br>· 节能减排，体现绿色建筑的优势<br>· 实现了产品全生命周期内户型可变<br>· 给客户提供了更加灵活的个性化装修空间<br>· 私有空间与公共区域分离更彻底<br>· 体现工业化观感精致的特点<br>· 系统集成设计，户内空间利用率更高<br>· 整体卫浴自洁、防水性能优良<br>· 干法工艺，维护与更新方便</td></tr>
<tr><td>结构装配方案</td><td>· 整体装配式混凝土剪力墙技术<br>· 结构大空间与可变空间技术</td></tr>
<tr><td>百年住宅方案</td><td>· 全生命周期可变户型技术<br>· SI住宅体系应用<br>· 结构装饰“六面体”分离技术</td></tr>
<tr><td>室内装修方案</td><td>· 干法墙地面技术<br>· 干法厨房墙地面技术<br>· 改进型整体卫浴<br>· 饰面“并联连接”工艺</td></tr>
</table>

## 2.3　装配式装修关键技术

建筑室内装修，是人与建筑发生联系的最紧密界面。装配式居住建筑一体化设计思维，尊重建筑产品逻辑和建造逻辑，协调部品的选用、性能、设计与产品、建造之间的关系。比如基于管线分离，采用装配式内装修技术体系，协调集成应用轻质隔墙、龙骨墙面、吊顶、架空地面、门窗、整体卫浴、连接件、洁具、饰面材料等工业化部品和工艺，形成集成墙面系统、集成顶棚系统、集成地面系统、集成厨房系统和集成卫浴系统。

### 2.3.1　集成隔墙（墙面）系统

隔墙设计应采用非砌筑形式的墙面系统，通常采用工厂生产的预制轻质条板墙或龙骨体系的轻质隔墙（墙面）系统。

预制轻质条板墙主要采用蒸压轻质加气混凝土板，具有轻质高强、耐火、隔热、隔音、无放射性、产品精度高、施工安装便捷等优点，通过连接件在板顶和板底与主体结构连接。在设计过程中对隔墙进行排版设计，准确定位门洞口、给水分支管线、电气分支管线及点位，优化板型种类。

**装配式内装修技术体系**

- **集成墙面系统**
  - 预制轻质条板墙：墙体基层、架空墙面
  - 龙骨隔墙：轻钢龙骨、木龙骨、岩棉等填充物、集成管线、装饰面层
  - 架空墙面：龙骨架空层、集成管线、装饰面层
  - 装饰面层：饰面涂装板、石膏板、其他饰面材料
- **集成顶棚系统**
  - 龙骨架空层：轻钢龙骨、木龙骨、集成管线
  - 面层：石膏板、铝扣板、铝方板模块吊顶
- **集成地面系统**
  - 架空层：架空支撑、管线集成
  - 供暖模块：隔热层、供热管线、均热层
  - 装饰面层：木地板、地砖、饰面硅酸钙板、石英地板、其他地面材料
- **集成厨房系统**
  - 集成墙面、集成顶棚、集成地面、橱柜收纳、排风系统、给水排水系统、供暖系统
- **集成卫浴系统**
  - 集成卫浴：集成墙面、集成顶棚、集成地面、橱柜收纳、排风系统、给水排水系统、供暖系统
  - 整体卫浴

图15　装配式内装修技术体系系统图

龙骨隔墙和龙骨架空墙面，采用一体化集成设计，一般是以轻钢龙骨体系为主的空心墙体或墙面架空，架空层内敷设管线，需填充岩棉等材料以满足隔声要求，面层采用轻钢龙骨石膏板、涂装板墙面、金属面材、实木等饰面材料，也可根据装修效果应用壁纸、壁布、免漆木饰面等。

在轻质隔墙（墙面）设计时，应明确可能悬挂电视机、热水器等重物的区域及荷载，以便采用加固措施。

图16　集成隔墙（墙面）安装施工过程图

### 2.3.2　集成顶棚系统

装配式高层住宅中，顶棚部分若需要设置吊顶，应在满足室内净高的需求下设置，采用干式工法的龙骨体系吊顶，如轻钢龙骨石膏板吊顶，或铝扣板、铝方板模块吊顶，并在合理的位置设置检修口（如厨房、卫生间靠近顶部设备的区域）。在住宅中顶棚管线密集的区域设置吊顶时，应考虑其集成性，管线宜在设计阶段提前进行布置和优化排布，必要的点位和端口提前预留。在净高有条件的区域，可按管线分离的方式布置。

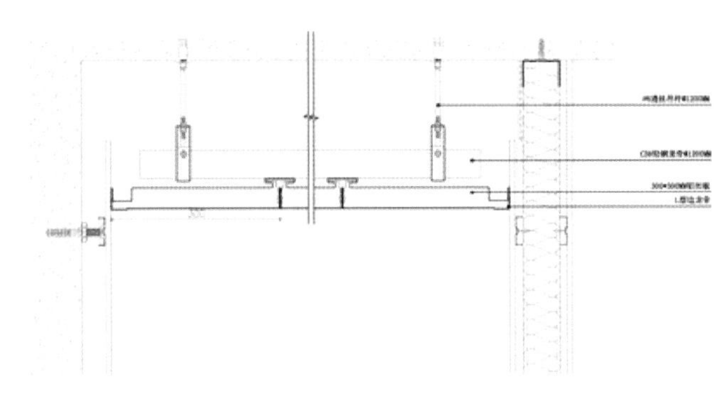

图17　集成顶棚节点及实施过程图

### 2.3.3　集成地面系统

采用干式工法的内装地面，通常以可调节架空支撑体系配合木地板、硅酸钙板等有足够强度的部品。区别于传统地暖管的铺设，干式工法的地暖管线敷设于预制管槽的保温材料之中。通过调节架空地面的高度，能够有效利用架空层区域，设置管线设施。在应用瓷砖类饰面时，需要结合其支撑体系的技术参数，对瓷砖尺寸进行控制，避免因承载力不足造成产品损坏。另外，在厨房、卫生间与主要居室空间的地面交接位置，应注意因高差产生的做法厚度不同，需要提前对该区域可能涉及的架空层空间内的管线高度进行排布。

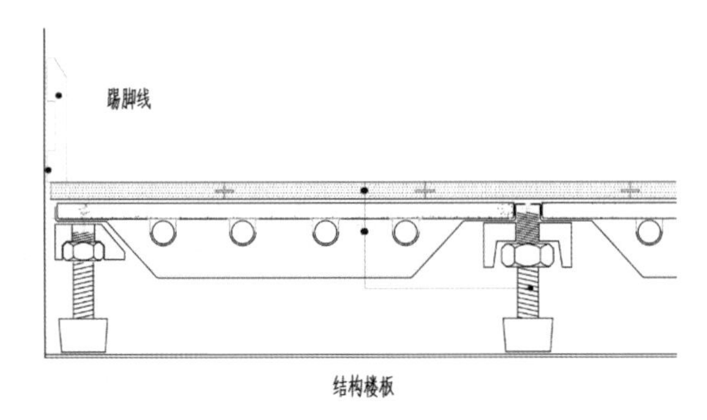


图18　集成地面系统示意图

### 2.3.4　集成厨房系统

集成厨房则包含干式工法与集成橱柜两个层面。在厨房的墙、顶、地区域采用干式工法，需要注意材料的防火等级、强度是否满足规范要求，合理设置洗涤池、烟机、灶具、整体式橱柜，并应一体化统筹考虑设备、管线、通风等，进行预留、预埋和加固措施。

### 2.3.5　集成（整体）卫浴系统

集成（整体）卫浴是由工厂生产的产品。整体卫浴系统，主体结构为墙顶地构成的六面体，一般由整体式防水底盘、复合墙体、天花组成，并将洁具、浴室家具等一体化集成的卫浴系统一次性安装到位，具有整体防水性强、结构牢固可靠、安装简便、缩短工期等特点。集成卫浴，是墙、顶、地、洁具设备及管线等部品通过集成设计、工厂生产，在施工现场主要采用干式工法进行组装而成的卫生间。

在设计过程中，注意卫生间区域是否有降板需求，以及对周边墙板、楼板在结构布置上的影响，需要提前进行考虑。

图19　整体（集成）卫浴

## 2.4　成本控制与经济效益

### 2.4.1　简洁的建筑外立面可有效降低结构建造成本

楼栋结构体系规整布置，尽量减少承重墙的凸凹，节省构造柱的数量，便于提高施工效率与质量，节约结构造价。合理控制楼栋体型系数，满足节能、节地、节材要求。同时，外墙面积的减少也有效地降低了外墙公摊面积，提升户型得房率，与不控制外墙面积的户型相比，得房率可提高约1.5%。

外墙的转折要设置构造柱，而构造柱的用钢量较大，因此减少外墙转折可有效控制构造柱的数量，在理想情况下可节省钢筋投资约15%。通过建筑方案优化，楼栋型体设计规整，提高标准化程度，从而降低成本。

### 2.4.2　部品构件设计标准化可有效提高生产施工效率

预制构件的标准化整合，可提高构件使用效率，提升运输效率。控制开间的种类与墙板形式，把墙板简化为一字形、L形两种，L形墙板将转角边缘构件变为工厂制造，提高效率；减少立面凹凸，简化墙板，规整立面；控制预制阳台、构件种类，节约成本；取消预制凸窗，控制成本。统一建筑外圈结构梁高和门窗洞口的顶高，以及形状相同、宽度相近的外墙构件，设计相同的窗户大小。外墙构件的宽度尽量控制在3.6~5.5m的尺寸范围。合理设计端头外墙构件，可减少构件种类并实现设计美观的需求。

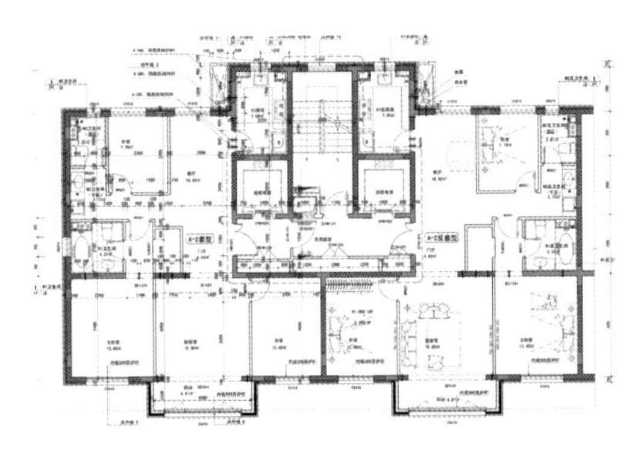

图20　某商品房项目

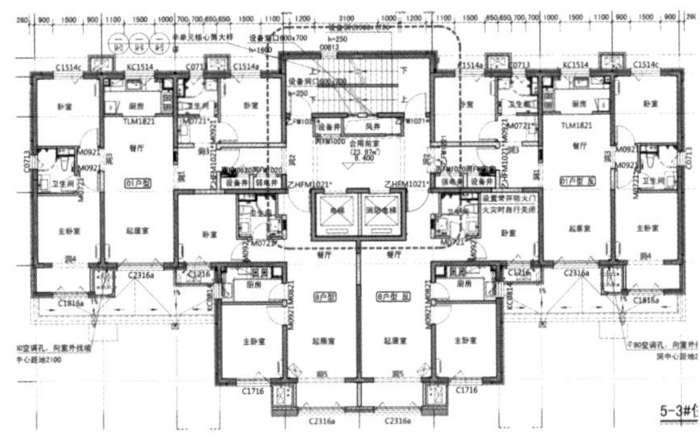

图21　某安置房项目

### 2.4.3　部品构件设计简单化可有效降低生产运输成本

在外墙部品与构件设计中，应尽量采用形体相对简单的构件代替复杂构件，如基于二维体系所设计的构件，在模具、运输成本、成品保护等方面，比复杂的三维构件都具有明显优势。在因功能或外观确需相对复杂的造型时，应采用由简单构件拼装组合或用简化的三维构件代替复杂构件等方法，尽可能减少复杂构件的种类与数量。

### 2.4.4　装配式装修可有效提高全生命周期综合效益

从全生命周期来看，装配式装修相对于传统装修，有以下优势：

一是管线分离和装配式装修技术的集成应用，在居住建筑更新改造过程中可避免对主体结构的干扰，有效延长建筑使用寿命，是建筑全生命周期最大的绿色低碳。

二是标准化、模块化和大空间设计与装配式装修技术的集成应用，为室内空间灵活调整提供了技术支撑，可满足建筑全生命周期不同使用功能的需求。

三是标准化、系列化的工业化装修部品部件的集成应用，标准化的施工安装工艺和规范化的安装施工管理流程，可大幅提高装修施工效率，降低施工难度，提高施工质量；同时其装配式装修可拆装特性，降低了全生命周期维护维修的难度。

四是工业化可循环再利用装饰装修材料的应用，可减少建筑垃圾排放，降低全生命周期的建筑碳排放。

五是装配式装修的绿色建材和干式工法，在全生命周期的更新改造中可保证房屋室内良好安全空气环境，保证装修质量，降低装修成本，缩短装修施工和房屋空置时间，为居民更加安全、经济、健康、舒适的生活提供保障，提升居民生活品质。

# 3 应用案例解析

## 3.1 平房乡新村产业化住宅

### 3.1.1 项目概况

项目位于北京市朝阳区，建设规模约3.4万$m^2$，建筑高度55.8m，高品质精装商品住宅，采用装配整体式剪力墙结构，按照国家标准《装配式建筑评价标准》(GB/T 51129-2017)评价，达到AAA装配式建筑；按照北京市地方标准《装配式建筑评价标准》(DB11/T 1831-2021)评价，达到AAA(BJ)级装配式建筑，三星级绿色建筑设计标准，于2021年建成并交付投入使用。

### 3.1.2 技术路线

项目基于建设单位对于高端商品住房建筑性能和创新发展需求，应用一体化集成设计理念，采用装配式混凝土建筑结构、可变大空间设计、管线分离和装配式装修技术的集成应用，打造全生命周期一户型多场景的可持续发展产品。

### 3.1.3 集成设计

采用模数化、模块化和通用性设计，形成系列化的标准功能空间模块，通过灵活组合，实现楼型与户型、构件与部品、空间与系统的协调统一，既符合标准化要求，也满足多样性需要。

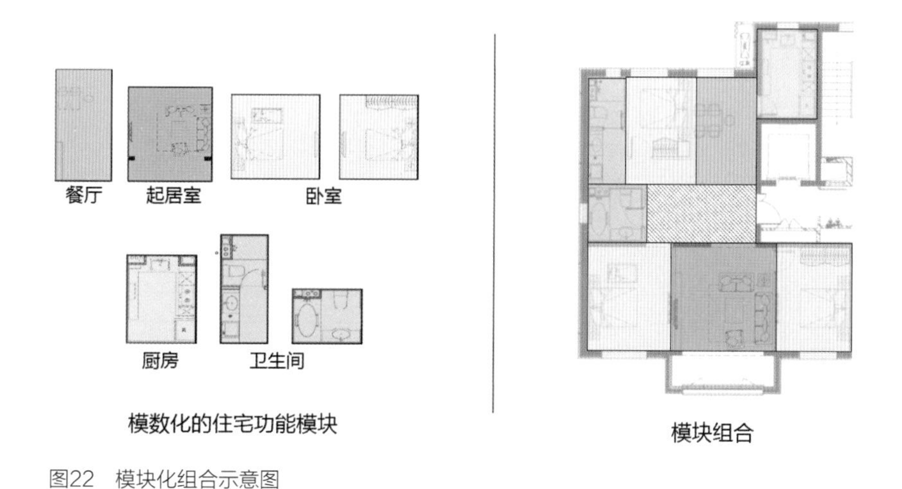


图22 模块化组合示意图

### 3.1.4 结构设计

项目自首层开始采用外墙竖向构件全装配，地上内横、纵隔墙部分装配，地上建筑楼屋盖、阳台采用叠合楼盖，楼梯采用预制楼梯，阳台外墙采用挂板。外墙板采用L形、T形截面，外墙构件仅通过“一”字形一种连接形式，降低装配施工的难度，提高了装配施工效率。

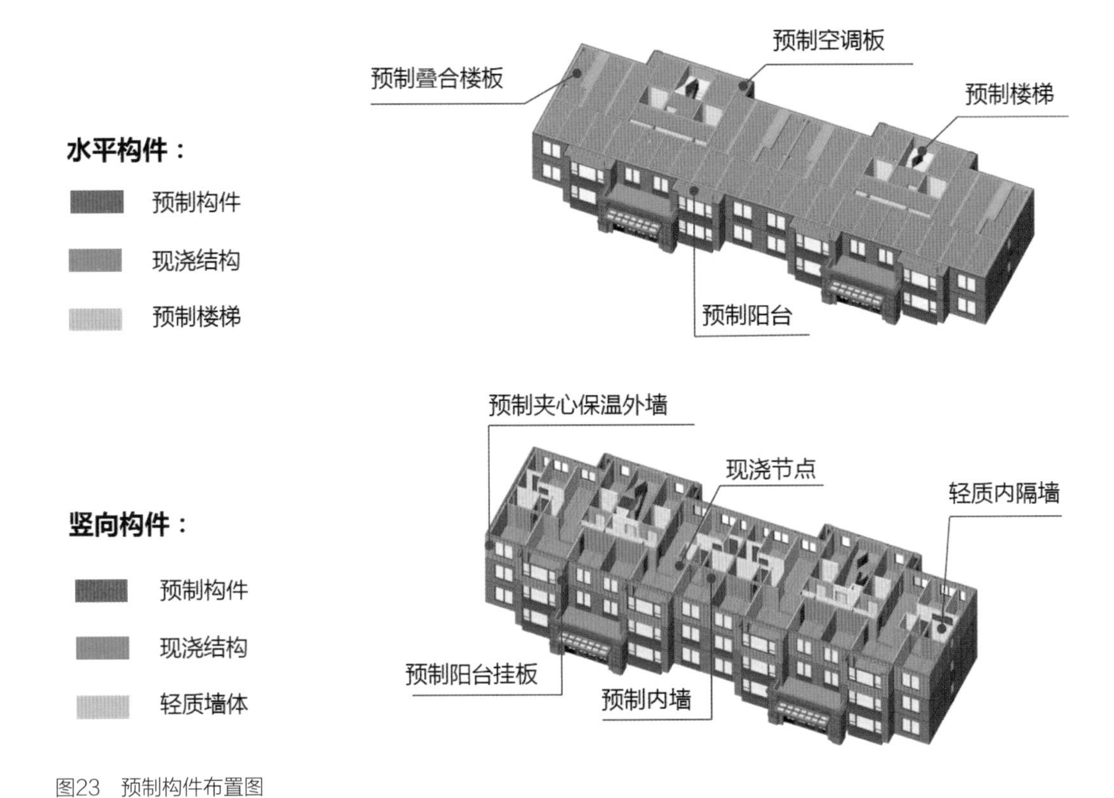


图23　预制构件布置图

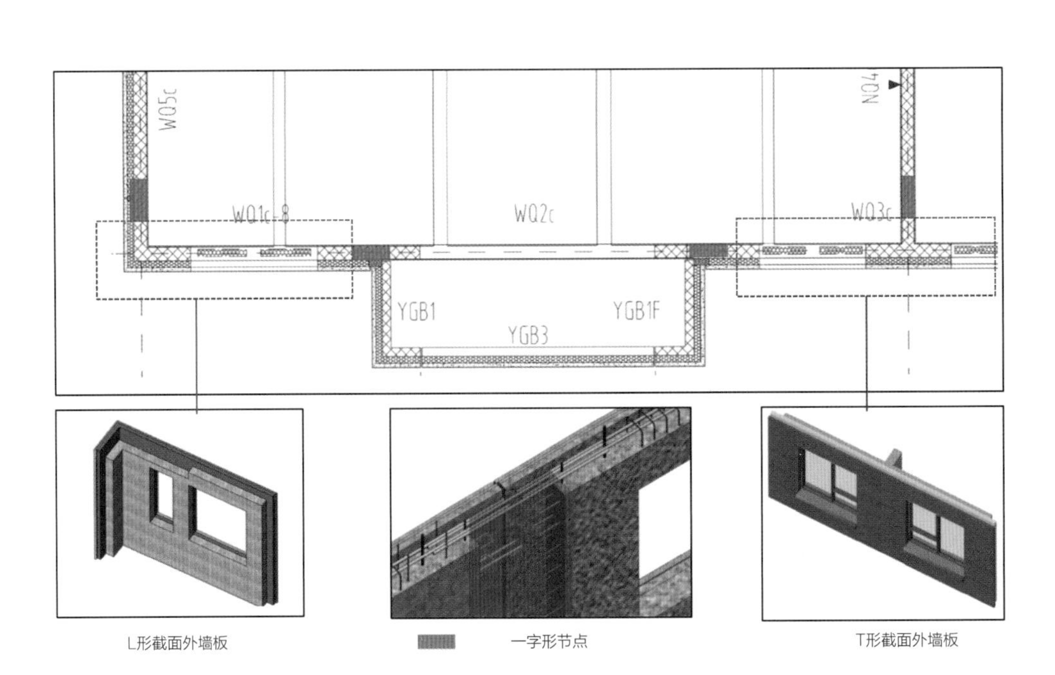


图24　外墙板及节点设计图

### 3.1.5 立面设计

L形、T形截面外墙板与阳台挂板集成设计，实现楼栋南向主立面无明露竖向板缝；外墙挂板配合预制阳台设计，实现阳台窗下墙无横向板缝。

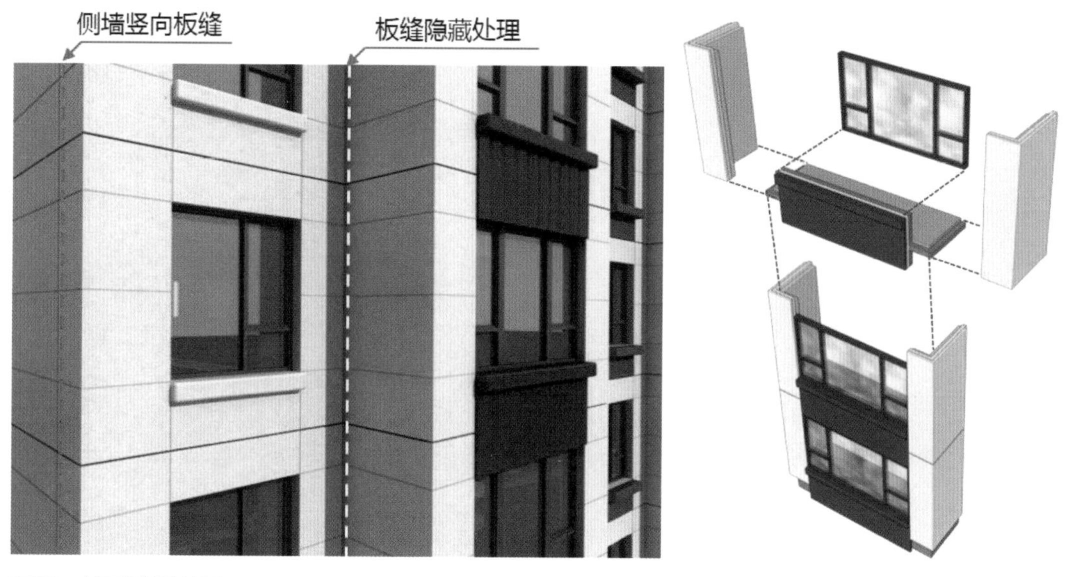


图25 立面板缝设计图

### 3.1.6 可变空间设计

项目仅有一种标准户型，户内采用大空间结构设计，户型具备灵活可变性，集成应用管线分离技术和装配式内装修技术体系，可满足建筑全生命周期的不同应用需求。在项目设计阶段，提出了标准型（三代居）、创客型、育儿型、养老型等四种不同适用场景设计方案。

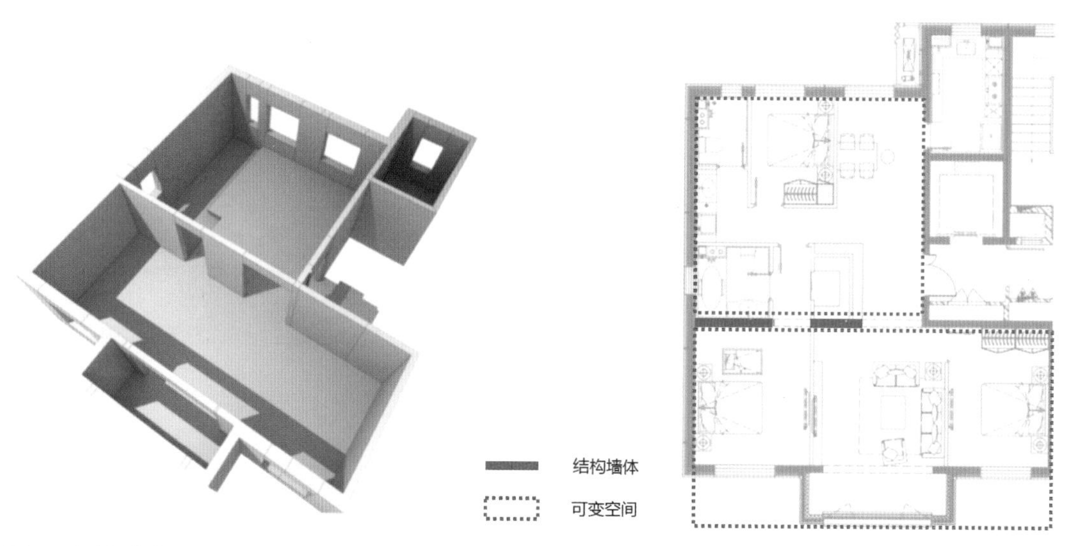


图26 大空间结构设计图

### 3.1.7　装配式内装修技术

项目采用管线分离技术与装配式内装修技术相结合，应用了管线装饰一体化墙面系统、集成吊顶系统、薄型干式地暖楼面、集成厨房和集成卫生间等技术和产品。为了验证采用技术、产品的适宜性，建设了实体样板楼进行技术试验、实践和展示。

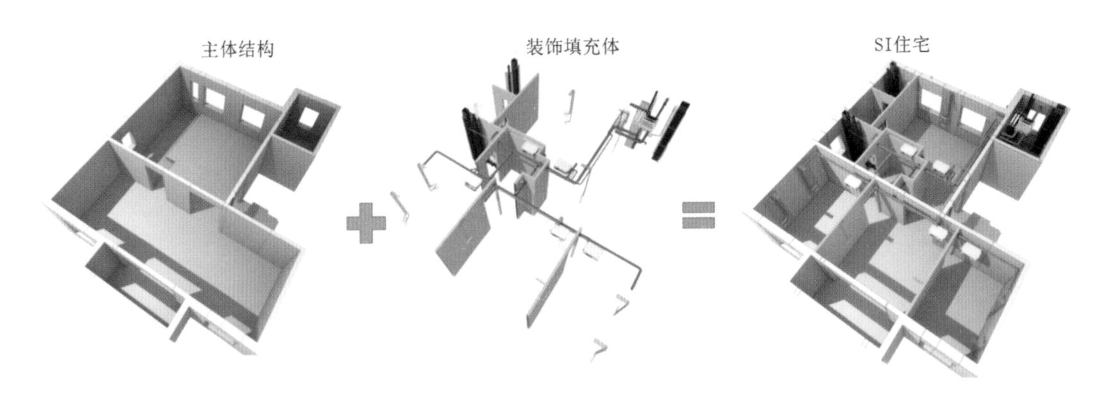


图27　管线分离和装配式装修应用示意图

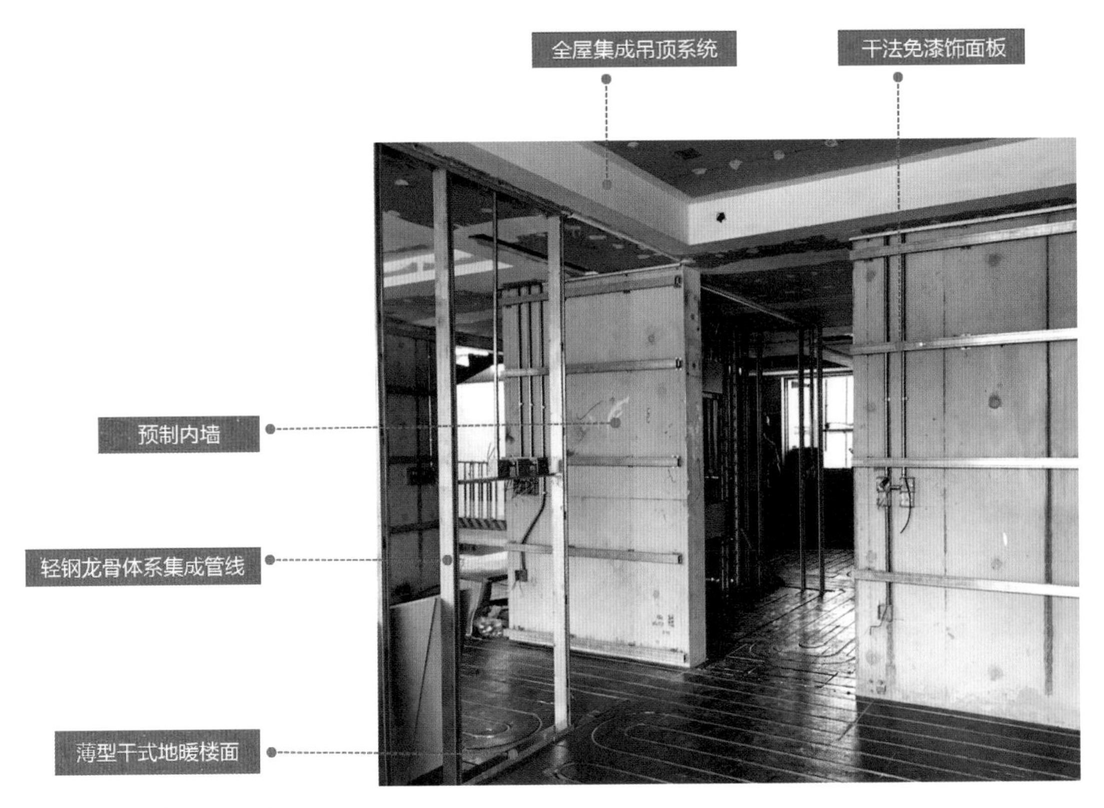


图28　实验楼应用技术展示

1. 非砌筑集成隔墙（墙面）系统

本项目隔墙主要采用以轻钢龙骨体系为主的轻质墙体系统，可以实现结构墙上架空及隔墙形式整体架空两种安装方式，饰面层在不同的功能区采用壁布（壁纸）、硬包、瓷砖等，墙体内部的空心层可实现管线集成。设计阶段主要结合精装设计协调各专业点位位置与路由走线，在设计阶段保证线路布置合理规范，同时做到现场不砌筑、不剔凿。

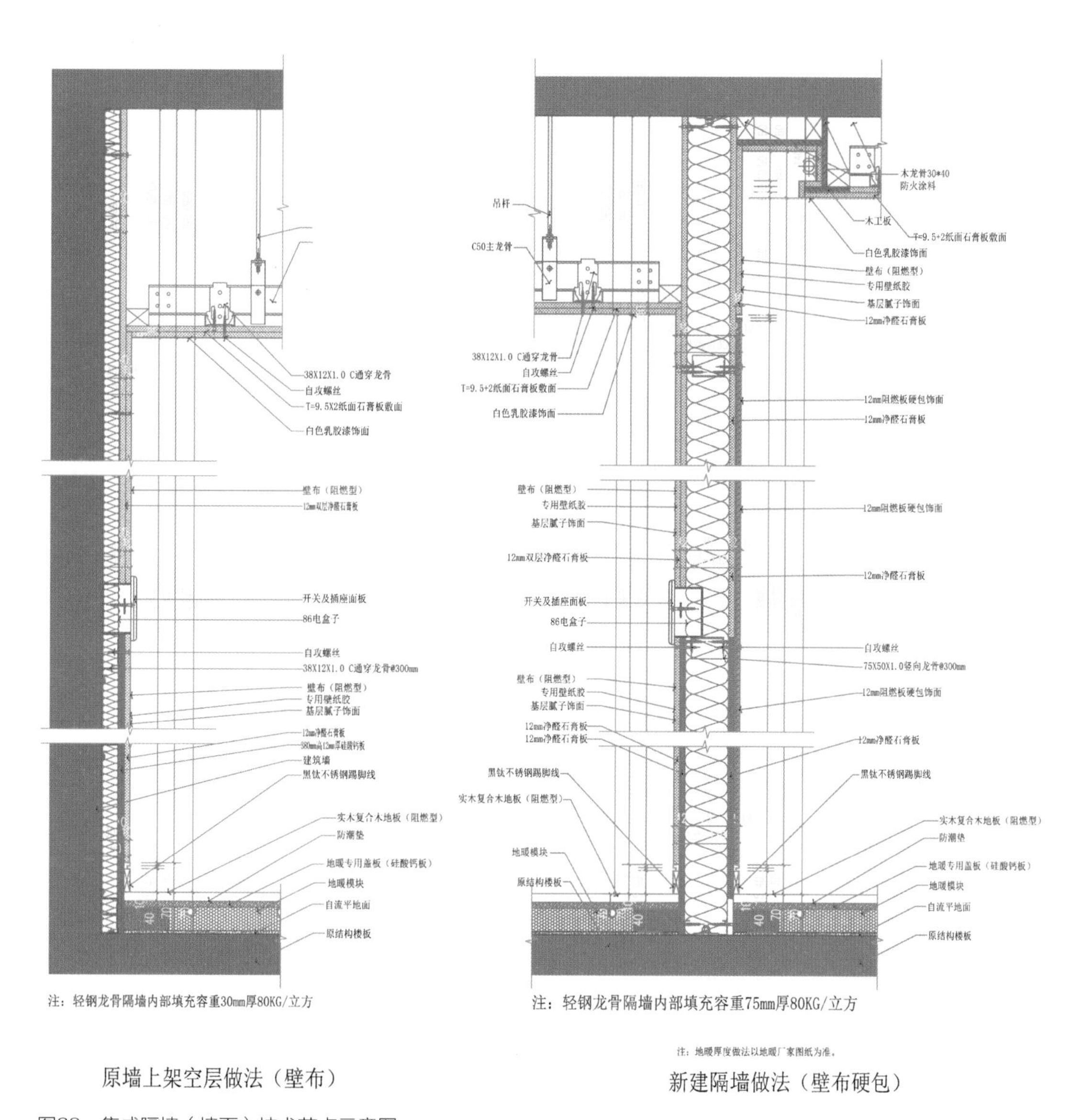


原墙上架空层做法（壁布）　　新建隔墙做法（壁布硬包）

图29　集成隔墙（墙面）技术节点示意图

分户承重墙墙面装饰，采用单向轻钢龙骨、石膏板架空，饰面层在不同的功能区采用石膏板、壁布（壁纸）、硬包、瓷砖等，架空墙空腔部位敷设机电管线，实现管线与结构墙体分离。墙面装饰总厚度60mm，减少了墙面找平层，相对传统装修，室内空间略有减少，但增加了后期装修改造的灵活性。

户内分室轻质隔墙，采用75系列轻钢龙骨、隔音棉、石膏板，饰面层在不同的功能区采用壁布（壁纸）、硬包、瓷砖等，厚度130mm，在起居室、卧室等可能悬挂重物的部位，采取局部补强加固措施，进一步提高轻质墙的承重能力。

轻钢龙骨与机电管线　　石膏板面层　　壁纸装饰完成面

架空墙面厚度实测　　承重墙架空墙面分布

图30　分户承重墙架空墙面施工过程及成品图

75系列轻钢龙骨　　机电管线与隔音棉填充层　　石膏板面层　　装饰面层完成效果

轻质墙厚度130

阻燃板加固提高墙体悬挂力

图31　分室轻质隔墙施工过程及成品图

2. 全屋吊顶系统

本项目将机电、设备的水平管线通过一体化设计方法，集成于住宅的顶部空间并实现与主体结构分离。从设计阶段开始与装修设计紧密配合，吊顶采用轻钢龙骨、双层石膏板，空腔部位敷设机电管线，利用BIM技术优化管线密集交叉位置的排布方案，VRV空调、新风系统等增加局部吊顶高度，最低净高处通过设计协调，控制在户内影响较小的交通空间区域，结合结构设计预留管线穿梁洞口，将最低处净高控制在2.45m，减少室内行动的压抑感。

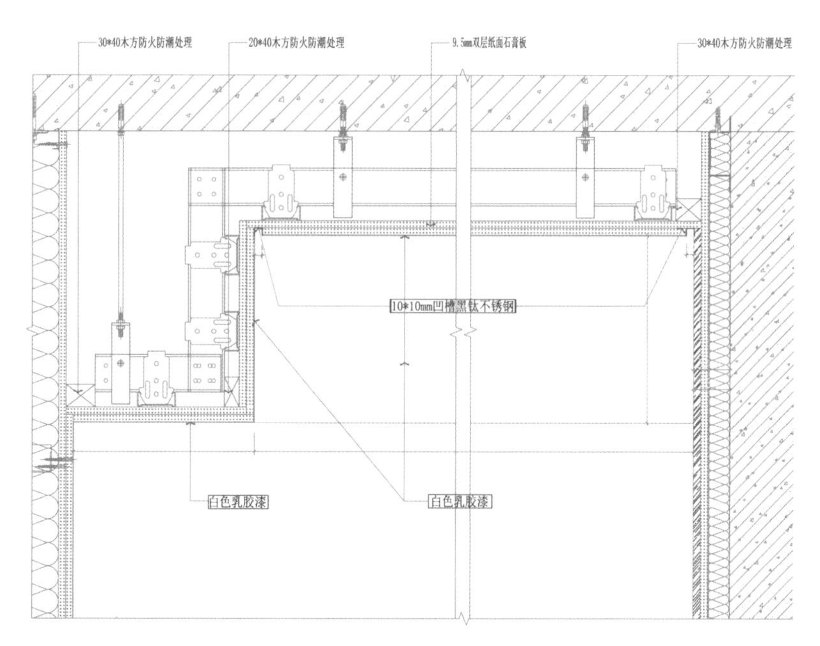


图32　吊顶节点做法

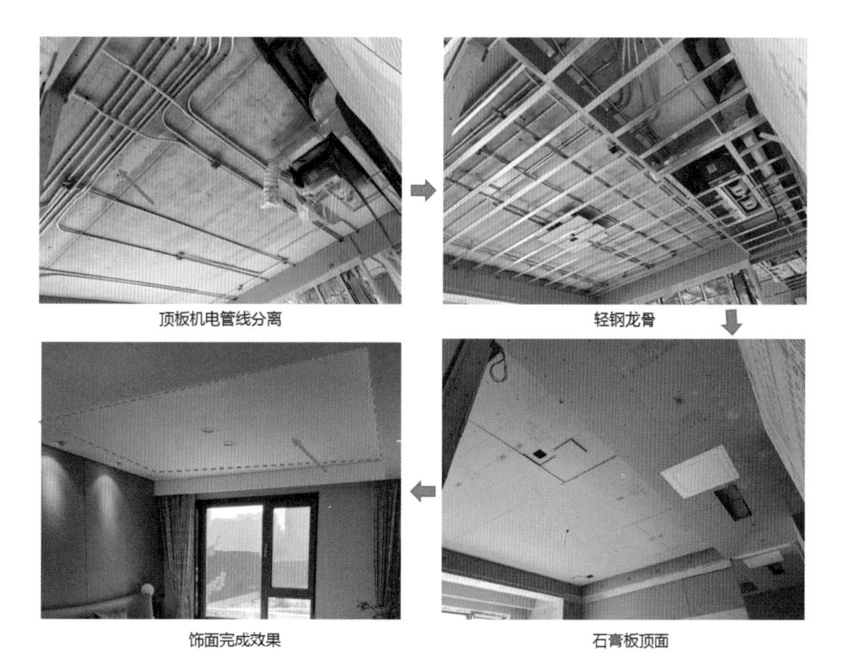


图33　吊顶施工过程及完成效果

### 3. 干法地面与预制薄型地暖

由于采用全屋吊顶系统，部分传统的地面管线敷设于顶面空间，为地面做法的选用留有更大余地，为进一步增加室内空间的舒适度、保证居室净高提供了保证。经过对市场各种干式工法地面技术和产品的对比，项目地面最终采用薄型模块地暖、木地板做法，地暖管线铺设于预制模块管槽的保温材料之中，将建筑做法控制在70mm。

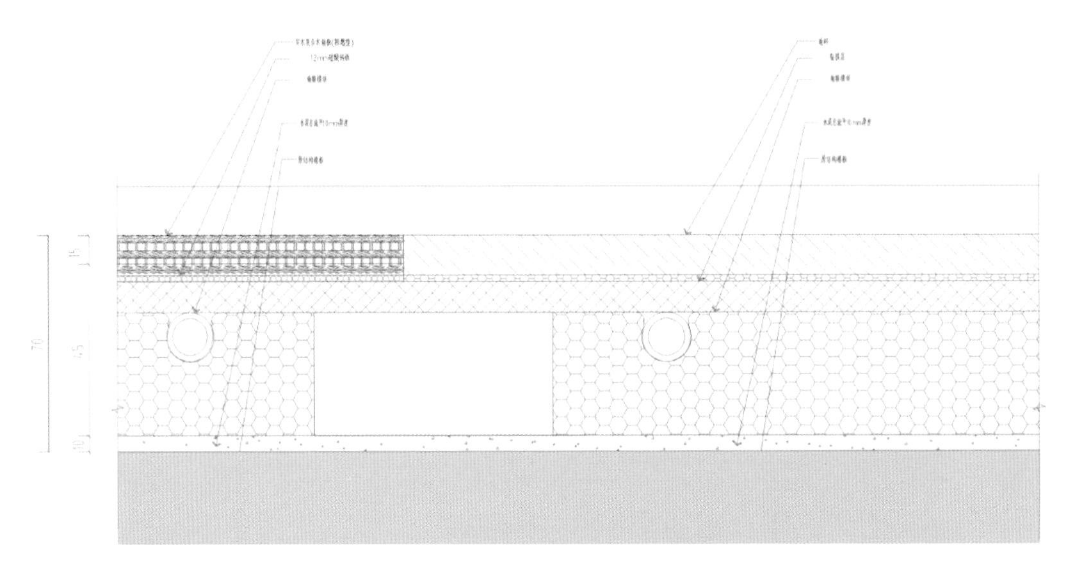

图34　预制薄型地暖工艺原理

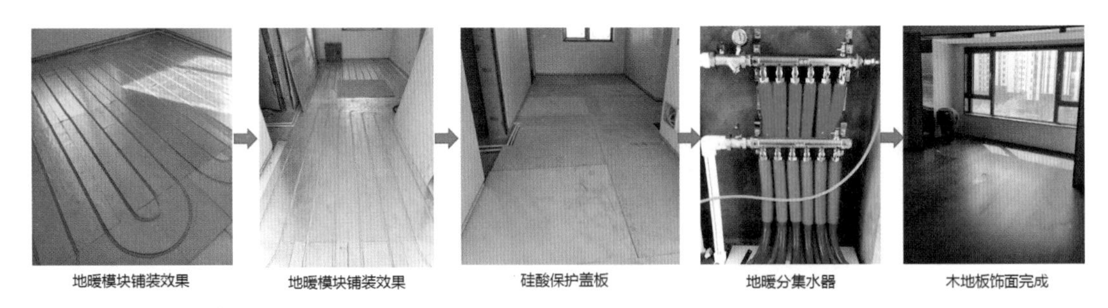


图35　地暖铺装过程及实景效果

### 4. 集成厨房

为了满足对厨房饰面的传统需求，同时实现装饰面层、机电管线与结构墙体的分离，通过对多种技术体系的应用研究，采用轻钢龙骨+水泥压力板+瓷砖薄贴的集成技术方案，同时对厨房墙面与橱柜、厨电、设备进行一体化整体集成设计。

### 5. 集成卫生间

设计过程中，主要关注从产品选型到管线排布方式，以及同层排水系统对建筑做法的需求，提出采用由工厂生产、一次性安装到位整体集成卫浴，具有整体防水性强、结构牢固可靠、安装简便、缩短工期等特点。在本项目中，产品要求建筑做法300mm以上，结构设计采用降板做法进行精细化控制；给水排水设计结合精装效果控制，将管线进行合理组织，水平管线统一集成于整体卫生间顶部，立管则设置集中管井整合处理。

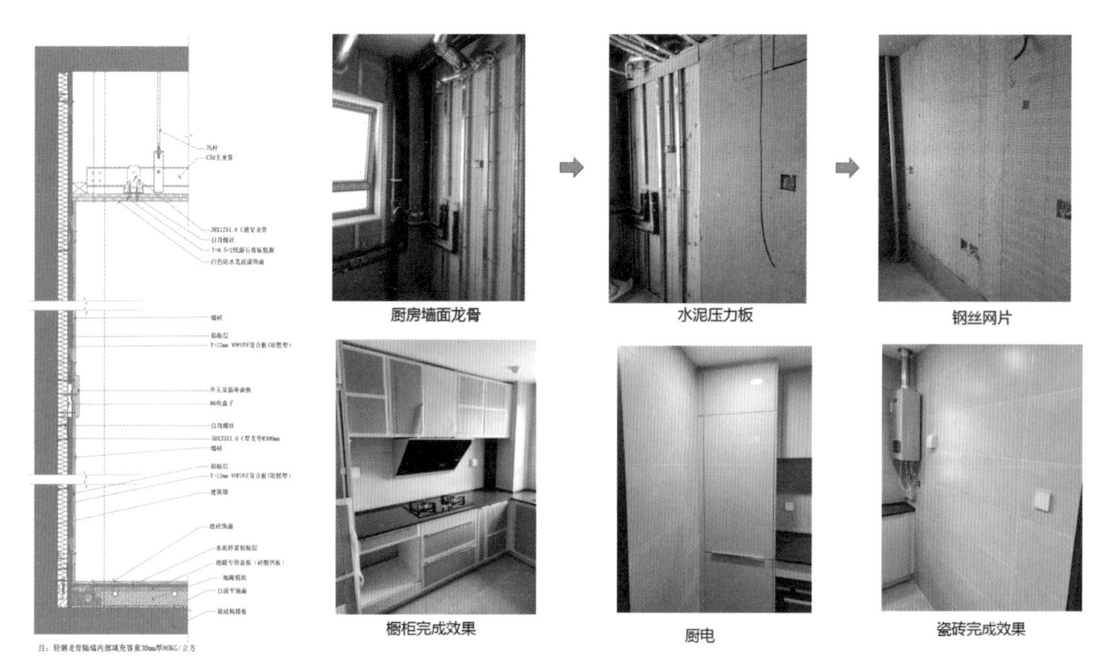


图36 厨房墙、地面节点做法图

图37 厨房施工过程及完成效果

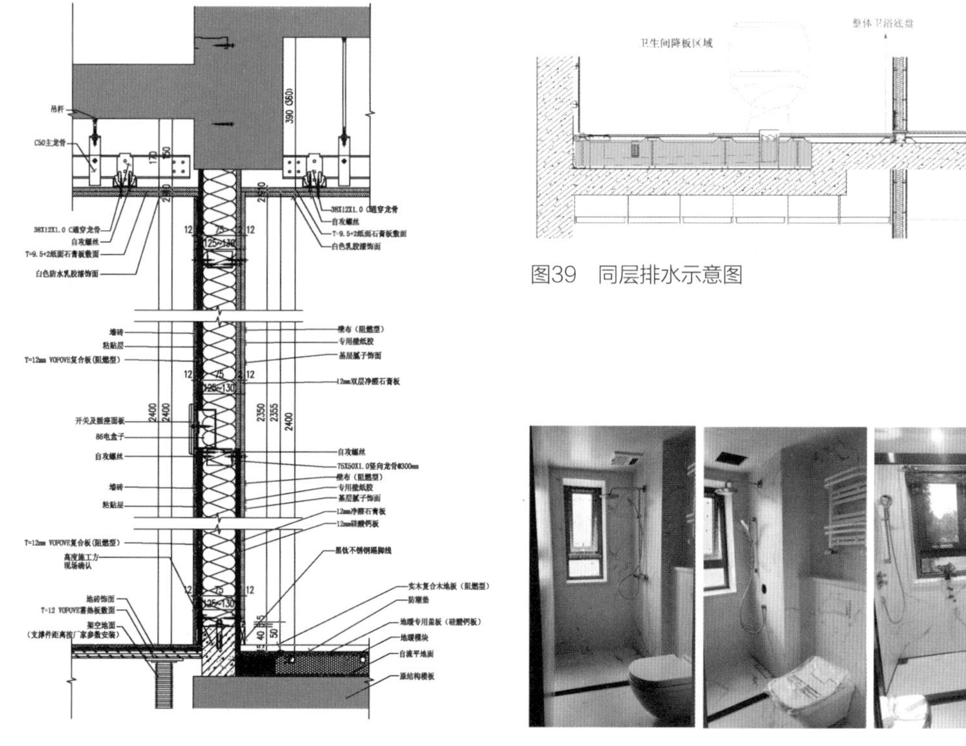


图38 集成卫生间墙、顶、地节点示意图

图39 同层排水示意图

图40 卫生间完成效果

### 3.1.8 BIM技术应用

本项目在设计中提出利用BIM技术实现全专业协同，包括建筑性能分析、结构计算分析、设备专业计算、碰撞检查及管线综合、室内效果展示、景观设计、场地分析、施工图设计等，并结合PC生产车间技术特点融合施工现场安装工艺，无缝对接，将点位、预留预埋等精准定位于构件实体中。

BIM平台的应用有效解决了复杂节点模拟、钢筋碰撞、预算指标或工程量计算、预留预埋深化、安装偏差等问题。BIM平台具有生产数据导出、深化图纸设计、构件安装模拟等功能，高效实现构件生产、构件施工中涉及的技术问题更好地与设计相结合，实现“建筑—结构—机电—内装设计一体化”以及“设计、生产及装配一体化”，提高设计质量、装配效率。

项目依设计原则，基于BIM标准部品族，搭建项目专属BIM族库，细化构件，针对该方案的特殊细部节点深化设计。通过BIM技术的应用，在项目全生命周期中随时获得当前最准确的工程量数据，支持项目的精细化成本分析，使项目可以以最快的速度推进，使成本做到真正可控。

### 3.1.9 实景照片

图41 立面效果图与实景图对比

图42　立面细节实景

图43　室内装修实景

图44　集成厨房应用实景

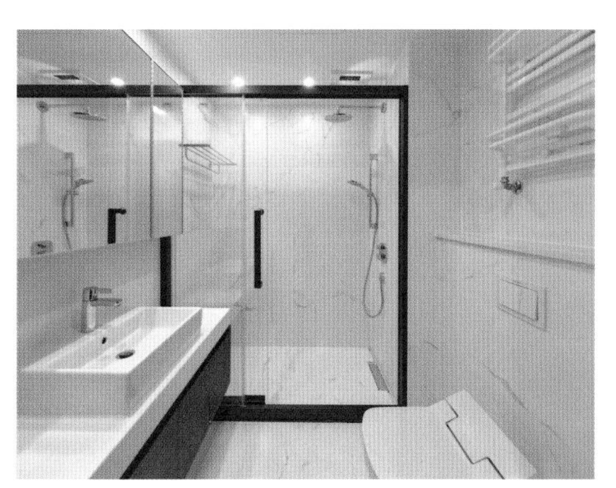

图45　集成卫生间完成实景图

图46　适老设计完成实景图

## 3.2　通州台湖公共租赁住房

### 3.2.1　项目概况

项目位于北京市通州区台湖镇，建设规模约21.8万$m^2$，建筑高度80m，集中建设精装修公共租赁住房，采用装配整体式剪力墙结构，按照《装配式建筑评价标准》（GB/T 51129-2017）评价，达到AAA装配式建筑。2019年年底竣工投入使用。

### 3.2.2　技术路线

基于公共租赁住房的大规模集中建设、户型面积小、使用功能齐全的项目特点，采用建筑、结构、设备管线、装配式内装修一体化集成协同设计，形成标准化户型、楼型下的多样化外观效果，以及标准化设计下的预制构件、装修部品少规格，满足建设阶段穿插施工需求和运维阶段室内装饰的快速更新。

### 3.2.3　集成设计

从户型设计入手，通过设计优化，实现基本单元、基本空间、户内专用功能部位（如厨房、卫生间、楼电梯间等）、构配件与部品等的模数化、标准化和系列化。形成2T6单元（A楼型）、2T7单元（B楼型）两种标准化楼栋模块，5.4m × 7.2m、3.6m × 6.6m两种标准化户型模块，1.5m × 1.8m、1.5m × 2.1m两种标准化厨卫模块，双跑楼梯和剪刀楼梯两种标准化楼梯模块。

### 3.2.4　结构部品设计

通过对项目预制夹心外墙板的优化设计，控制预制夹心外墙板模具种类，A楼型平面2T6单元外墙板共分为13种几何尺寸，B楼型平面2T7单元外墙板共分为14种几何尺寸，两种单元共有5种通用外墙板。

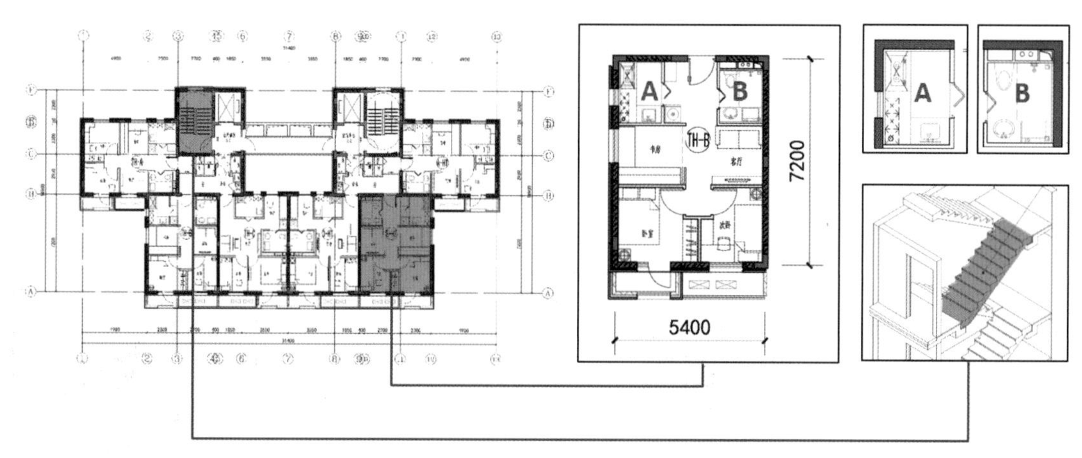


图47　标准化功能模块

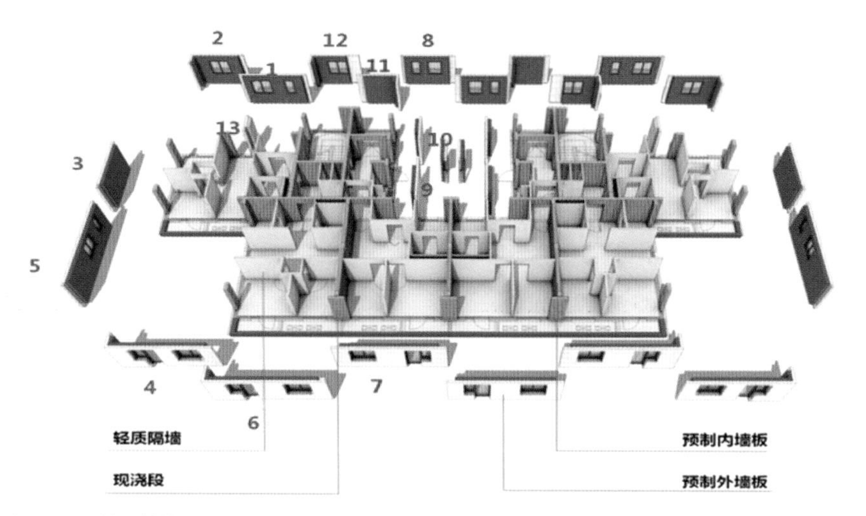


图48　A楼型平面2T6单元外墙板

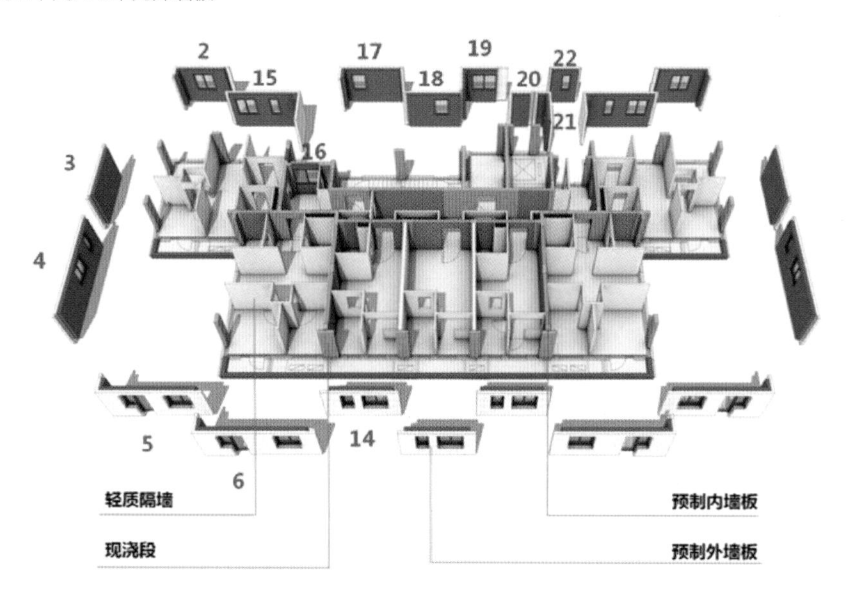


图49　B楼型平面2T7单元外墙板

### 3.2.5 立面多样化设计

本项目分B1、D1两个地块（由两个设计单位实施），采用相同技术路线，均为四种标准户型、两种标准楼型（2T6、2T7）设计。在同一个标准层平面，通过对户型、结构构件的标准化设计实现了高度统一，通过相同预制部品、装饰构件的多样化组合，使得立面最终的完成效果具有不同的表现形式，呈现了完全不同的外观效果。

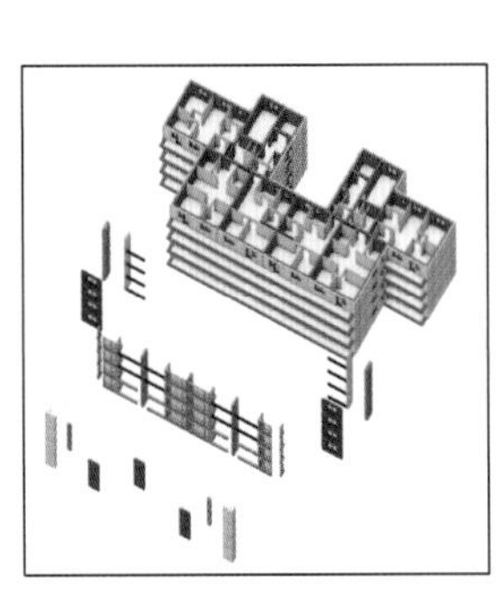

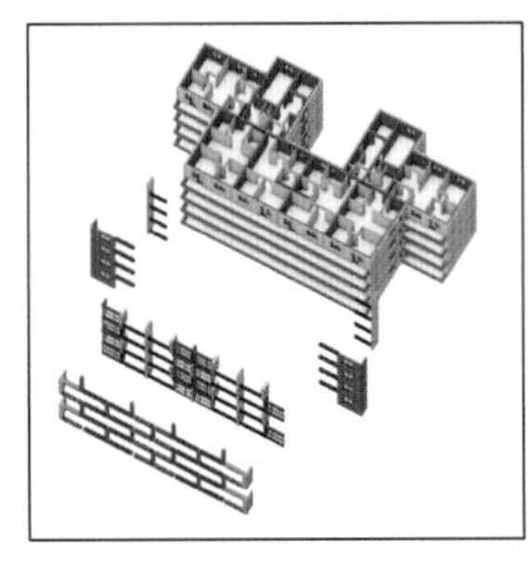

图50 标准化前提下多样化立面组合

图51 项目立面实景对比

### 3.2.6 装配式内装修技术

本项目精装设计，参照北京市保障性住房建设投资中心《公共租赁住房装修标准一览表》执行，采用管线分离技术，应用轻钢龙骨隔墙、快装吊顶、块状地面系统、集成卫浴、集成橱柜、整体收纳等优良部品，实现内装技术的干式施工，解决结构支撑和填充体不同寿命的问题，保证住宅建筑全生命周期实现设备设施、内装产品的快速检修和更新。

图52 装配式内装修技术体系

#### 1. 轻钢龙骨隔墙（墙面）系统

户内隔墙采用快装轻质隔墙，一体化集成了轻钢龙骨、预埋管线、岩棉填充物和硅酸钙板饰面层，墙体厚度为90mm；结构墙体墙面，一体化集成了轻钢龙骨、预埋管线和硅酸钙板饰面层，厚度为50mm。

#### 2. 顶棚系统

由于层高限制，为了营造更加舒适的生活空间，在起居室、卧室空间顶棚采用乳胶漆工艺，在厨房、卫生间区域采用快装龙骨吊顶系统，吊顶空腔内布置管线、设备。

#### 3. 快装地面系统

地面采用模块式快装地面系统，包括地脚螺栓支撑、供暖模块、均热层（平衡层）、装饰面层，架空空腔内敷设管线。

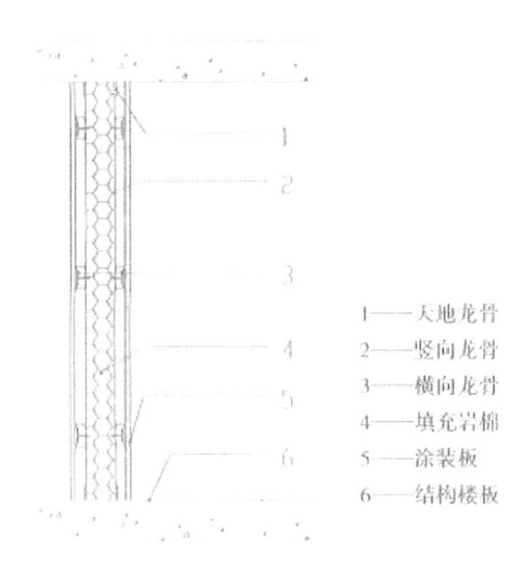


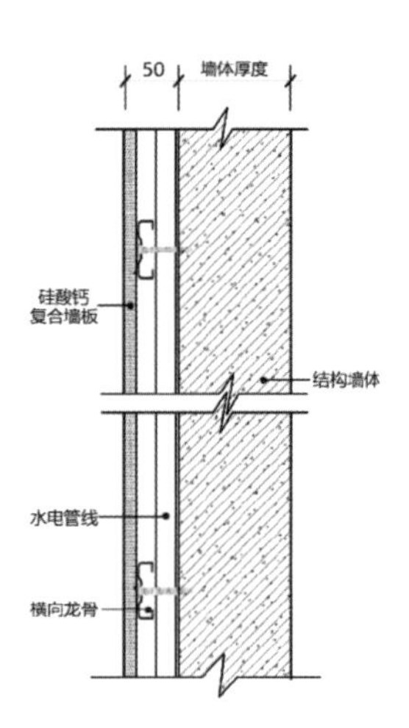


图53　轻钢龙骨轻质隔墙构造示意图

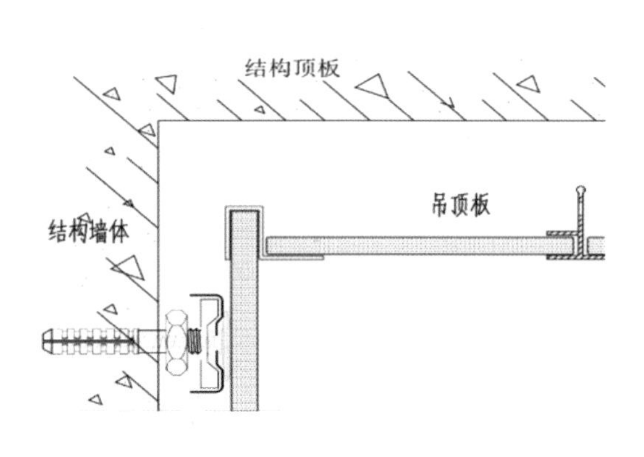

图54　吊顶节点构造图

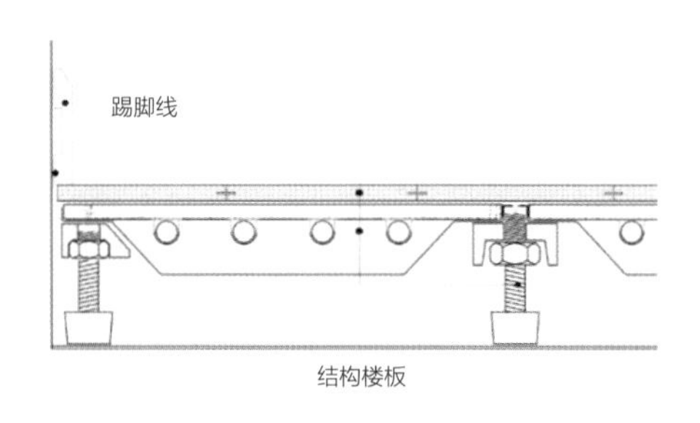


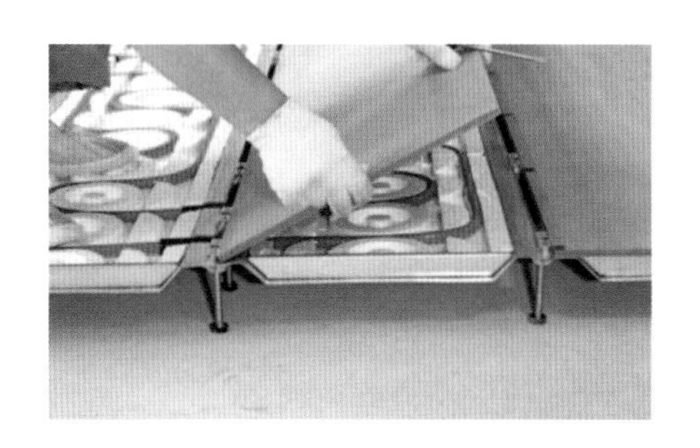

图55　快装地面系统节点构造图

4. 集成厨房

厨房部品的选型和安装进行了标准化、模数化设计，采用建筑主体结构一体化设计和施工结合，并考虑了家电维修更新的方便性和管线接口的匹配性，预留检修口。墙体采用轻钢龙骨轻质隔墙，地面采用模块式快装地面系统，吊顶采用快装龙骨吊顶系统。

图56　集成厨房完成实景

5. 集成卫生间

卫生间采用干湿分离做法，湿区采用整体防水地盘，干区采用快装式模块架空地面，隔墙采用轻钢龙骨轻质隔墙，吊顶采用快装龙骨吊顶系统；采用同层排水技术。

### 3.2.7　BIM技术应用

本项目楼栋、户型、构件重复率高，采用Revit三维设计软件，对代表性楼栋、户型、标准层的竖向构件分布3D模型。

利用BIM技术实现全专业协同，包括建筑性能分析、结构计算分析、设备专业计算、碰撞检查及管线综合、室内效果展示、景观设计、场地分析、施工图设计等，并在设计中结合PC生产车间技术特点融合施工现场安装工艺，无缝对接，将点位、预留预埋等精准定位于构件实体中。

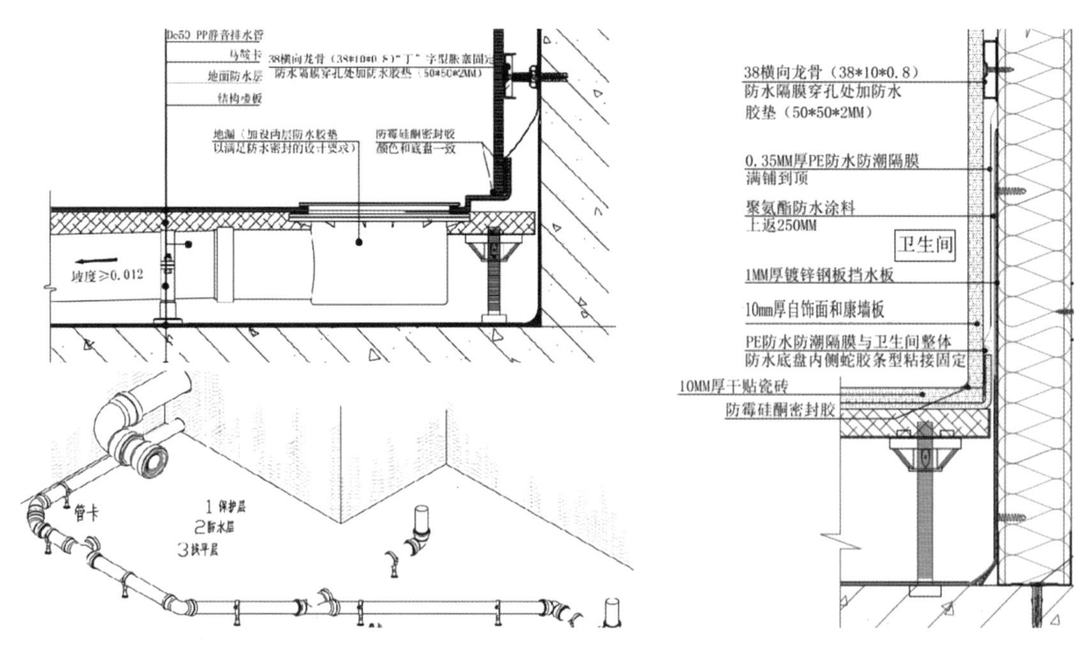


图57　同层排水和卫生间湿区节点做法

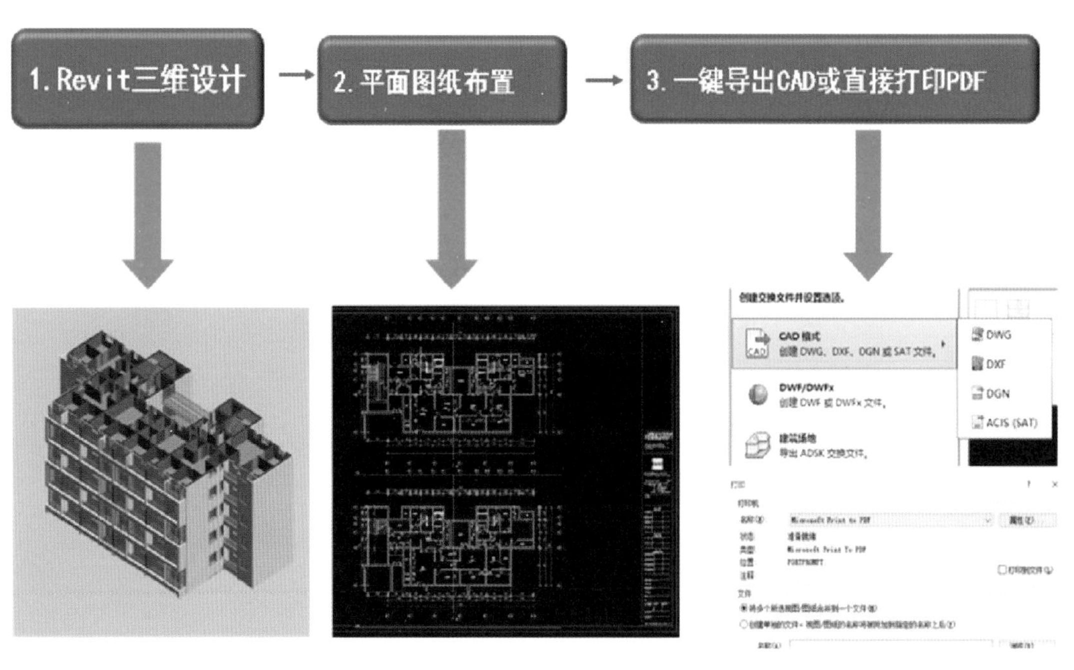


图58　全专业一体化设计的BIM应用

图59　墙板、挂板、装饰部品细部模型

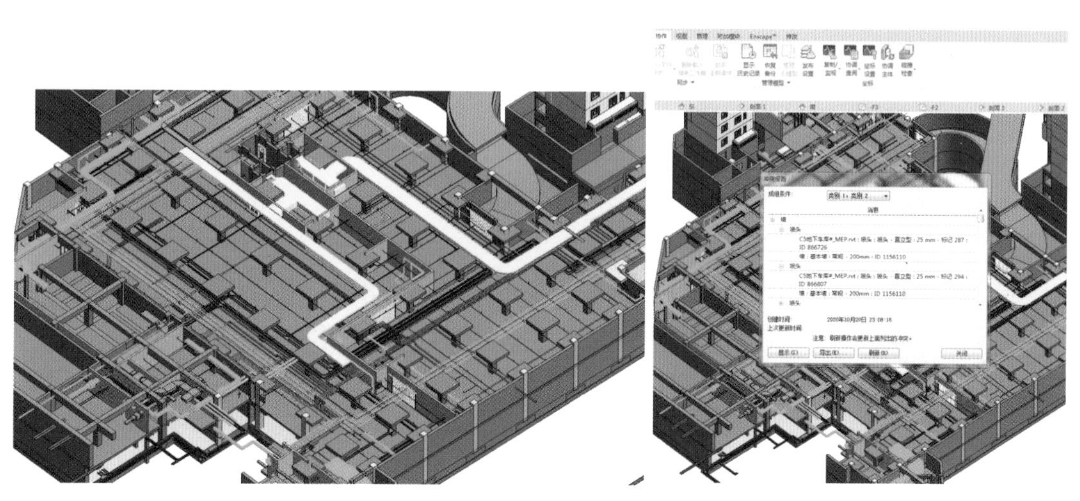

图60　地下车库管线综合及生成碰撞检查报告

### 3.2.8 实景照片

图61 实景图

## 3.3 案例对比

以上两个案例，都是创新理念基于建筑性能的装配式一体化设计技术在装配式居住建筑中的应用，虽然由于房屋性质的不同导致在装配式装修技术体系的选择和应用上存在较大的差异，但都取得了良好的效益。

第一个实例是高标准商品住宅，对装配式装修技术以探索创新应用为主，在装配式装修技术体系的选择上，不仅要充分考虑市场的接纳程度和消费者现阶段的需求，还要考虑其全生命周期不同阶段的使用需求、改造的可能性，以及在改造时间、成本、环境影响等方面付出代价的最小化。因此，该项目通过对多种装配式装修技术、产品的探索、研究和试验应用，形成了一套可实施的装配式装修方案，并为消费者在建筑全生命周期的使用上提供了多种户型可变方案，但项目交付的仍是一个标准化精装户型产品，其个性化的需求只能通过消费者对饰面的二次装饰和家具选择、布局来实现。该项目也为建设单位未来推广定制化住宅产品奠定了基础。

第二个实例是自持型集中大规模建设租赁住房，具有三个维度的特征：从使用者维度，对住房的个性化需求不高；从住房产品维度，标准化程度高；从运营者维度，住房更新周期较短，维修、更新速度快，空置期短。因此，体系化的装配式装修技术对该项目是较好的选择，一是产品标准化程度高，可以大规模集中工业化生产，安装质量容易保障，也有利于建设成本控制；二是便于全生命周期的运营维护、更新管理，从而在满足社会保障的前提下，可最大限度降低运营成本；三是装配式装修部品属于工业化绿色建材，室内空间环境安全有保障。

# 4 未来展望

我国发展进入新时期以来，装配式建筑技术在我国建筑业绿色、低碳、可持续、高质量转型发展中表现出来的优势越来越明显，从建筑全生命周期来看，有逐步成为建筑业底层建造技术的发展趋势。尤其是装配式装修技术的应用，对于提高人民的居住生活品质，对于建筑领域实现碳达峰、碳中和都具有重要意义。

## 4.1 从政策上看，装配式建筑发展已形成必然趋势

2020年8月，住房和城乡建设部等九部委《关于加快新型建筑工业化发展的若干意见》，提出以新型建筑工业化带动建筑业全面转型升级，指出装配式建筑作为新型建筑工业化快速推进的代表，明显提高了建造水平和建筑品质，直接指出了发展装配式建筑对全面贯彻新发展理念、推动城乡建设绿色发展和高质量发展的重要作用。

2022年6月，住房和城乡建设部为贯彻落实党中央、国务院关于碳达峰、碳中和决策部署，发布了《城乡建设领域碳达峰实施方案》，提出加快转变城乡建设方式，提升绿色低碳发展质量，推进绿色低碳建造，大力发展装配式建筑，并提出到2030年装配式建筑占当年城镇新建建筑比例达到40%的发展目标；积极推广装配化装修，实现部品部件可拆改、可循环使用，减少改造或拆除造成的资源浪费和环境污染。从全国装配式建筑发展情况来看，从2017年到2021年，装配式建筑占比从7%增加到了24.5%，一直呈稳定的上升态势。

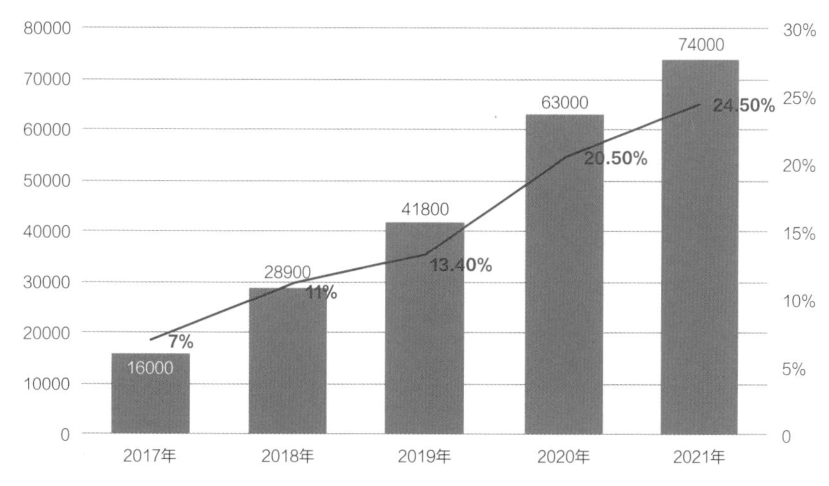


图62　2017~2021年全国装配式建筑发展情况

## 4.2 从市场上看，信息技术将助力建筑行业形成新模式

发展装配式建筑，需要用系统工程思维，全盘贯通全产业链各环节，也就要求打破我国传统建筑行业一直以来各产业链环节分段管理的壁垒。通过集成应用互联网、物联网、BIM等信息技术，打造建筑全产业链协同平台，以建筑产品为纽带，统筹行业管理、建设、设计、生产、施工、装修、运维等上下游各环节，将建造与生产联通，将建筑与人联通，将使用者和运维者联通，将建筑与社区、城市联通，推动智能建造、智能建筑、智能社区、智能城市的发展，以达到实现建筑性能、满足个性化需求为共同目标，提升人们的生活质量和品质。

现阶段，我国的居住产品还处于供给侧主导阶段，还未将需求端和供给端建立有效链接，距离居住产品的个性化、定制化需求阶段还有很长的路要走，两者之间缺乏一道连接的桥梁。近年来，随着人工智能技术（AI）在各行业的广泛应用，其在建筑领域尚处在起步阶段，主要是在辅助设计、智能生产、智慧工地、辅助管理等方面的运用。由工厂生产的装配式装修部品部件具有标准化、模块化、集成化特点，推进AI技术的运用，构建体验场景，推进装配式装修领域进入体验经济时代，构建消费者和建设单位、设计单位的桥梁，让消费者参与到产品策划、设计中去，最大限度把消费者个人需求从最初阶段融入产品策划设计，实现供给方和需求方的双向奔赴，达到双方共赢。

## 4.3 从技术上看，新材料、新技术创新应用助力装配式装修发展

装配式装修的特点是工厂生产的标准化、模块化、集成化部品部件在现场组合安装。现阶段，装配式装修技术体系基本上都是管线分离+架空技术+干式连接+装饰面层的技术逻辑，最根本的区别就是对已有不同材料在饰面层的创新应用，也就是建筑跟人的直接界面材质的不同，比如硅酸钙板、金属板等，通过工厂化的喷涂、覆膜等工艺，形成多样化的饰面效果，应用于不同的场景，满足使用者在观感、触感、隔声等方面的个性化需求。

随着社会的发展和技术的进步，跨行业、跨领域的壁垒将越来越容易突破，发掘其他行业和领域的绿色、低碳、可循环利用材料，并创新性地在建筑装饰领域应用，不仅能大幅提高室内空间环境的质量和品质，还可以降低建筑全生命周期的碳排放。

图63 基于硅酸钙板饰面板在居住、办公空间的应用
（图片来源：和能人居科技公众号）

图64 钢制模块化墙体系统在教育、办公中的应用
（图片来源：汉尔姆建筑科技有限公司公众号）

## 4.4 装配式装修市场发展方向的展望

装配式装修是装配式建筑四大系统之一，随着技术的进步和行业的转型升级，未来的装配式装修市场将会向三个方向发展：一是知识结构体系的变化，推进由建筑装修设计向产品部品设计转变；二是从业人员能力的变化，推动由传统手工工艺作业向标准化安装工艺转变，推动由松散型、手艺型工人向产业工人转变；三是服务模式的变化，推动由传统的物业管理向似汽车4S店专业售后服务专业化运维服务形式转变。

2023年1月的全国住房城乡建设工作会上，对住房建设提出了要求，在当前和今后一个时期，要牢牢抓住让人民群众安居这个基点，为人民群众建设好房子，大力提升物业服务水平，让人民群众生活更方便、更舒心。基于建筑性能的装配式一体化集成设计，是将适用、经济、绿色、美观的新时期建筑方针贯穿到设计、施工、运维全过程，是为社会提供高品质建筑产品的综合性解决方案。

朝青知筑项目团队

### 项目小档案

设计单位：北京市建筑设计研究院股份有限公司
建设单位：北京城建房地产开发有限公司
施工单位：北京城建一建设发展有限公司
主要设计人员：和静 杜佩韦 任烨 马涛 郑辉 田东 马辉 许佳萍 田丁 李杰 王培培
项目图片摄影：杨超英
团队摄影：田丁
整理：和静 任烨 张龙

卓越设计 科创未来
北京市建筑设计研究院股份有限公司
BEIJING INSTITUTE OF ARCHITECTURAL DESIGN CO.,LTD.
第十建筑设计院
北京建院“国家装配式建筑产业基地”建设、装配式建筑领域整体能力
计的核心团队，推动装配式建筑发展的窗口单位。业务类型涵盖居住
筑、装配式建筑、博览建筑、办公建筑、教育建筑、城市更新等；研
的“装配整体式剪力墙结构建筑体系”被列为“首都设计产业提升
目”，纳入《装配式混凝土建筑技术标准》GB/T 51231-2016，设计了
项装配式建筑行业发展里程碑工程；获得詹天佑奖、华夏科学技术奖、
国建筑工程钢结构金奖、绿色建筑创新奖等多项国家级、省部级奖项。

2009 中粮万科·假日风景 中国土木工程詹天佑奖优秀住宅小区金奖
2012 万科·长阳半岛 中国土木工程詹天佑奖优秀住宅小区金奖
2017 城建·朝青知筑 北京市优秀工程勘察设计一等奖
2017 燕保·台湖家园 北京市优秀工程勘察设计一等奖
2019 燕保·百湾家园 中国土木工程詹天佑奖

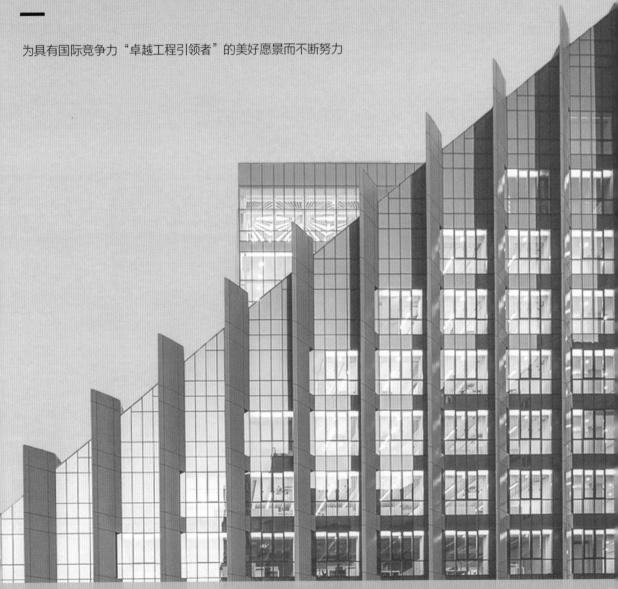

# VALUE-ORIENTED
# INNOVATION
# RESPONSIBILITY
# EXCELLENCE

**企 业 愿 景：卓越工程引领者**

**公 司 使 命：创造价值 筑就美好**

**核心价值观：价值导向，创新驱动，责任担当，追求卓越**

**企 业 精 神：卓越无止境**

中国中元国际工程有限公司（简称中国中元）隶属于中国机械工业集团有限公司，是集科技研发、工程咨询、工程设计、工程总承包、项目管理和设备成套为一体的国有大型科技型工程公司。

**中国中元成立于1953年**，前身是机械工业部设计研究总院。经过70年的砥砺前行，中国中元走出了一条专业化、综合化、多元化相结合的发展之路。公司业务领域涵盖医养健康、民用建筑、现代物流、新型工业、能源工程、环保工程、国际工程、数字化、产品研发多个业务板块，提供包含规划咨询、工程设计、工程建设、项目运营在内的建筑工程建设全产业链、全生命周期的专业化服务。

中国中元及其所属企业拥有的资质包括：设计综合甲级、建筑工程施工总承包壹级、市政公用工程施工总承包贰级、电力工程施工总承包贰级、机电工程施工总承包贰级、建筑工程施工专业承包壹级资质（建筑装修装饰、消防设施、电子与智能化、建筑机电安装）、环保工程专业承包贰级；空间规划甲级、造价3A资信、工程咨询3A资信、工程监理综合资质。

另有特种设备设计、消防安全评估、医疗器械经营、对外援助、司法鉴定、海关进出口、二类医疗器械、高科技企业和质量、环境、职业健康安全管理体系认证等资质三十余项。是**全国首批工程设计综合甲级资质单位、工程监理综合资质单位、住建部首批“全过程工程咨询试点企业”**等。

**[公司荣誉]**

**“亚洲建协中国大陆十大设计机构”** **“全国勘察设计行业创新型优秀企业”**
**“全国勘察设计单位综合实力百强企业”** **“全国文明单位”**
全国勘察设计综合实力、工程承包和项目管理百强单位、国家援外工程的核心骨干企业

**[公司人员]**

现拥有在职职工**3500**余人
中国中元工作过的中国工程院院士**1人**
拥有全国工程勘察设计大师**6人**，国家百千万人才**1人**，梁思成奖获得者**1人**
享受国务院政府特殊津贴人员**93人**
各学科博士、硕士等**千余人**
各类专业注册人员、高级工程师及以上人员**近千人**

**[公司规模]**

公司设有**16个**直属生产单位，**12个**职能管理部门
在北京、海南、厦门、上海、长春、南京设有**7个二级法人单位**
境内分公司：广东、江苏、浙江、西安、华中、西南、
安徽、内蒙古、雄安、青海、安庆
境 外 机 构： 驻乌兹别克斯坦等

**[公司科研]**

拥有北京市企业技术中心、北京市设计创新中心等省部级研究平台
以及**十余个**专业技术研究中心
编制国际、国内工程建设标准**百余项**，主编国家标准图集**40余项**
获得专利**210余项**、软件著作权**40余项**
在咨询、规划、设计、工程承包、项目管理、监理等行业累计
获得**千余项国家级和省部级奖项**

E19-E36
E01-E18

在工程建设领域，集团积极对接服务国家战略，在立足长三角的同时，围绕粤港澳大湾区、成渝双城经济圈、京津冀协同发展、雄安新区等国家重大战略部署决策，依托精品工程建设持续打响上海建工装饰品牌。立足上海，谱写了金茂大厦、环球金融中心、上海中心、世博会场馆、上海迪士尼乐园、进博会国家会展中心、北外滩世界会客厅、世界顶尖科学家论坛永久会址这样的壮美诗篇；放眼全国，渲染了北京大兴国际机场、钓鱼台国宾馆、国家大剧院、广州电视塔、深圳平安金融中心、成都科幻馆这样的缤纷画卷。

在创意设计领域，集团具有甲级建筑工程设计资质、甲级建筑装饰和幕墙工程设计资质，致力于为客户提供方案策划、原创设计、资材整合、艺术陈设、施工督导、推广宣传等各环节全流程的高品质服务。凭借全国众多标志性工程，与国际级建筑师以及全球知名事务所有着广泛接触与紧密交流，在高端酒店、超大型商业综合体、办公、顶级住宅会所、高端医养、文化旅游、建筑遗产保护修缮等领域全方位累积了丰富的国际化设计视野和综合设计能力，始终走在设计前沿。

在技术研发领域，集团积极贯彻“自主创新、重点跨越、支撑发展、引领未来”的科技发展方针，坚持走工业化、数字化、绿色化、智能化融合发展科技之路，重点发展以数字建造技术、工业智造技术、幕墙创新技术、建筑遗产保护技术、文化创意设计与布展技术为核心的五大专项技术板块，坚持开展国产大型豪华邮轮内舾装、新型材料与施工工艺、智能施工装备等新兴领域技术体系研究及拓展应用，不断强化企业独有竞争能力，充分展现专家品牌企业的科技实力和品质形象。

在新一轮发展中，上海建工装饰集团将不断完善集设计、科研、制造、施工于一体的业务构架，冀望通过规模发展和能力整合，将公司打造成为精心设计、匠心制作、称心服务的最值托付的专家品牌企业，以新质生产力引领推动行业高质量可持续发展。

金螳螂
金螳螂
GOLDMANTIS
绿色 / 健康 / 完美空间
网 页：https://www.goldmantis.com
金螳螂园区运营中心
地址：苏州市工业园区金尚路99号
总机：+86 0512-68500000,68500018
上海金螳螂设计公司
地址：上海市闵行区申长路1588弄3号9层
总机：+86 021 62300273

中国尊

大堂

大堂

会议厅

# 金螳螂设计

地址：苏州工业园区金尚路99号
　　　上海市闵行区申长路1588弄3号9层
网页：https://www.goldmantis.com
邮箱：jmy@goldmantis.com

上海中心

**金螳螂**

是全球化的建筑装饰企业集团，是中国建筑装饰知名品牌，是绿色、环保、健康的公共与家居装饰产业的领跑者。金螳螂成立于1993年，经过三十多年的发展，形成了以装饰产业为主体的现代化企业集团，致力于成为中国领先的装配式品质服务商。

中国建筑装饰板块首家上市公司，获得多项国优奖项的装饰公司，鲁班奖151项，全国装饰奖528项。

金螳螂拥有4000多名设计师，是一家全球化的室内设计公司，完成了几千个大型和高端设计项目，与众多知名企业、国际酒店管理集团结成了战略伙伴关系。同时，金螳螂设计从依靠规模优势向专业化设计转变，成立了医疗、豪宅、宗教、文旅小镇、文化观演、教育等专业化事业部，逐步实现各细分领域的行业领先。

全球权威媒体美国《Interior Design》年度“TOP 100 Giants 全球设计百强排行榜”，金螳螂设计凭借强劲的综合实力以及竞争优势，在全球设计企业国际竞争力排名中脱颖而出。

宴会厅

中庭

大堂

# 中建海龙MiC模块化集成建筑代表项目

中建海龙MiC模块化集成建筑适用于低多层、高层体系，凭借其安全、快速、高效的性能，对于住宅、学校、医院、酒店、公寓等标准化程度较高的建筑可以产业化应用。中建海龙MiC业务已覆盖全国11省19市，凭借深厚的高标准项目建设管理经验，为各类工程项目提供值得信赖的可靠解决方案。

深圳市龙华区华章新筑　全国首个混凝土模块化高层保障性住房

深圳坝光生态国际酒店　全国首个7层模块化酒店

北大屿山医院香港感染控制中心
全球首家模块化负压隔离病房传染病医院

香港启德世运道简约公屋　香港体量最大的简约公屋

安徽省广德市科创实验学校
国内首个混凝土模块化学校

北京桦皮厂胡同8号楼改建项目
首批"原拆原建"模式更新改造的项目

地址: 广东省深圳市福田保税区蓝花道5号
邮箱: coclm@cohl.com　网址:www.cschl.com.cn

# 致谢

顾勇新

继《装配式建筑对话》《装配式建筑设计》《装配式建筑案例》《装配式建筑EPC总包管理》《装配式建筑施工》《装配式建筑制造》六本书出版后,《装配式建筑　内装·工业化》如期而至。

作为系列丛书之一，本书精心挑选了全国优秀的工业化内装案例，涵盖了办公建筑、医疗建筑、文化建筑等大型公共建筑和居住建筑，并对各自类型进行了全面、深入的剖析。

本书采访记录了六位专家学者，他们长期深耕工业化内装领域，通过对某一类型建筑工业化内装的潜心思考、系统研究、持续创新和深入实践，形成了独到的技术思维和完整的解决方案。作为该领域的探索者和先行者，他们身处行业时代巨变的前沿，从各自的专业视角出发，分享了新型建筑工业化探索中的艰辛坎坷、心路历程及学术感悟，阐述了对装配式建筑生态环境的见解，赤诚之心溢于言表，在此我向他们深表感谢。他们是（排名不分先后）:

中国中元国际工程有限公司建筑环境艺术设计研究院院长、总工程师、教授级高级工程师、IET（英国工程技术学会）特许工程师陈亮;

上海市建筑装饰工程集团有限公司总工程师、工程研究院院长、正高级工程师连珍;

金螳螂建筑装饰股份有限公司上海设计院院长、法国国立工艺技术学院硕士、高级工程师、国际注册高级设计师蒋缪奕;

中国建筑设计研究院有限公司企业运营中心总监、中央美术学院设计艺术学硕士、高级工程师曹阳;

中国建筑国际集团有限公司助理总裁兼副总工程师、中海建筑有限公司董事长、中建海龙科技有限公司董事长、正高级工程师张宗军;

北京市建筑设计研究院有限公司第十建筑设计院院长、装配式建筑研究院院长、国家一级注册建筑师、正高级工程师和静。

特别感谢中国建筑装饰协会王中奇会长为此书作序。随着装配式装修的大规模落地，建筑装饰的建造方式也将逐步向绿色、高效转型。现有的装配式装修项目将对未来的行业发展起到较好的引领、示范和借鉴作用。

衷心感谢中国建筑学会工业化建筑学术委员会名誉主任娄宇大师、主任薛伟辰先生、温凌燕博士，中国建筑学会建筑产业现代化发展委员会主任叶浩文先生、秘书长叶明先生、姜楠博士，安必安新材料集团有限公司顾骁先生，上海宾孚数字科技集团翟超先生，珠海韩澄建筑科技有限公司李奋杰先生，广州市第四建筑工程有限公司江涌波先生，广东正升建筑有限公司魏晓杰先生，为丛书的出版给予大力支持。

感谢北京交通大学建筑与艺术学院胡映东老师，同济大学建筑城规学院胡向磊老师、博士生王威同学，深圳大学建筑与城市规划学院齐奕老师，长安大学经济与管理学院张静晓老师、硕士生胡睿智同学，对本书的策划和修改提出了许多很好的建议，感谢赵荫轩、李骋、刘苗苗、孙劲、吴俊书、刘强、王琼、任烨、张龙，为案例提供了素材并参予了整理工作。

感谢合作伙伴赵中宇总建筑师的辛勤付出，我们共同策划了全书的框架结构，采访各位专家并认真审阅每个案例，提出了许多很好的建议和修改意见。

也要感谢中国建筑出版传媒有限公司（中国建筑工业出版社）对丛书的大力支持，感谢封毅副总编辑、李东编辑、陈夕涛副主任、徐昌强编辑为书稿付出的辛勤努力和巨大的帮助。

最后，向“装配式建筑丛书”的读者致敬，感谢您们的支持，希望多提宝贵意见！

中国建筑学会监事

顾勇新

2024.09.18

**图书在版编目（CIP）数据**

内装·工业化 = Prefabricated Building Interior & Industrialization / 赵中宇，顾勇新，顾骁编著. 北京：中国建筑工业出版社，2024.9. --（装配式建筑丛书 / 顾勇新主编）. -- ISBN 978-7-112-30331-1

Ⅰ. TU238.2

中国国家版本馆CIP数据核字第2024SK0151号

责任编辑：李　东　陈夕涛　徐昌强
责任校对：赵　力

装配式建筑丛书
丛书　主　编　顾勇新
　　　副主编　胡映东
　　　　　　　张静晓

**装配式建筑　内装·工业化**
Prefabricated Building　Interior & Industrialization
赵中宇　顾勇新　顾骁　编著

*

中国建筑工业出版社出版、发行（北京海淀三里河路9号）
各地新华书店、建筑书店经销
北京锋尚制版有限公司制版
建工社（河北）印刷有限公司印刷

*

开本：787毫米×1092毫米　1/16　印张：14¾　字数：386千字
2024年12月第一版　2024年12月第一次印刷
定价：**98.00** 元

ISBN 978-7-112-30331-1
（43609）